活学活用
电气控制线路200例

主　编　牛小方　孙　涛

副主编　易宇飞

参　编　王雪梅　申有福　朱　军　李长虹　刘宝峰

中国电力出版社
CHINA ELECTRIC POWER PRESS

内 容 提 要

电气控制线路图是电气技术的通用语言，是设计、生产和维修不可或缺的技术资料。本书精选国内外经典和新型电气控制线路 200 例，详细介绍了每例实用电路的电路结构、元器件作用及工作原理。全书共 10 章，主要内容包括电气识图，电动机基本控制线路，电动机降压启动、制动和调速控制线路，直流电动机基本控制线路，电动机组合控制线路，典型机床电气控制线路，PLC 与变频器控制电路，软启动控制电路，常见数控机床控制电路，现代工业生产案例等，涵盖电气图识图基础知识、绘制原则、识图步骤和技巧，便于讲授和自学。

本书可供维修电工、安装电工及电气工程技术人员学习阅读，也可作为各类职业院校、社会短期培训电气自动化专业的实训教材和培训用书。

图书在版编目（CIP）数据

活学活用电气控制线路 200 例/牛小方，孙涛主编．—北京：中国电力出版社，2019.4
ISBN 978 - 7 - 5198 - 2541 - 6

Ⅰ．①活…　Ⅱ．①牛…②孙…　Ⅲ．①电气控制－控制电路　Ⅳ．①TM571.2

中国版本图书馆 CIP 数据核字（2018）第 243266 号

出版发行：中国电力出版社
地　　　址：北京市东城区北京站西街 19 号（邮政编码 100005）
网　　　址：http：//www. cepp. sgcc. com. cn
责任编辑：莫冰莹（35981368@qq. com）
责任校对：黄　蓓　常燕昆
装帧设计：赵姗姗
责任印制：杨晓东

印　　　刷：三河市航远印刷有限公司
版　　　次：2019 年 4 月第一版
印　　　次：2019 年 4 月北京第一次印刷
开　　　本：787 毫米×1092 毫米　16 开本
印　　　张：22.25
字　　　数：537 千字
印　　　数：0001—2000 册
定　　　价：89.00 元

前　言

当前，电气自动化在发展过程中实现了从单一操作到多元化操作的转变，提升了产业的智能化、信息化、工业化程度，工作效率大大提高，促进国民经济的快速发展。电气自动化技术应用的范围延伸到了各个行业，小到一个家用开关，大到航天飞机的研究都有其身影。信息处理技术、自动控制技术、系统工程理论、计算机技术和现代设计方法等学科高度综合交叉，使电气自动化技术开始脱离经验的、感性的、偏重于技术的模式，向着自觉的、理性的、逻辑的、偏重于功能目标的设计理念发展。企业对该领域复合型人才的需求很大。

21世纪的产业竞争，终究还是人才的竞争。目前，各省高等技术工人紧缺，且年龄偏大，制造业中具有高等技术资格的人员较少，人才梯队青黄不接。编者结合行业的发展形势及新版国家职业标准，从电气安装、调试、维护、维修的工作能力角度出发，介绍了国内外典型的电气控制线路，以及现代工业生产案例，秉承从电气控制基础到系统设计思路、从基本电路到工程应用电路、从识图入门到读图技巧的编写原则，帮助读者拓展思维，认识电气控制线路的基本环节、实际应用，掌握电气控制系统设计方法，同时对电气控制线路中容易产生的故障有所了解并能够排除，实现从理论到实践的跨越，从校园到职场的转变。

本书由牛小方、孙涛担任主编，易宇飞担任副主编，王雪梅、申有福、朱军、李长虹、刘宝峰参与编写，李伟主审。

由于编者水平和经验有限，本书存在不足和错漏之处，敬请读者批评指正。

编　者
2019年3月

目 录

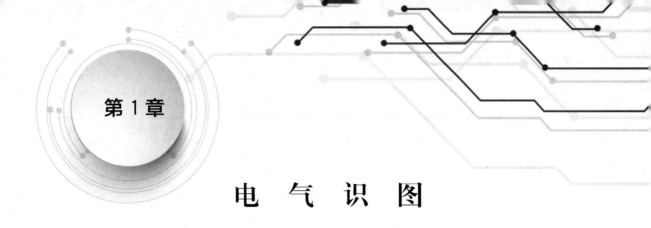

电 气 识 图

根据国家规定，电气技术领域中电气图主要有系统图、功能图、逻辑图、电路图、接线图和位置图等。对一般工矿企业维修电工而言，最常用的就是电路图、接线图和位置图。要正确识读电气图，就必须了解常用电气元件的图形符号和文字符号。

1.1 常见元件的符号和代号

元件的符号也称为电气元件的图形符号。GB/T 4728《电气简图用图形符号》规定了我们工作中常见的电气元件的图形符号（见表1-1）；元件的代号指的是电气元件的文字符号，包括基本文字符号（单字母和双字母）和辅助文字符号。我国将各种电气设备、装置和元器件划分为23大类，每大类用一个专用的单字母符号表示。双字母符号是在单字母符号不能满足要求，需将大类进一步划分时采用的符号，可以较详细和更具体地表示电气设备装置和元器件。辅助文字符号使用时放在表示种类的单字母符号后面组成双字母符号，用以表示电气设备、装置和元器件以及线路的功能、状态和特征。常见电气元件的文字符号见表1-2。

表1-1 常见电气元件的图形符号

名称	图形符号	名称	图形符号
导线	——	接触器动断辅助触点	
限位开关动合触点		热继电器的驱动元件	
限位开关动断触点		热继电器动断触点	
低压断路器		通电延时时间继电器线圈	
熔断器		断电延时时间继电器线圈	
动合按钮	E-\	延时断开瞬时闭合动断触点	
动断按钮	E-7	延时闭合瞬时断开动合触点	

名称	图形符号	名称	图形符号
电磁线圈		瞬时断开延时闭合动断触点	
接触器主动合触点		瞬时闭合延时断开动合触点	
接触器动合辅助触点		电阻	
电磁抱闸制动器		插头和插座	或
速度继电器转子		电磁离合器	
速度继电器动合触点	n	电接点压力表	P SP
电抗器、扼流圈		液位控制开关	
二极管		电压互感器	
桥式全波整流器		电流互感器	
蜂鸣器		三相自耦变压器	
指示灯		三相交流电动机	M 3~

表 1-2　　　　　　常见电气元件的文字符号

名称	文字符号	名称	文字符号
限位开关	SQ	电抗器	L
低压断路器	QF	二极管	V
熔断器	FU	电流互感器	TA
按钮	SB	电压互感器	TV
交流接触器	KM	插头	XP
时间继电器	KT	插座	XS
中间继电器	KA	蜂鸣器	HB
热继电器	KH	指示灯	HL
速度继电器	KS	电磁离合器	YC

名称	文字符号	名称	文字符号
电阻	R	电接点压力表	SP
电位器	RP	电接点温度表	ST
温度继电器	KTE	液位开关	SV
压力继电器	KPR	自耦变压器	TC
电流表	PA	交流发电机	G
电压表	PV	交流电动机	M
端子板	XT	连接片	XB

常见图形符号和文字符号本书未一一列举，实际使用时需要更多更详细的资料，请查阅国家有关标准。

1.2　电气绘图的方法和步骤

1.2.1　电路图

电路图习惯上也称为电气原理图，是用国家规定的图形符号和文字符号并按工作顺序排列，详细表示电路、设备或成套装置的全部组成和连接关系，而不考虑实际位置的一种简图。

1. 电气原理图的组成

电气原理图一般分为电源电路、主电路、控制电路、信号电路及照明电路。

2. 电路图的绘制原则

电源电路在图纸的左上方水平画出，三相交流电按相序 L1、L2、L3 从上至下依次排列画出，中性线 N 和保护线 PE 依次画在相线之下。直流电源正极在上，负极在下。电源开关应水平画出。

主电路是指受电的动力装置和保护电路，流过的电流较大。主电路要垂直于电源电路画在原理图的左侧。

控制电路、信号电路和照明电路分别控制显示主电路的工作状态和对设备或机床进行局部照明，流过的电流较小。画图时要跨接在两相电源之间，在主电路右侧依次画出。电路中的能耗元件要画在触点的下方。

图中各元件的触点位置要按电路未接通或元件未受到外力作用时的常态位置画出。

图中同一元器件的各部分不按它们的实际位置画在一起，而是按其在电路中所起的作用分画在不同的电路中，它们的动作是相互关联的，必须标注相同的文字符号。相同的元器件较多时，要在元器件文字符号后加上数字以示区别。

原理图中，有直接电联系的交叉导线接点，要用小黑圆点表示。无直接电联系的导线交叉点不画小黑圆点。

3. 电路图中技术数据的标注

电路图中元器件的数据和型号（如继电器动作电流的整定、导线的规格等）可用小号字体标注在元器件文字符号下方，如图 1-1 所示。

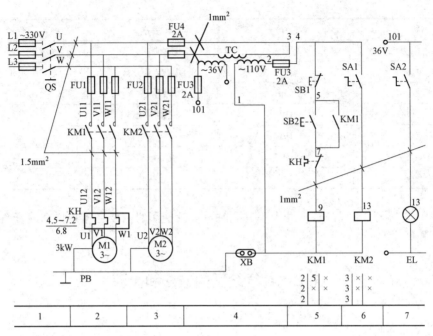

图 1-1　某机床控制电路图

4. 图区和触点位置索引

比较复杂的电路图通常采用分区的方式建立坐标，以便于阅读和查找。电路图常采用在图的下方沿横坐标方向划分若干图区，并用数字标明区号，同时在图的上方沿横坐标方向划区，并用文字标明该区电路的功能，如图 1-2 所示。

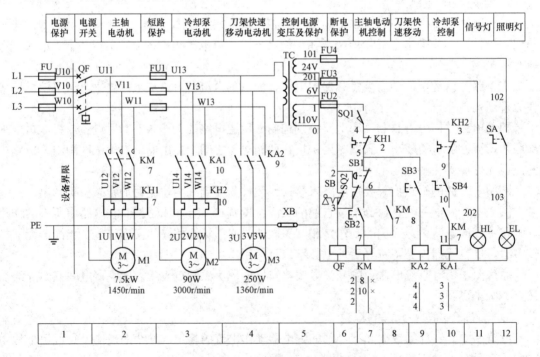

图 1-2　6140 车床电气控制原理图

图中接触器 KM 线圈下方的触点表是用来说明线圈和触点的从属关系的。其含义为 KM 的三对主触点在图中的 2 区、两对动合辅助触点分别出现在图中的 8 区和 10 区、两对动断辅助触点未使用。

1.2.2　元件布置图

电气元件的位置图用以表示机械设备上或施工现场所有电气设备和电器元件的实际位置,是电气控制设备制造、安装和维修必不可少的技术文件。图 1-3 所示为电动机正反转的元件布置图。

1.2.3　接线图

接线图主要用于安装接线、电路检查、电路维修。接线图中把电路中的各个元器件的受电线圈、触头按实际位置画在一起,并标注出接线端子号、连接导线参数等。实际中通常与电路图、位置图一起使用。图 1-4 所示为电动机正反转控制电路的接线图。

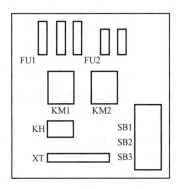

图 1-3　电动机正反转的元件布置图

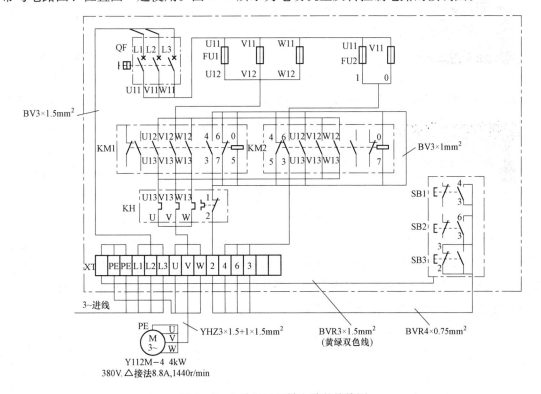

图 1-4　电动机正反转电路的接线图

1.3　电气识图方法

在了解各种常用的电路元件的结构、工作原理及图形符号和文字符号,熟悉了电气图的绘制原则后，我们就可以轻松地看懂一些简单的电路图了。实际工作中我们往往会遇到一些所谓的复杂的电路，看起来觉得无从下手。其实任何实际电路都是由简单的、基本的控制环节组成的。我们只要将整个电路图"化整为零"，即以某一电动机或电器元件为对象，从电源开始，自上而下，自左而右，逐一分析其接通或断开的关系。根据图区坐标标注的检索就可以方便地分析出各控制条件与输出的因果关系。

比较复杂的电气图分析、识读应按以下步骤进行。

1. 了解生产工艺与执行电器的关系

在分析电气控制系统之前，应该熟悉生产机械的工艺情况，充分了解生产机械要完成哪些动作，这些动作之间有什么联系；然后进一步明确生产机械的动作与执行电器的关系，必要时可以画出简单的工艺流程图，为分析电气控制系统提供方便。

2. 分析主电路

从主电路入手，根据每台电动机和执行电器的控制要求去分析各电动机和执行电器的控制内容。比如，电动机采用什么启动方法，是否要求正反转，有无调速和制动要求等。

3. 分析控制电路

根据主电路中各电动机和执行电器的控制要求，注意找出控制电路中的控制环节，将控制电路"化整为零"，按功能不同划分成若干个局部控制电路来进行分析。如果控制电路比较复杂，则可先排除照明、显示等与控制关系不太密切的电路。

4. 分析辅助电路

控制电路中执行的工作状态显示、电源显示、参数测定、故障报警和照明电路等部分，多是由控制电路中的元件来控制的，一定还要回过头来对照控制电路对这部分电路进行分析。

5. 分析连锁与保护环节

生产机械对于安全性、可靠性有很高的要求，实现这些要求，除了合理地选择拖动、控制方案以外，在控制电路中还设置了一系列电气保护和必要的电气连锁。在电气控制电路图的分析过程中，电气连锁与电气保护环节是一个非常重要的内容，必须弄清楚。

6. 总体检查

经过"化整为零"的局部分析，逐步分析每一局部电路的工作原理以及各部分之间的控制关系后，还必须用"集零为整"的方法，检查整个控制电路，看是否有遗漏。特别要从整体角度去进一步分析和理解各控制环节之间的联系，以达到清楚地理解电路图中每一个电气元件的作用、工作过程及主要参数的目的。

第2章

电动机基本控制线路

生产实践中，由于工作性质不同，对三相异步电动机的基本控制要求也不同，本章主要介绍电动机的点动、正转、顺序控制以及正反转控制等线路。

2.1 刀开关手动正转控制线路

2.1.1 刀开关基本知识

刀开关全称是瓷底胶盖刀开关，又称开启式负荷开关。常用 HK 系列，适用于照明、电热设备及小容量电动机控制电路中，供手动不频繁接通和断开电路，起短路保护作用。

1. 结构与符号

刀开关的结构、图形与文字符号如图 2-1 所示。

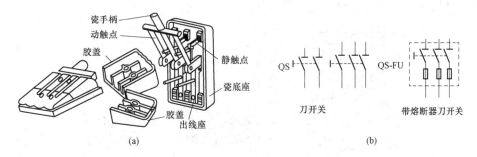

图 2-1　刀开关的结构、图形与文字符号

(a) 刀开关的结构图；(b) 刀开关的图形与文字符号

2. 选用

用于控制电动机的直接启动和停止时，选用额定电压 380V 或 500V、额定电流不小于电动机额定电流 3 倍的三极开关。

3. 安装要求

刀开关必须垂直安装在控制屏或开关板上，不允许倒装或平装，接线时应把电源进线接在静触点一边的进线座，负载接在动触点一边的出线座，合闸状态时，手柄应朝上，不允许接错，以防发生误合闸事故。

在电动机控制电路中，应将开关的熔体部分用铜导线代替，并在出线端另外加装熔断器作短路保护，在分闸和合闸操作中，应动作迅速，使电弧尽快熄灭。

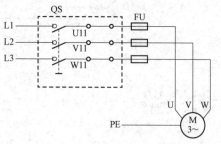

图 2-2　刀开关手动正转控制线路原理图

2.1.2　刀开关手动正转控制线路原理图

刀开关手动正转控制线路原理图如图 2-2 所示。

2.1.3　刀开关手动正转控制线路工作原理

启动：合上刀开关 QS，电动机得电运转。

停止：拉开刀开关 QS，电动机断电停转。

在这里熔断器 FU 起短路保护作用。

适用场合：小容量电动机，且不频繁启动的场合。

2.2　低压断路器手动正转控制线路

2.2.1　低压断路器基本知识

低压断路器又叫自动空气开关或自动空气断路器，简称断路器，主要由触点系统、灭弧装置、操作机构、热脱扣器、电磁脱扣器及绝缘外壳等部分组成。低压断路器在电路中起短路保护、过载保护或失电压保护等功能，具有操作安全、安装使用方便、工作可靠、分断能力较高、动作后不需要更换元件等优点。

1. 结构与符号

低压断路器的结构、图形与文字符号如图 2-3 所示。

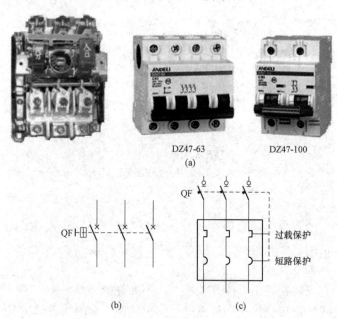

图 2-3　低压断路器的结构、图形与文字符号

(a) 内部结构图与外形；(b) 通用电路图形符号与文字符号；

(c) 具有过载和短路保护电路图形符号与文字符号

2. 选用

（1）低压断路器的额定电压和额定电流应不小于线路、设备的正常工作电压和工作电流。

（2）热脱扣器的整定电流应等于所控制负载的额定电流。

（3）电磁脱扣器的瞬时脱扣整定电流应大于负载电路正常工作时的峰值电流。

（4）欠电压脱扣器的额定电压应等于线路的额定电压。

（5）断路器的极限通断能力应不小于电路的最大短路电流。

3. 安装要求

低压断路器应垂直安装，电源线应接在上端，负载线应在下端；各脱扣器的动作值一经调整好，不允许随意变动，并应定期检查各脱扣器的动作值是否满足要求。

2.2.2　低压断路器手动正转控制线路原理图

低压断路器手动正转控制线路原理图如图 2-4 所示。

2.2.3　低压断路器手动正转控制线路工作原理

启动：合上低压断路器 QF，电动机得电运转。

停止：拉开低压断路器 QF，电动机断电停转。

在这里熔断器 FU 起短路保护作用。

适用场合：小容量电动机，且不频繁开关的场合。

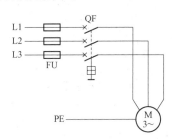

图 2-4　低压断路器手动正转控制线路原理图

2.3　组合开关手动正转控制线路

2.3.1　组合开关基本知识

组合开关又叫转换开关，它的操作手柄平行于其安装平面，可以顺时针旋转，每转 $90°$即可改变开关状态。它具有触点多、体积小、性能可靠、操作方便、安装灵活等特点，不具有短路保护功能。

1. 结构与符号

组合开关的结构、图形与文字符号如图 2-5 所示。

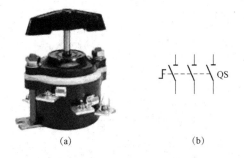

图 2-5　组合开关的结构、图形与文字符号

（a）结合开关的结构图；（b）组合开关的图形与文字符号

2. 选用

组合开关应根据电源种类、电压等级、所需触点、接线方式和负载容量进行选用，用于控制小型异步电动机的运转时，开关的额定电流一般取电动机额定电流的 1.5~2.5 倍。

3. 安装要求

组合开关应安装在控制箱内，其操作手柄最好伸出在控制箱的前面或侧面，开关为断开状态时应使手柄在水平位置。

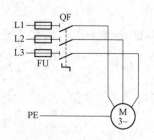

图 2-6 组合开关手动正转
控制原理图

2.3.2　组合开关手动正转控制线路原理图

组合开关手动正转控制线路原理图如图 2-6 所示。

2.3.3　组合开关手动正转控制线路工作原理

启动：合上组合开关 QS，电动机得电运转。

停止：断开组合开关 QS，电动机断电停转。

在这里熔断器 FU 起短路保护作用。

适用场合：组合开关的通断能力较低，适用于 4kW 以下小容量电动机，且不频繁开关的场合。

2.4　点动控制线路

2.4.1　按钮基本知识

按钮是一种手动操作接通或分断小电流控制电路的主令电器，主要用于远距离发出手动指令或信号去控制接触器、继电器等电磁装置，实现主电路的分合、功能转换或电气连锁。

按钮一般是由按钮帽、复位弹簧、桥式动触点、外壳及支柱连杆等组成，按静触点分合状态分为动合按钮、动断按钮和复合按钮三种。

1. 结构与符号

按钮的结构、图形与文字符号如图 2-7 所示。

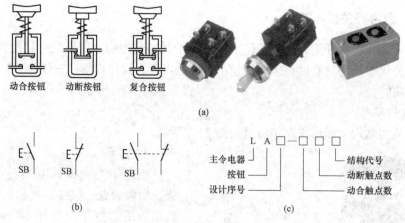

图 2-7　按钮的结构、图形与文字符号
(a) 结构；(b) 图形与文字符号；(c) 型号规格

2. 选用

(1) 按钮应根据使用场合和具体用途选择种类（开启式、钥匙式、防腐式等）。

(2) 根据工作状态和工作情况要求，选择按钮颜色。

(3) 根据控制回路的需要选择按钮的数量。

3. 安装要求

按钮安装在面板上时，安装应牢固，且金属板或金属按钮盒应可靠接地，应布置整齐，排列合理，每一对相反状态的按钮安装在一组。

2.4.2　接触器基本知识

接触器是用来接通或断开大电流的电器，且与按钮配合可实现远距离控制电路。接触器根据电源种类不同分为交流接触器和直流接触器两种，这里只介绍交流接触器的知识。

交流接触器主要由电磁系统、触点系统、灭弧装置和辅助部件组成。

1. 结构与符号

接触器的结构、图形与文字符号如图 2-8 所示。

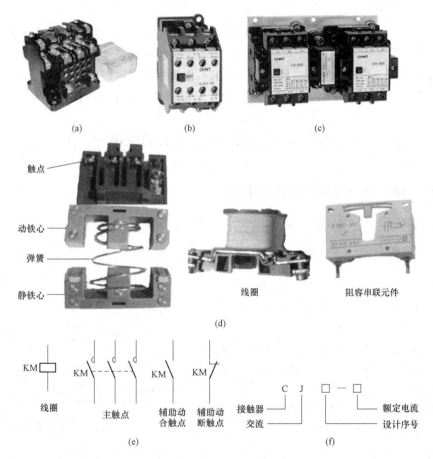

图 2-8　接触器的结构、图形与文字符号

(a) CJ10 系列；(b) CJX1 系列；(c) CJX1/N 系列机械连锁接触器；(d) CJX 系列接触器内部结构；
(e) 电路图形与文字符号；(f) 型号规格

2. 选用

根据被控对象和工作参数（如电压、电流、功率、频率及工作制等）确定接触器的额定参数，根据电源种类选择接触器的种类。

3. 安装要求

交流接触器一般应安装在垂直面上，倾斜度不得超过 5°；散热孔应朝上，并按规定要求留有一定的灭弧空间。

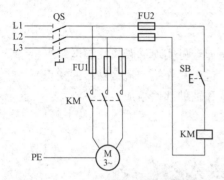

图 2-9 点动控制线路原理图

2.4.3 点动控制线路原理图

点动控制线路原理图如图 2-9 所示。

2.4.4 点动控制线路工作原理

启动：合上开关 QS，按下按钮 SB，交流接触器线圈得电，交流接触器的主触点闭合，电动机得电运转。

停止：松开按钮 SB，交流接触器线圈失电，交流接触器的主触点分断，电动机失电停转。

在这里熔断器 FU 起短路保护作用，接触器有失电压和欠电压保护功能。

适用场合：需要频繁通断，远距离自动控制，短时运行的场合。

2.5 具有自锁的正转控制线路

2.5.1 具有自锁的正转控制线路原理图

具有自锁的正转控制线路原理图如图 2-10 所示。

2.5.2 具有自锁的正转控制线路工作原理

启动：合上开关 QS，按下启动按钮 SB1，交流接触器线圈得电，交流接触器的主触点和自锁触点同时闭合，电动机得电并连续运转。

停止：按下停止按钮 SB2，交流接触器线圈失电，交流接触器的主触点和自锁触点同时分断，电动机失电停转。

在这里熔断器 FU 起短路保护作用，接触器有失电压和欠电压保护功能。

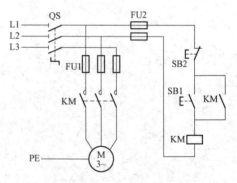

图 2-10 接触器自锁正转控制线路原理图

适用场合：需要长时间运行，且负荷稳定的场合，不具有过载保护功能。

2.6 具有过载保护的自锁控制线路

2.6.1 热继电器基础知识

热继电器是利用流过继电器的电流所产生的热效应而反时限动作的自动保护电器。作用：过载保护、断相保护、电流不平衡运行的保护及其他电气设备发热状态的控制。

分类：按动作方式，分为双金属片式和电子式；按极数分为单极、两极和三极三种；按复位方式分为自动复位式和手动复位式。

热继电器主要由热元件、传动机构、动断触点、电流整定装置和复位按钮组成。热继电器的热元件由主双金属片和绕在外面的电阻丝组成，主双金属片是由两种热膨胀系数不同的金属片复合而成。

1. 结构与符号

热继电器的结构、图形与文字符号如图 2-11 所示。

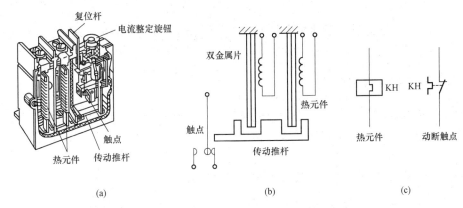

(a)　　　　　　　　　　　(b)　　　　　　　　　　(c)

图 2-11　热继电器的结构、图形与文字符号

（a）结构；（b）动作原理；（c）电路图形与文字符号

2. 选用

（1）根据电动机的额定电流选择热继电器的规格。

（2）根据需要的整定电流值选择热元件的编号和电流等级。

（3）根据电动机定子绕组的连接方式选择热继电器的结构型式。

3. 安装要求

热继电器安装时应按产品说明书中规定的方式安装，一般应安装在其他电器的下方，并定期通电校验，定期除尘。

2.6.2　具有过载保护的自锁控制线路原理图

具有过载保护的自锁控制线路原理图如图2-12 所示。

2.6.3　具有过载保护的自锁控线路工作原理

启动控制：合上开关 QS，按下启动按钮 SB1，交流接触器线圈得电，交流接触器的主触点和自锁触点同时闭合，电动机得电启动并连续运转。

在运行过程中，若电动机出现过载时，热继电器的热元件感受到过载电流，双金属片发

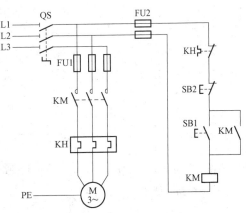

图 2-12　具有过载保护的自锁控制线路原理图

生变形，通过传动机构触发动断触点断开，使接触器的线圈失电，接触器的主触点和动合辅助触点复位，电动机停转，实现过载保护功能。

停止控制：按下停止按钮 SB2，交流接触器线圈失电，交流接触器的主触点和自锁触点同时分断，电动机失电停转。

在这里熔断器 FU 起短路保护作用，接触器有失电压和欠电压保护功能，热继电器起过载保护功能。

适用场合：需要长时间运行且负荷不稳定的场合。

2.7 倒顺开关控制的正反转控制线路

2.7.1 倒顺开关基本知识

倒顺开关是组合开关的一种，也称可逆转换开关，开关的手柄有"倒""停""顺"三个位置，手柄只能从"停"的位置左转或右转 45°。

1. 结构与符号

倒顺开关的结构、图形与文字符号如图 2-13 所示。

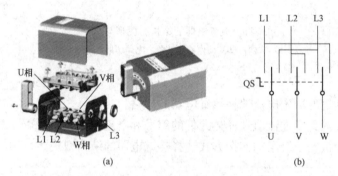

图 2-13 倒顺开关的结构、图形与文字符号
（a）倒顺开关的结构图；（b）倒顺开关的图形和文字符号

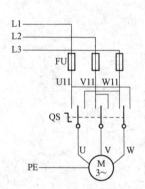

图 2-14 倒顺开关正反转
　　控制线路原理图

2. 选用

倒顺开关要根据额定电压、额定电流、负荷类型来选择。

3. 安装要求

倒顺开关安装时外壳必须可靠接地，接地线要接到倒顺开关的接地螺钉上，不能接在开关的罩壳上；进出线不能接错。

2.7.2 倒顺开关控制的正反转线路原理图

倒顺开关控制的正反转控制线路原理图如图 2-14 所示。

2.7.3 倒顺开关正反转控制线路的工作原理

停：倒顺开关的动、静触点不接触，电路不通，电动机不转动。

顺：倒顺开关的动触点和左边的静触点接触，电路按 L1-U，L2-V，L3-W 接通，电动机正向转动。

倒：倒顺开关的动触点和右边的静触点接触，电路按 L1 - W，L2 - V，L3 - U 接通，电动机反向转动。

适用场合：小容量电动机且不频繁操作的场合。

2.8　接触器连锁正反转控制线路

2.8.1　接触器连锁正反转控制线路原理图

接触器连锁正反转控制线路原理图如图 2 - 15 所示。

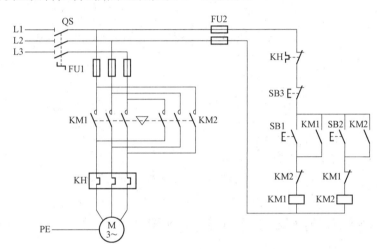

图 2 - 15　接触器连锁正反转控制原理图

2.8.2　接触器连锁正反转控制线路工作原理

合上电源开关 QS。

正转控制：按下正转启动按钮 SB1，交流接触器 KM1 线圈得电，KM1 的动断辅助触点首先分断，对接触器 KM2 线圈实现连锁，KM1 的主触点和动合辅助触点再闭合，电动机得到正相序的电启动并连续运转。

停止控制：按下停止按钮 SB3，交流接触器 KM1 线圈失电，KM1 的主触点和动合辅助触点先恢复断开，KM1 的动断辅助触点再恢复闭合，解除对交流接触器 KM2 线圈的连锁，电动机失电并停止运转。

反转控制：按下反转启动按钮 SB2，交流接触器 KM2 线圈得电，KM2 的动断辅助触点首先分断，对交流接触器 KM1 线圈实现连锁，KM2 的主触点和动合辅助触点再闭合，电动机得到反相序的电启动并连续运转。

接触器连锁正反转控制线路的操作中，正转和反转控制的相互切换必须经过停止控制，否则不能进行切换。

2.9 复合按钮连锁正反转控制线路

2.9.1 复合按钮连锁正反转控制线路原理图

复合按钮连锁正反转控制线路原理图如图 2 - 16 所示。

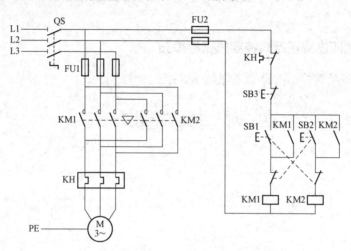

图 2 - 16 复合按钮连锁正反转控制线路原理图

2.9.2 复合按钮连锁正反转控制线路工作原理

合上电源开关 QS。

正转控制：按下复合按钮 SB1，其动断触点首先分断，对交流接触器 KM2 线圈实现连锁，SB1 动合触点后闭合，交流接触器 KM1 线圈得电，KM1 的主触点和动合辅助触点同时闭合，电动机得到正相序的电启动并连续运转。松开 SB1 按钮，其动合触点分断，动断触点闭合，解除对交流接触器 KM2 的连锁。

反转控制：按下复合按钮 SB2，其动断触点首先分断，交流接触器 KM1 线圈失电，KM1 的主触点和动合辅助触点恢复断开，电动机失电停转，SB2 动合触点后闭合，交流接触器 KM2 线圈得电，KM2 的主触点和动合辅助触点同时闭合，电动机得到反相序的电启动并连续运转。

复合按钮连锁正反转控制线路的操作中，正转和反转控制的相互切换不经过停止控制，但在运行过程中没有连锁功能。

2.10 按钮、接触器双重连锁正反转控制线路

2.10.1 按钮、接触器双重连锁正反转控制线路原理图

按钮、接触器双重连锁正反转控制线路原理图如图 2 - 17 所示。

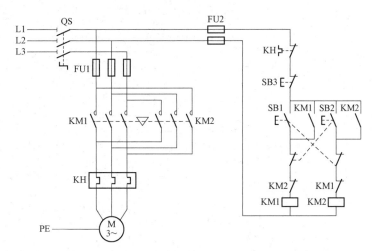

图 2-17　按钮、接触器双重连锁正反转控制线路原理图

2.10.2　按钮、接触器双重连锁正反转控制线路工作原理

合上电源开关 QS。

正转控制：按下复合按钮 SB1，其动断触点首先分断，对交流接触器 KM2 线圈实现连锁，SB1 动合触点后闭合，交流接触器 KM1 线圈得电，KM1 的动断辅助触点首先分断，对 KM2 线圈再次实现连锁，KM1 的主触点和动合辅助触点同时闭合，电动机得到正相序的电启动并连续运转。松开 SB1 按钮，其动合触点分断，动断触点闭合。

反转控制：按下复合按钮 SB2，其动断触点首先分断，交流接触器 KM1 线圈失电，KM1 的主触点和动合辅助触点先恢复断开，KM1 动断触点后闭合，取消对 KM2 线圈的连锁，电动机失电，SB2 动合触点后闭合，交流接触器 KM2 线圈得电，KM2 的动断辅助触点首先分断，对交流接触器 KM1 线圈实现连锁，KM2 的主触点和动合辅助触点后闭合，电动机得到反相序的电启动并连续运转。

复合按钮、接触器双重连锁正反转控制线路的操作中，正转和反转控制的相互切换不经过停止控制，且有双重连锁，是比较完善的线路。

2.11　点动正反转控制线路

2.11.1　点动正反转控制线路原理图

点动正反转控制线路原理图如图 2-18 所示。

2.11.2　点动正反转控制线路工作原理

合上电源开关 QS。

正转控制：按下复合按钮 SB1，其动断触点首先分断，对交流接触器 KM2 线圈实现连锁，SB1 动合触点后闭合，交流接触器 KM1 线圈得电，KM1 的主触点闭合，电动机得到正相序的电正向转动。

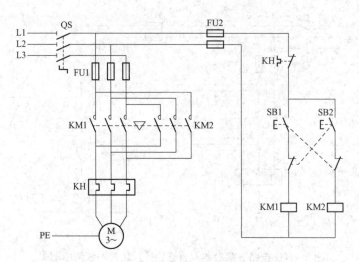

图 2-18　点动正反转控制线路原理图

停止控制：松开 SB1 按钮，其动合触点首先分断，交流接触器 KM1 线圈失电，KM1 的主触点分断，电动机失电，SB1 动断触点后闭合，为交流接触器 KM2 线圈得电做准备。

反转控制：按下复合按钮 SB2，其动断触点首先分断，对交流接触器 KM1 线圈实现连锁，SB2 动合触点后闭合，交流接触器 KM2 线圈得电，KM2 的主触点闭合，电动机得到反相序的电反向转动。

停止控制：松开 SB2 按钮，其动合触点首先分断，交流接触器 KM2 线圈失电，KM2 的主触点分断，电动机失电，SB2 动断触点后恢复闭合，为交流接触器 KM1 线圈得电做准备。

适用场合：短时正反控制电路。

2.12　两地控制的启停控制线路

2.12.1　两地控制的启停控制线路原理图

两地控制的启停控制线路原理图如图 2-19 所示。

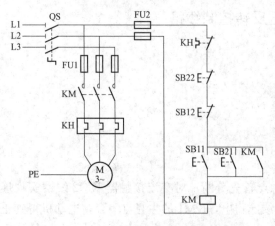

图 2-19　两地控制的启停控制线路原理图

2.12.2　两地控制的启停控制线路工作原理

合上电源开关 QS。

甲地控制：按下常开按钮 SB11，交流接触器 KM 线圈得电，KM 主触点和自锁触点同时闭合，电动机得电并连续运转，按下停止按钮 SB12，交流接触器 KM 线圈失电，KM 主触点和自锁触点同时分断，电动机失电停止转动。

乙地控制：按下常开按钮 SB21，交流接触器 KM 线圈得电，KM 主触点和自锁触点同时闭合，电动机得电并连续运转，按下停止按钮 SB22，交流接触器 KM 线圈失电，KM 主触点和自锁触点同时分断，电动机失电停止转动。

适用场合：此线路可以实现两地控制，方便操作，适用于需要两地操作的场合。

2.13　具有连锁的两地控制的启停控制线路

2.13.1　具有连锁的两地控制的启停控制线路原理图

具有连锁的两地控制的启停控制线路原理图如图 2-20 所示。

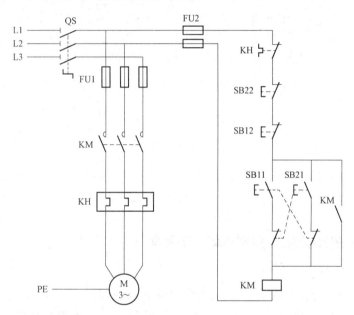

图 2-20　具有连锁的两地控制的启停控制线路原理图

2.13.2　具有连锁的两地控制的启停控制线路工作原理

合上电源开关 QS。

甲地控制：按下复合按钮 SB11，其动断触点首先分断，使乙地按钮 SB21 无法启动电动机，对其实现连锁，其动合触点后闭合，交流接触器 KM 线圈得电，KM 主触点和自锁触点同时闭合，电动机得电并连续运转。松开复合按钮 SB11，其动合触点首先分断，动断触点后恢复闭合，取消对按钮 SB21 线路的连锁。按下停止按钮 SB12，交流接触器 KM 线圈失电，KM 主触点和自锁触点同时分断，电动机失电停止转动。

乙地控制：按下复合按钮 SB21，其动断触点首先分断，使甲地按钮 SB11 无法启动电动机，实现连锁，其动合触点后闭合，交流接触器 KM 线圈得电，KM 主触点和自锁触点同时闭合，电动机得电并连续运转。松开复合按钮 SB21，其动合触点首先分断，动断触点后恢复闭合，取消对按钮 SB11 线路的连锁。按下停止按钮 SB22，交流接触器 KM 线圈失电，KM 主触点和自锁触点同时分断，电动机失电停止转动。

适用场合：此线路可以实现两地控制，又使两地不能同时启动，方便操作，适用于需要两地操作的场合。

2.14 三地控制的启停控制线路

2.14.1 三地控制的启停控制线路原理图

三地控制的启停控制线路原理图如图 2-21 所示。

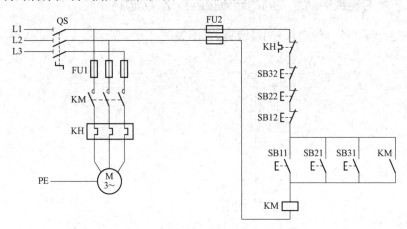

图 2-21 三地控制的启停控制线路原理图

2.14.2 三地控制的启停控制线路工作原理

合上电源开关 QS。

甲地控制：按下动合按钮 SB11，交流接触器 KM 线圈得电，KM 主触点和自锁触点同时闭合，电动机得电并连续运转。按下动断按钮 SB12，交流接触器 KM 线圈失电，KM 主触点和自锁触点同时分断，电动机失电停止转动。

乙地控制：按下动合按钮 SB21，交流接触器 KM 线圈得电，KM 主触点和自锁触点同时闭合，电动机得电并连续运转。按下动断按钮 SB22，交流接触器 KM 线圈失电，KM 主触点和自锁触点同时分断，电动机失电停止转动。

丙地控制：按下动合按钮 SB31，交流接触器 KM 线圈得电，KM 主触点和自锁触点同时闭合，电动机得电并连续运转。按下动断按钮 SB32，交流接触器 KM 线圈失电，KM 主触点和自锁触点同时分断，电动机失电停止转动。

适用场合：此线路可以实现三地控制，方便操作，适用于需要三地操作的场合。

2.15 电动机自动快速再启动控制线路

2.15.1 时间继电器基本知识

时间继电器是能够在得到动作信号后，按照一定的时间要求控制触点动作的继电器；主要有电磁式、电动式、空气阻尼式、晶体管式、单片机控制式等。其中，电磁式时间继电器的结构简单，价格低廉，但体积和质量大，延时时间较短，且只能用于直流断电延时；电动式时间继电器是利用同步微电机与特殊的电磁传动机械来产生延时的，延时精度高，延时可调范围大，但结构复杂，价格贵；空气阻尼式时间继电器延时精度不高，体积大，已逐步被晶体管式取代；单片机控制式时间继电器是为了适应工业自动化控制水平越来越高而生产的。目前应用最多的是晶体管式时间继电器。

1. 电路与符号

时间继电器的电路图形与文字符号如图 2-22 所示。

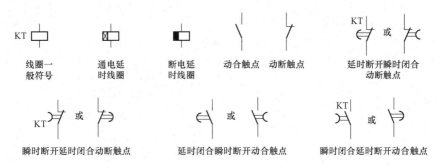

图 2-22　时间继电器的电路图形与文字符号

2. 选用

（1）根据系统的延时范围和精度选择时间继电器的类型和系列。

（2）根据控制线路的要求选择时间继电器的延时方式。

（3）根据控制线路的电压选择时间继电器吸合线圈的电压。

3. 安装要求

无论是通电延时型还是断电延时型都必须使继电器在断电后释放时衔铁的运动方向垂直向下，其倾斜度不得超过 5°。时间继电器金属底板上的接地螺钉必须与接地线可靠连接；其整定值应预先在不通电时整定好，并在试车时校正。

2.15.2　中间继电器基本知识

中间继电器是用来增加控制电路中的信号数量或将信号放大的继电器。输入信号是线圈的通电和断电，输出信号是触点的动作。

1. 外形与符号

中间继电器的外形、图形与文字符号如图 2-23 所示。

图 2-23　中间继电器的外形、图形与文字符号

（a）JZC4 系列交流中间继电器；（b）电路图形与文字符号

2. 选用

中间继电器主要依据被控制电路的电压等级、所需触点数、种类、容量等要求来选择。

2.15.3 电动机自动快速再启动控制线路原理图

电动机自动快速再启动控制线路原理图如图 2-24 所示。

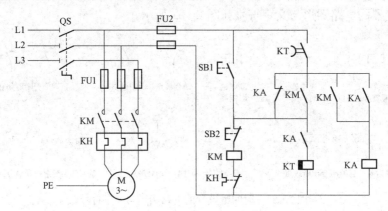

图 2-24 电动机自动快速再启动控制线路原理图

2.15.4 电动机自动快速再启动控制线路工作原理

启动控制：合上电源开关 QS，按下动合按钮 SB1，交流接触器 KM 线圈得电，KM 的主触点和动合辅助触点同时闭合，电动机得电运转。中间继电器 KA 通过 KM 动合触点得电，其动断触点断开，动合触点都闭合，使时间继电器 KT 线圈得电，其瞬时闭合延时断开动合触点闭合。

当网上突然停电时，由于 KM、KT、KA 线圈同时失电，其瞬时动作触点都动作，只有 KT 的延时断开动合触点闭合。若在短时间内来电，通过 KT 瞬时闭合延时断开动合触点、KA 的动断触点、SB2 按钮、KH 动断触点给 KM 线圈供电，使电动机在短时间内再启动。

若按下动断按钮 SB2 正常停止时，由于中间继电器通过 KT 瞬时闭合延时断开动合触点和自己的自锁触点供电，延时停电，其动断触点应处于断开状态，电动机停电后不会再自动启动。当因过载而停电时，由于 KH 的动断触点断开，也不会再自动启动。

适用场合：停电会对生产造成很大损失的情况，只能短时停止电动机的场合。

2.16　自动往返控制线路

2.16.1 行程开关基础知识

行程开关是一种利用生产机械某些运动部件的碰撞来发出控制指令的主令电器。主要用于控制生产机械的运动方向、速度、行程大小或位置，是一种自动控制电器。

1. 结构与符号

行程开关的结构、图形与文字符号如图 2 - 25 所示。

2. 选用

行程开关主要根据其参数（型式、工作行程、额定电压及触点的电流容量等）来选用。

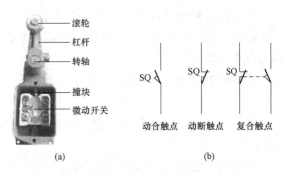

2.16.2　自动往返控制线路原理图

自动往返控制线路原理图如图 2 - 26 所示。

图 2 - 25　行程开关的结构、图形与文字符号

(a) 行程开关的结构图；(b) 行程开关的图形与文字符号

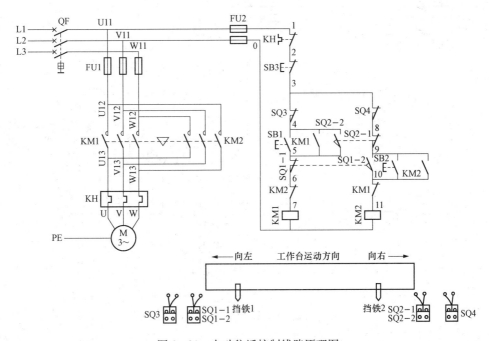

图 2 - 26　自动往返控制线路原理图

2.16.3　自动往返控制线路工作原理

启动控制：先合上电源开关 QF，按下正向启动按钮 SB1，交流接触器 KM1 线圈得电，KM1 连锁触点分断对 KM2 进行连锁，KM1 主触点和自锁触点同时闭合，电动机正转，工作台左移至限定位置时挡铁 1 撞击 SQ1，SQ1 - 1 动断触点首先断开，KM1 线圈失电，KM1 主触点和自锁触点分断，KM1 连锁触点复位对 KM2 解锁。SQ1 - 2 动合触点后闭合，交流接触器 KM2 线圈得电，KM2 连锁触点分断对 KM1 进行连锁，KM2 主触点和自锁触点同时闭合，电动机反转，工作台右移至限定位置时，挡铁 2 撞击 SQ2，SQ2 - 1 动断触点首先断开，KM2 线圈失电，KM2 主触点和自锁触点分断，KM2 连锁触点复位对 KM1 解锁。SQ2 - 2 动合触点后闭合，KM1 线圈又得电，如此往返运动。

反向启动和上面的类似，可以自行分析。

停止控制：按下停止按钮 SB3，交流接触器 KM1、KM2 线圈都失电，电动机停转，工作台停止运动。

本原理图中 SQ3 和 SQ4 两个行程开关在这里起限位保护作用。

2.17 点动和自动往返混用控制线路

2.17.1 点动和自动往返混用控制线路原理图

点动和自动往返混用控制线路原理图如图 2-27 所示。

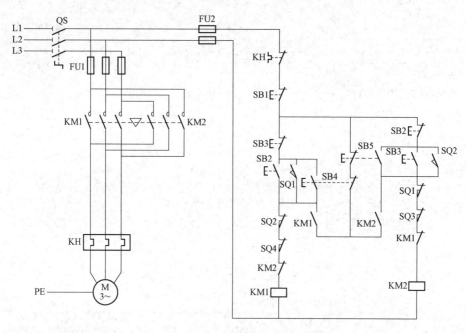

图 2-27 点动和自动往返混用控制线路原理图

2.17.2 点动和自动往返混用控制线路工作原理

合上电源开关 QS。

（1）点动控制。

1）前进控制：按下复合按钮 SB4，其动断触点首先分断，使交流接触器 KM1 自锁触点支路断开，SB4 动合触点闭合，KM1 线圈得电，KM1 连锁触点分断对 KM2 连锁，KM1 主触点和自锁触点同时闭合，电动机正转，小车向前进。松开 SB4，KM1 线圈失电，KM1 主触点和自锁触点分断，KM1 连锁触点复位对 KM2 解锁，电动机停转。

2）后退控制：按下复合按钮 SB5，其动断触点首先分断，使交流接触器 KM2 自锁触点支路断开，SB5 动合触点闭合，KM2 线圈得电，KM2 连锁触点分断对 KM1 连锁，KM2 主触点和自锁触点同时闭合，电动机反转，小车向后退。松开 SB5，KM2 线圈失电，KM2 主触点和自锁触点分断，KM2 连锁触点复位对 KM1 解锁，电动机停转。

（2）自动往返控制。按下正向启动按钮 SB2，SB2 的动断触点首先分断，对交流接触器 KM2 线圈电路进行连锁，SB2 的动合触点后闭合，交流接触器 KM1 线圈得电，KM1 连锁触点分断对 KM2 线圈再次连锁，KM1 的主触点和自锁触点同时闭合，电动机正转，松开 SB2 时，电动机继续运转，工作台左移至限定位置时挡铁 1 撞击 SQ2，SQ2 动断触点首先断开，KM1 线圈失电，KM1 主触点和自锁触点分断，KM1 连锁触点复位对 KM2 解锁。SQ2 动合触点后闭合，交流接触器 KM2 线圈得电，KM2 连锁触点分断对 KM1 线圈进行连锁，KM2 主触点和自锁触点同时闭合，电动机反转，工作台右移至限定位置时，挡铁 2 撞击 SQ1，SQ1 动断触点首先断开，KM2 线圈失电，KM2 主触点和自锁触点分断，KM2 连锁触点复位对 KM1 解锁。SQ1 动合触点后闭合，KM1 线圈又得电，如此往返运动。

（3）反向启动和上面的类似，可以自行分析。

（4）停止控制：按下停止按钮 SB1，交流接触器 KM1、KM2 线圈同时失电，电动机停转，工作台停止运动。

本原理图中 SQ3 和 SQ4 两个行程开关在这里起限位保护作用。

适用场合：点动控制和自动往返混合使用的场合。

2.18　两台电动机顺序启动同时停止控制线路

2.18.1　两台电动机顺序启动同时停止控制线路原理图

两台电动机顺序启动同时停止控制线路原理图如图 2-28 所示。

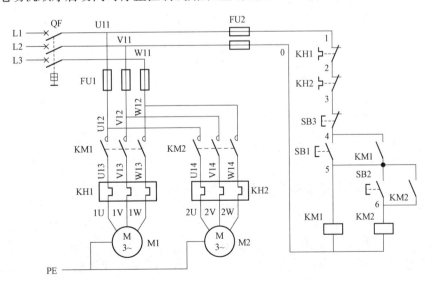

图 2-28　两台电动机顺序启动同时停止控制线路原理图

2.18.2　两台电动机顺序启动同时停止控制线路工作原理

启动控制：合上电源开关 QF，按下启动按钮 SB1，交流接触器 KM1 线圈得电，KM1

的主触点和动合辅助触点同时闭合,电动机 M1 得电启动并连续运行;再按下按钮 SB2,交流接触器 KM2 线圈得电,KM2 的主触点和动合辅助触点同时闭合,电动机 M2 得电启动并连续运行。

若不按 SB1 按钮,直接按 SB2 按钮,由于 KM1 线圈不能得电,其动合辅助触点不闭合,因此交流接触器 KM2 不能得电,电动机 M2 不能启动。因此该电路只能 M1 先启动,M2 再启动,实现了顺序启动。

停止控制:按下常闭按钮 SB3,交流接触器 KM1、KM2 线圈同时失电,电动机 M1 和 M2 同时停止转动。

适用场合:两台电动机需要顺序启动且同时停止的场合。

2.19 两台电动机顺序启动分别停止控制线路

2.19.1 两台电动机顺序启动分别停止控制线路原理图

两台电动机顺序启动分别停止控制线路原理图如图 2-29 所示。

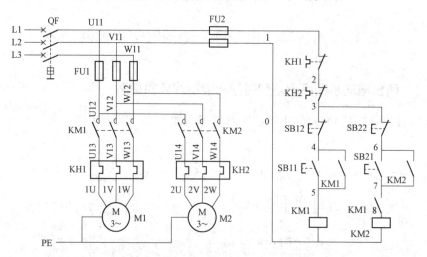

图 2-29 两台电动机顺序启动分别停止控制线路原理图

2.19.2 两台电动机顺序启动分别停止控制线路工作原理

顺序启动控制:合上电源开关 QF,按下电动机 M1 的启动按钮 SB11,交流接触器 KM1 的线圈得电,KM1 的主触点、自锁触点和动合辅助触点同时闭合,M1 启动并连续运行;按下电动机 M2 的启动按钮 SB21,由于 KM1 的动合辅助触点先前已经闭合,所以交流接触器 KM2 的线圈得电,KM2 的主触点和自锁触点同时闭合,M2 得电开始运转。

停止控制:可以先停 M2,按下 M2 电动机的停止按钮 SB22,交流接触器 KM2 的线圈失电,KM2 的主触点和自锁触点同时分断,M2 失电停止运转。

可以同时停止,按下停止按钮 SB12,交流接触器 KM1 的线圈失电,KM1 的主触点、自锁触点和动合辅助触点同时分断，M1 停止运行，KM2 的线圈同时失电，KM2 的主触点和自锁触点同时分断，M2 失电也停止运转。

适用场合：需要顺序启动，可以单独停止的场合。

2.20 两台电动机顺序启动逆序停止控制线路

2.20.1 两台电动机顺序启动逆序停止控制线路原理图

两台电动机顺序启动逆序停止控制线路原理图如图 2 - 30 所示。

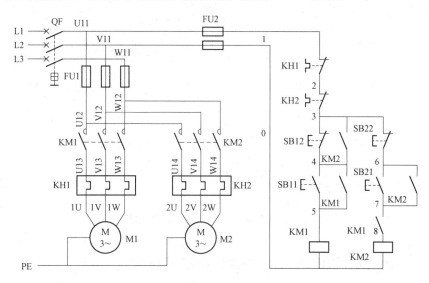

图 2 - 30 两台电动机顺序启动逆序停止控制线路原理图

2.20.2 两台电动机顺序启动逆序停止控制线路工作原理

顺序启动控制：合上电源开关 QF，按下电动机 M1 的启动按钮 SB11，交流接触器 KM1 的线圈得电，KM1 的主触点、自锁触点和动合辅助触点同时闭合，M1 启动并连续运行；按下电动机 M2 的启动按钮 SB21，由于 KM1 的动合辅助触点先前已经闭合，所以交流接触器 KM2 的线圈得电，KM2 的主触点、自锁触点和动合辅助触点同时闭合，M2 得电开始运转。

逆序停止控制：由于 KM2 的动合辅助触点将 M1 的停止按钮 SB12 短接，因此在 KM2 线圈得电的情况下，按 SB12 是不起作用的，即 M1 电动机不能先停。

按下 M2 电动机的停止按钮 SB22，交流接触器 KM2 的线圈失电，KM2 的主触点、自锁触点和动合辅助触点同时分断，M2 电动机失电停止运转；由于 KM2 的动合辅助触点断开，此时再按下 SB12，交流接触器 KM1 的线圈失电，KM1 的主触点、自锁触点和动合辅助触点同时分断，M1 电动机也停止运行，实现了逆序停止的效果。

适用场合：需要顺序启动且逆序停止的场合。

2.21　两台电动机定时差开机控制线路

2.21.1　两台电动机定时差开机控制线路原理图

两台电动机定时差开机控制线路原理图如图 2-31 所示。

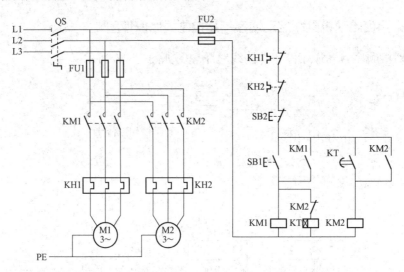

图 2-31　两台电动机定时差开机控制线路原理图

2.21.2　两台电动机定时差开机控制线路工作原理

启动控制：合上电源开关 QS，按下启动按钮 SB1，交流接触器 KM1 和通电延时继电器线圈同时得电，KM1 的主触点和自锁触点同时闭合，M1 电动机得电开始运行，同时时间继电器延时开始；当整定时间到时，时间继电器 KT 的瞬时断开延时闭合动合触点闭合，交流接触器 KM2 线圈得电，KM2 的动断辅助触点先断开，KT 线圈失电，KM2 的主触点和自锁触点同时闭合，M2 电动机得电开始运行，实现了定时开机的要求。

停止控制：按下常闭按钮 SB2，KM1、KM2、KT 线圈同时失电，两台电动机同时停转。

适用场合：需要定时差进行开机的场合。

2.22　两台电动机定时差关机控制线路

2.22.1　两台电动机定时差关机控制线路原理图

两台电动机定时差关机控制线路原理图如图 2-32 所示。

2.22.2　两台电动机定时差关机控制线路工作原理

启动控制：合上电源开关 QS，按下启动按钮 SB1，交流接触器 KM1 和断电延时继电器

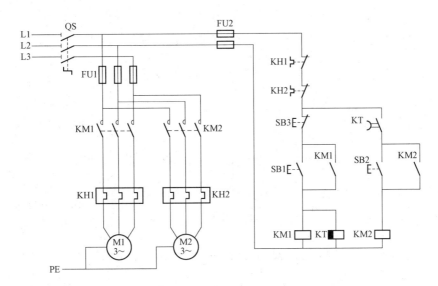

图 2-32　两台电动机定时差关机控制线路原理图

KT 线圈同时得电，KM1 的主触点和自锁触点同时闭合，M1 电动机得电开始运行；时间继电器 KT 的瞬时闭合延时断开动合触点闭合，为 KM2 线圈得电做准备。按下启动按钮 SB2，交流接触器 KM2 线圈得电，KM2 的主触点和自锁触点同时闭合，M2 电动机得电开始运行。

停止控制：按下停止按钮 SB3，交流接触器 KM1 和断电延时继电器 KT 线圈同时失电，KM1 的主触点和自锁触点同时恢复断开，M1 电动机失电停止转动，同时断电延时继电器 KT 计时开始，当到达整定时间时，其瞬时闭合延时断开触点分断，交流接触器 KM2 线圈失电，KM2 的主触点和自锁触点同时恢复断开，M2 电动机失电停止转动。实现定时差关机的控制。

适用场合：顺序启动，定时差关机的场合。

2.23　两条传送带的电气控制线路

2.23.1　两条传送带的电气控制线路原理图

两条传送带的电气控制线路原理图如图 2-33 所示。

2.23.2　两条传送带的电气控制线路工作原理

（1）启动控制。

1）M1 先启动：合上电源开关 QS，按下启动按钮 SB11，交流接触器 KM1 线圈得电，KM1 的主触点、自锁触点和动合辅助触点同时闭合，电动机 M1 得电首先启动。

2）M2 再启动：按下启动按钮 SB21，这时 KM1 的动合辅助触点已经闭合，所以交流接触器 KM2 线圈得电，KM2 的主触点、自锁触点和动合辅助触点同时闭合，电动机 M2 得电启动。

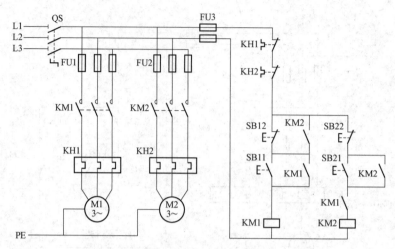

图 2-33 两条传送带的电气控制线路原理图

（2）停止控制。

M2 先停止：按下停止按钮 SB22，交流接触器 KM2 线圈失电，KM2 的主触点、自锁触点和动合辅助触点同时恢复断开，电动机 M2 失电停止转动。

M1 后停止：按下停止按钮 SB12，由于此时 KM2 的动合辅助触点已经分断，交流接触器 KM1 线圈失电，KM1 的主触点、自锁触点和动合辅助触点同时恢复断开，电动机 M1 失电停止转动。

适用场合：两条传送带运输机顺序启动，以防止货物在带上堆积；逆序停止，以防止停机后带上有残留货物。

2.24　三条传送带运输机顺序启动逆序停止控制线路

2.24.1　三条传送带运输机顺序启动逆序停止控制线路原理图

三条传送带运输机顺序启动逆序停止控制线路原理图如图 2-34 所示。

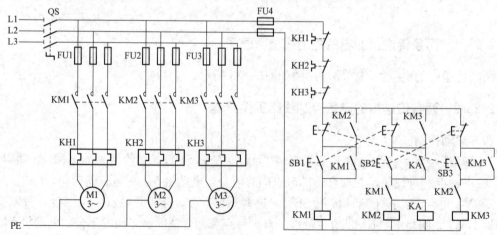

图 2-34　三条传送带运输机顺序启动逆序停止控制线路原理图

2.24.2　三条带运输机顺序启动逆序停止控制线路工作原理

（1）启动。

M1 先启动：合上电源开关 QS，按下复合按钮 SB1，其动断触点首先分断，对 KM2 线圈电路分断，由于此时 KM2 线圈本就没有得电，所以没有影响，SB1 动合触点闭合，使交流接触器 KM1 线圈得电，KM1 的主触点、自锁触点和动合辅助触点同时闭合，电动机 M1 得电首先启动。

M2 再启动：按下复合按钮 SB2，其动断触点首先分断，将 KM3 线圈电路分断，由于此时 KM3 线圈本就没有得电，所以没有影响；SB2 动合触点闭合，这时 KM1 的动合辅助触点已经闭合，所以交流接触器 KM2 线圈和中间继电器 KA 线圈同时得电，KM2 的主触点和动合辅助触点同时闭合，电动机 M2 得电启动，KA 的动合触点闭合，使 KM2 线圈和 KA 线圈能持续得电（由于 KM2 只有两对动合辅助触点，所以在这里加入中间继电器来自锁电路）。

M3 最后启动：按下复合按钮 SB3，其动断触点首先分断，将 KM1 线圈电路分断，由于先前 KM2 动合辅助触点已经闭合，所以对 KM1 线圈电路没有影响；SB3 动合触点闭合，这时 KM2 的动合辅助触点已经闭合，所以交流接触器 KM3 线圈得电，KM3 的主触点、自锁触点和动合辅助触点同时闭合，电动机 M3 得电启动。

（2）停止。

M3 先停止：按下复合按钮 SB2，其动断触点首先分断，使 KM3 线圈失电，KM3 的主触点、自锁触点和动合辅助触点恢复断开，电动机 M3 失电停机；SB2 动合触点闭合，由于 KM2 线圈已自锁，所以对电路没有影响。

M2 第二停止：按下复合按钮 SB1，其动断触点首先分断，由于这时 KM3 的动合辅助触点已经分断，使 KM2 线圈失电，KM2 的主触点和动合辅助触点恢复断开，电动机 M2 失电停机；SB1 动合触点闭合，由于 KM1 线圈已自锁，所以对电路没有影响。

M1 最后停止：按下复合按钮 SB3，其动断触点首先分断，由于这时 KM2 的动合辅助触点已经分断，使 KM1 线圈失电，KM1 的主触点、自锁触点和动合辅助触点恢复断开，电动机 M1 失电停机；SB3 动合触点闭合，由于此时 KM2 动合辅助触点已经分断，所以 KM3 线圈电路无法接通，同样对电路没有影响。

此电路图中用了三对复合按钮，使电路中的按钮总数减少一半，有利于节约控制板面空间，操作时注意按钮控制顺序即可。

适用场合：三条传送带顺序启动，以防止货物在带上堆积；逆序停机，以防止停机后带上有残留货物。

2.25　多台电动机可同时启动又可有选择启动的控制线路

2.25.1　**多台电动机可同时启动又可有选择启动的控制线路原理图**

多台电动机可同时启动又可有选择启动的控制线路原理图如图 2 - 35 所示。

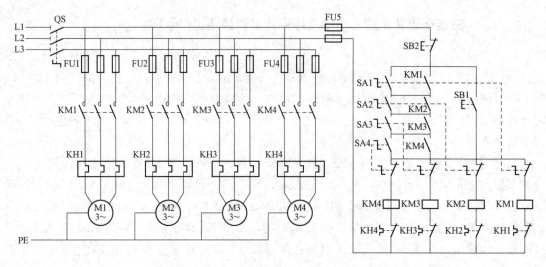

图 2-35　多台电动机可同时启动又可有选择启动的控制线路原理图

2.25.2　多台电动机可同时启动又可有选择启动的控制线路工作原理

合上电源开关 QS。

多台电动机同时启动控制：将复合预选开关 SA1、SA2、SA3、SA4 处于如图中所示的位置，即动合的断开，动断的闭合的状态。按下启动按钮 SB1，交流接触器 KM1、KM2、KM3、KM4 都得电，其主触点和动合辅助触点同时闭合，形成自锁，四台电动机同时启动并连续运转。

若只开 M1 电动机时，需要将复合预选开关 SA2、SA3、SA4 拨动，使其状态改变为动合的闭合，动断的断开，则交流接触器 KM2、KM3、KM4 都不能得电，只有交流接触器 KM1 线圈得电，其主触点和动合辅助触点同时闭合，通过 KM1 自锁触点和 SA2、SA3、SA4 的已经闭合的动合触点形成自锁，电动机 M1 启动并连续运转。

同理，想开哪一台或几台电动机时，只需要将其复合预选开关拨至图中所示位置，而不运行的电动机的复合预选开关拨至相反的位置即可实现。

同时停止控制：按下停止按钮 SB2，交流接触器 KM1、KM2、KM3、KM4 都失电，其主触点和动合辅助触点同时断开，四台电动机同时失电并停止运转。

电路特点：所用器件少，操作方便，动作可靠，注意复合预选开关的位置即可。

适用场合：多台电动机，有选择性启动或同时启动多种启动运行方式的场合。

2.26　空气压缩机的自动控制线路

2.26.1　空气压缩机的自动控制线路原理图

空气压缩机的自动控制线路原理图如图 2-36 所示。

2.26.2 空气压缩机的自动控制线路工作原理

合上电源开关 QS。按下启动按钮 SB1，交流接触器 KM2 线圈得电，KM2 的主触点、自锁触点和动合辅助触点同时闭合，由于此时空气压缩机内气压很小，没有达到预先调整的压力动作值，气压自动开关处于闭合状态。当 KM2 的动合辅助触点闭合时，交流接触器

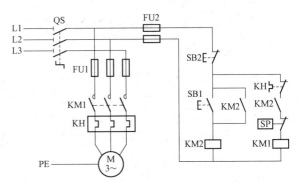

图 2-36 空气压缩机的自动控制线路原理图

KM1 线圈得电，KM1 的主触点闭合，压缩机开始启动工作，这时压缩空气就会从储气罐进入气压自动开关；当存气筒压力达到预定压力时，由压缩空气顶动橡皮，通过跳桥使弹簧跳动，带动跳板，从而使胶木座内动触点和静触点脱开，切断 KM1 的线圈电路，使其主触点断开，电动机停止转动；当存气筒压力降到一定值时，又重新起跳，使电路接通，电动机继续运转。开关上设有放气阀，当跳板跳动时，压下顶杆，使放气阀打开，达到排气目的，使第二次跳动时，减轻电动机负荷，实现自动控制。

电路的特点：实现气压自动开关控制，可以节省人力，节约电能，延长空气压缩机的寿命。

适用场合：电动机功率 5.5kW 及以下的微型空气压缩机。

2.27 电动葫芦的电气控制线路

2.27.1 电动葫芦的电气控制线路原理图

电动葫芦的电气控制线路原理图如图 2-37 所示。

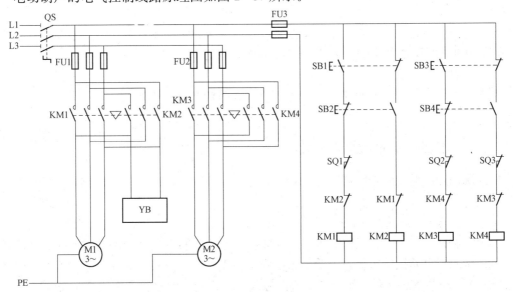

图 2-37 电动葫芦的电气控制原理图

2.27.2 电动葫芦的电气控制线路工作原理

合上电源开关 QS。

上升控制：按下复合按钮 SB1，其动断触点首先分断，对下降控制接触器 KM2 线圈实现连锁；SB1 的动合触点后闭合，交流接触器 KM1 线圈得电，其动断辅助触点首先分断，对接触器 KM2 线圈再次实现连锁，KM1 主触点后闭合，电动机 M1 正转，电动葫芦上升。松开复合按钮 SB1，其动合触点首先分断，交流接触器 KM1 线圈失电，主触点分断，电动机 M1 停转，电动葫芦上升停止。

下降控制：按下复合按钮 SB2，其动断触点首先分断，对上升控制接触器 KM1 线圈实现连锁；SB2 的动合触点后闭合，交流接触器 KM2 线圈得电，其动断辅助触点首先分断，对接触器 KM1 线圈再次实现连锁，KM2 主触点后闭合，电动机 M1 反转，电动葫芦下降。松开复合按钮 SB2，其动合触点首先分断，交流接触器 KM2 线圈失电，主触点分断，电动机 M1 停转，电动葫芦下降停止。YB 是电磁抱闸制动器。

左移控制：按下复合按钮 SB3，其动断触点首先分断，对右移控制接触器 KM4 线圈实现连锁；SB3 的动合触点后闭合，交流接触器 KM3 线圈得电，其动断辅助触点首先分断，对接触器 KM4 线圈再次实现连锁，KM3 主触点后闭合，电动机 M2 正转，电动葫芦左移。松开复合按钮 SB3，其动合触点首先分断，交流接触器 KM3 线圈失电，主触点分断，电动机 M2 停转，电动葫芦左移停止。

右移控制：按下复合按钮 SB4，其常闭触点首先分断，对左移控制接触器 KM3 线圈实现连锁；SB4 的动合触点后闭合，交流接触器 KM4 线圈得电，其动断辅助触点首先分断，对接触器 KM3 线圈再次实现连锁，KM4 主触点后闭合，电动机 M2 反转，电动葫芦右移。松开复合按钮 SB4，其动合触点首先分断，交流接触器 KM4 线圈失电，主触点分断，电动机 M2 停转，电动葫芦右移停止。

图中 SQ1 对电葫芦实现上限位保护；SQ2 对电葫芦实现左限位保护；SQ3 对电葫芦实现右限位保护。

电路特点：电动葫芦实现的是点动控制，且有按钮和接触器双重连锁，还有限位保护功能，短路保护功能，在下降过程中采用了电磁抱闸制动。

2.28 低速脉冲控制线路

2.28.1 低速脉冲控制线路原理图

低速脉冲控制线路原理图如图 2-38 所示。

2.28.2 低速脉冲控制线路工作原理

合上电源开关 QS。按下按钮 SB，交流接触器 KM 线圈得电吸合，其主触点闭合，电动机得电运转。当电动机转速瞬时上升至速度继电器 KS 动作值时（转速大于 $120r/min$），速度继电器 KS 动断触点断开，切断了交流接触器 KM 线圈回路电源，交流接触器 KM 线圈失电，其主触点断开，电动机失电停止工作；瞬间电动机转速下降至小于 $100r/min$ 时，速度

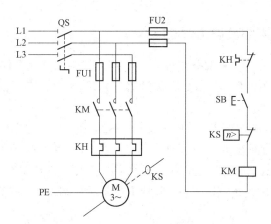

图 2-38 低速脉冲控制线路原理图

继电器 KS 动断触点恢复闭合状态,此过程中如果操作者手一直按住按钮 SB,交流接触器 KM 线圈又重新得电吸合,其主触点闭合,电动机再次启动运转起来。如此重复下去,从而使电动机在通、断、通、断的状态下低速脉冲运转,完成低速脉冲控制。

适用场合:机床设备在变速或对刀过程。

2.29 电动阀门控制线路

2.29.1 电动阀门控制线路原理图

电动阀门控制线路原理图如图 2-39 所示。

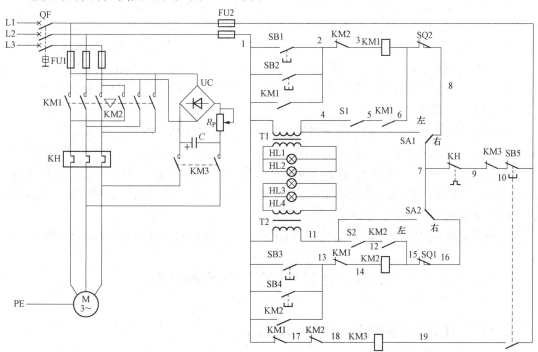

图 2-39 电动阀门控制线路原理图

2.29.2 电动阀门控制线路工作原理

电动阀门控制线路由以下三部分组成：主电路、控制电路以及能耗制动电路。

主电路包括电源开关 QF，三相交流接触器 KM1、KM2 的主触点，热继电器 KH 的热元件和三相交流电动机等。

控制电路包括控制按钮 SB1、SB2、SB3、SB4 和 SB5，交流接触器 KM1、KM2 和 KM3 的线圈及它们的辅助触点，电源变压器 T1、T2，信号指示灯 HL1、HL2、HL3 和 HL4，闪光开关 S1、S2，状态选择开关 SA1、SA2 以及位置开关 SQ1、SQ2 等。

能耗制动电路包括桥式整流器 UC、限流电位器 RP、储能电容 C 以及交流接触器 KM3 的主触点等。

电动阀门电动机控制：当线路处于热备用状态时，可以通过选择 SA1、SA2 的开关位置确定主电路受控或不受控。当 SA1（SA2）位于左边时，KM1（KM2）的线圈退出运行；当 SA1（SA2）位于右边时，KM1（KM2）的线圈投入运行；当 SA1（SA2）位于左边时，信号指示灯点亮，操作人员或检修人员可以利用这一档检查控制电路是否得电；当 SA1（SA2）位于右边时，信号指示灯不亮，只有在启动阀门电动机后，信号指示灯 HL1、HL2（HL3、HL4）才会闪烁发光。

合上电源开关 QF，将选择开关 SA1 置于右边，按下 SB1（或 SB2），电流依次经过 L2—SB1（或 SB2）—KM2 的动断触点（2—3）—KM1 线圈—SQ2—SA1—KH 的动断触点（7—9）—KM3 的动断触点（9—10）—SB5—L1，KM1 线圈得电动作并自锁，阀门电动机旋转，打开阀门。在 KM1 的动合触点（5—6）接通后，闪光开关 S1 工作，红灯 HL1 和绿灯 HL2 用作闪光指示。当阀门开到极限位置时，SQ2 断开，KM1 的线圈失电，其主触点复位，阀门电动机的电源被断开，阀门电动机停止工作。

将选择开关 SA2 置于右边，按下 SB3（或 SB4），电流依次经过 L2—SB3（或 SB4）—KM1 的动断触点（13—14）—KM2 线圈—SQ1—SA2—KH 的动断触点（7—9）—KM3 的动断触点（9—10）—SB5—L1，KM2 线圈得电吸合并自锁，阀门电动机旋转，关闭阀门。在 KM2 的动合触点（12—15）接通后，闪光开关 S2 工作，红灯 HL3 和绿灯 HL4 作闪光指示。当阀门关到极限位置时，位置开关 SQ1 断开，KM2 的线圈失电，其主触点复位，阀门电动机的电源被断开。

在阀门开启过程中，可随时按下停机按钮 SB5，其动断触点断开，使 KM1 或 KM2 线圈失电释放，电动机失电。同时，SB5 的动合触点（19—L1）闭合，KM3 线圈得电吸合，其触点（9—10）断开，防止 KM1 或 KM2 误动作，KM3 的主触点闭合，使桥式整流器的输出和电容的储能同时作用于电动机的绕组，产生制动力矩，使电动机瞬时停转。这样，可以使阀门准确无误地按要求停到指定的位置。

图中电位器 RP 起限流作用，通过调整 RP 可获得制动电流，通常能耗制动电流取 4.5A。

2.30 建筑工地卷扬机控制线路

2.30.1 建筑工地卷扬机控制线路原理图

建筑工地卷扬机控制线路原理图如图 2-40 所示。

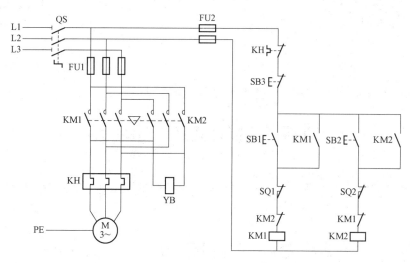

图 2-40 建筑工地卷扬机控制线路原理图

2.30.2 建筑工地卷扬机控制线路工作原理

上升控制：当需要提升货物时，按下正转启动按钮 SB1，交流接触器 KM1 线圈得电吸合，其动断辅助触点首先分断，对接触器 KM2 线圈实现连锁，KM1 主触点和自锁触点同时闭合，电动机 M 得电，电磁抱闸制动器 YB 线圈得电松开抱闸，使电动机正转，货物开始上升；若中途需落下货物时，直接按下反转按钮 SB2 无效，其原因是 KM1 的动断触点对 KM2 线圈实现了连锁，若需反转，则必须先按下停止按钮 SB3，使已经吸合的正转交流接触器 KM1 线圈断电释放，其连锁触点恢复闭合状态，才能进行反转操作。

下降控制：在停机状态下按下反转启动按钮 SB2，交流接触器 KM2 线圈得电吸合，其动断辅助触点首先分断，对接触器 KM1 线圈实现连锁，KM2 主触点和自锁触点同时闭合，电动机 M 得电，电磁抱闸制动器 YB 线圈得电松开抱闸，使电动机反转，货物开始下降。同理，若中途需升货物时，直接按下正转按钮 SB1 无效，其原因是 KM2 的动断触点对 KM1 线圈实现了连锁，若需反转，则必须先按下停止按钮 SB3，使已经吸合的反转交流接触器 KM2 线圈断电释放，其连锁触点恢复闭合状态，才能进行正转操作。

不管是上升或是下降途中如需要停车，均需要首先按下停止按钮 SB3，此时电动机和电磁抱闸制动器 YB 线圈同时失电，电磁抱闸制动，从而完成停止操作。

电路特点：上升和下降极限位置安装了限位开关，即使操作不当而没有及时停机也不会造成超出限位事故。

第 3 章

电动机降压启动、
制动和调速控制线路

本章主要列举了电动机降压启动控制线路、制动控制线路和调速控制线路的原理图及其工作原理。

3.1 定子绕组串接电阻降压启动手动控制线路

降压启动是指利用启动设备将电压适当降低后，加到电动机的定子绕组上进行启动，待电动机启动运转后，再使其电压恢复到额定电压正常运转。定子绕组串接电阻降压启动手动控制线路在启动时给定子绕组串上电阻，降低定子绕组的启动电压，待启动完成后再把电阻切掉。

3.1.1 定子绕组串接电阻降压启动手动控制线路原理图

定子绕组串接电阻降压启动手动控制线路原理图如图 3 - 1 所示。

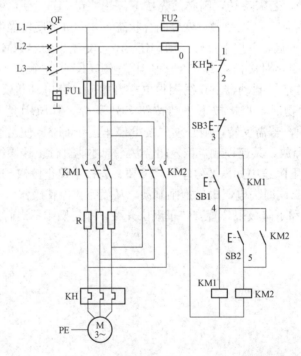

图 3 - 1 定子绕组串接电阻降压启动手动控制线路原理图

3.1.2　定子绕组串接电阻降压启动手动控制线路工作原理

启动控制：合上电源开关 QF，按下启动按钮 SB1，交流接触器 KM1 线圈得电，KM1 的主触点、自锁触点同时闭合，电动机得电，定子绕组串接电阻启动。待启动完成后按下按钮 SB2，交流接触器 KM2 线圈得电，KM2 主触点和自锁触点闭合，切掉电阻使电动机定子绕组全压运行。

停止控制：停止时按下按钮 SB3，交流接触器 KM1、KM2 线圈同时失电，其主触点和自锁触点复位断开，电动机失电停转。

优缺点：该电路设备简单，但操作不方便也不可靠，一般很少使用。

3.2　定子绕组串接电阻降压启动自动控制线路

定子绕组串接电阻降压启动自动控制线路在启动时给定子绕组串上电阻，降低定子绕组的启动电压，待启动完成后通过时间继电器自动把电阻短接切掉。

3.2.1　定子绕组串接电阻降压启动自动控制线路原理图

定子绕组串接电阻降压启动自动控制线路原理图如图 3-2 所示。

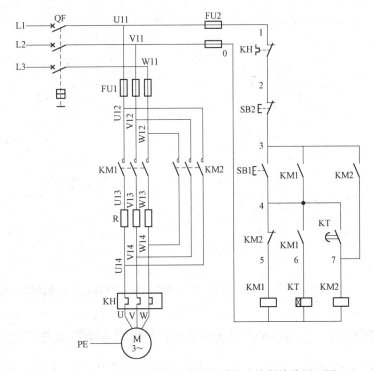

图 3-2　定子绕组串接电阻降压启动自动控制线路原理图

3.2.2　定子绕组串接电阻降压启动自动控制线路工作原理

启动控制：合上电源开关 QF，按下启动按钮 SB1，交流接触器 KM1 线圈得电，KM1

的主触点、自锁触点和动合辅助触点同时闭合，电动机得电，定子绕组串接电阻启动；时间继电器 KT 线圈得电，延时开始。当整定时间到时，KT 瞬时断开延时闭合动合触点闭合，交流接触器 KM2 线圈得电，KM2 动断触点首先分断，使交流接触器 KM1 线圈失电，KM1 所有触点复位，KT 线圈失电，启动完成；交流接触器 KM2 的主触点和自锁触点闭合，短接电阻后电动机定子绕组全压运行。

优缺点：该电路采用时间继电器控制，操作方便可靠，适用范围广。

3.3　按钮操作绕线转子电动机转子绕组串接电阻启动控制线路

3.3.1　按钮操作绕线转子电动机转子绕组串接电阻启动控制线路原理图

按钮操作绕线转子电动机转子绕组串接电阻启动控制线路原理图如图 3-3 所示。

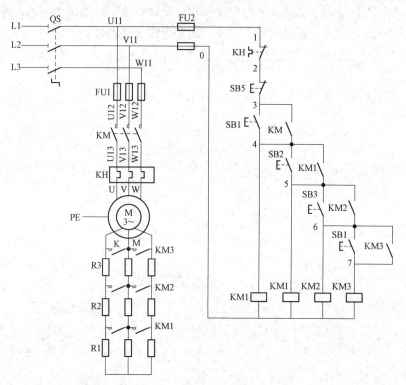

图 3-3　按钮操作绕线转子电动机转子绕组串接电阻启动控制线路原理图

3.3.2　按钮操作绕线转子电动机转子绕组串接电阻启动控制线路工作原理

合上开关 QS，按下动合按钮 SB1，交流接触器 KM 线圈得电，其主触点和自锁触点同时闭合，电动机带全电阻开始启动；启动后按下 SB2 按钮时，交流接触器 KM1 线圈得电，其主触点和自锁触点同时闭合，电阻 R1 被短接；再按下 SB3 按钮时，交流接触器 KM2 线圈得电，其主触点和自锁触点同时闭合，电阻 R2 被短接；再按下 SB4 按钮时，交流接触器 KM3 线圈得电，其主触点和自锁触点同时闭合，电阻 R3 被短接，电动机正常运行。

电路特点：该电路是用按钮进行控制的转子绕组串电阻启动，电路需要按钮多，但电路简单。

适用场合：对启动电流要求不严格的场合。

3.4　继电器控制绕线转子电动机转子绕组串接电阻启动控制线路

3.4.1　继电器控制绕线转子电动机转子绕组串接电阻启动控制线路原理图

继电器控制绕线转子电动机转子绕组串接电阻启动控制线路原理图如图 3-4 所示。

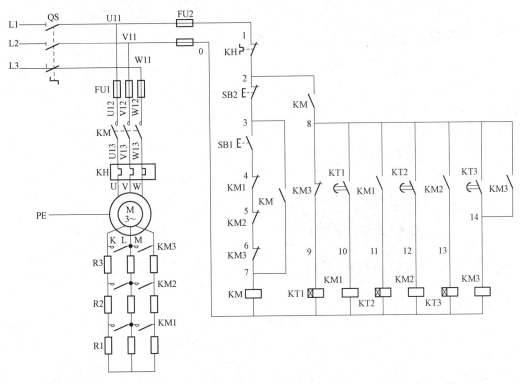

图 3-4　继电器控制绕线转子电动机转子绕组串接电阻启动控制线路原理图

3.4.2　继电器控制绕线转子电动机转子绕组串接电阻启动控制线路工作原理

先合上电源开关 QS，按下启动按钮 SB1，交流接触器 KM 线圈得电，KM 主触点、自锁触点闭合，电动机 M 串接全部电阻启动；KM 辅助动合触点闭合，通电延时继电器 KT1线圈得电，到达 KT1 整定时间时，KT1 的延时闭合动合触点闭合，交流接触器 KM1 线圈得电，KM1 辅助动断触点断开，主触点和辅助动合触点闭合，R1 电阻被短接；通电延时继电器 KT2 线圈得电，延时开始，到达 KT2 整定时间时，KT2 延时闭合动合触点闭合，交流接触器 KM2 线圈得电，KM2 辅助动断触点断开，主触点和辅助动合触点闭合，R2 电阻被短接；通电延时继电器 KT3 线圈得电，延时开始，到达整定时间时，KT3 延时闭合动合触点闭合，交流接触器 KM3 线圈得电，KM3 辅助动断触点断开，时间继电器 KT1 线圈失电，触点复位，KM1 线圈失电，KM1 触点复位，时间继电器 KT2 线圈失电，触点复位，KM2 线圈失电，KM2 触点复位，时间继电器 KT3 线圈失电，触点复位，同时 KM3 主触点和自锁触点闭合，R3 电阻被短接，至此转子所带的全部启动电阻都从电路中切掉了，电动机正常运转。

电路特点：电路使用时间继电器较多，操作比按钮控制电路方便了许多，但不是很精准。

使用场合：对启动电路要求不是很高的场合。

3.5　绕线转子电动机单向运行转子串频敏变阻器启动控制线路

3.5.1　频敏变阻器基本知识

频敏变阻器是一种阻抗值随频率明显变化、静止的无触点电磁元件。其等效阻抗随着电动机转速的升高，转子电流的频率降低而自动减小，从而达到自动变阻的目的，实现平滑无级启动。频敏变阻器结构类似于没有二次绕组的三相变压器。

1. 结构与符号

频敏变阻器的结构、图形与文字符号如图 3-5 所示。

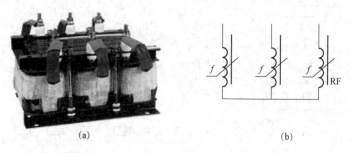

(a)　　　　　　　　　　　　　　(b)

图 3-5　频敏变阻器的结构、图形与文字符号

(a) 频敏变阻器的结构图；(b) 频敏变阻器的图形与文字符号

2. 选用

(1) 根据电动机所拖动的生产机械的启动负载特性和操作频繁程度来选。

(2) 按电动机功率选择频敏变阻器的规格。

3. 安装要求

频敏变阻器应安装在箱体内，牢固地固定在基座上，其基座为铁磁物质时应在中间垫放 10mm 以上的非磁性垫片，以防影响其特性，并可靠接地。若置于箱体外时，必须采取遮护或隔离措施，以防止发生触电事故。

3.5.2　绕线转子电动机单向运行转子串频敏变阻器启动控制线路原理图

绕线转子电动机单向运行转子串频敏变阻器启动控制线路原理图如图 3-6 所示。

3.5.3　绕线转子电动机单向运行转子串频敏变阻器启动控制线路工作原理

启动控制：合上电源组合开关 QS，按下动合按钮 SB1，交流接触器 KM1 线圈和时间继电器 KT 线圈同时得电，交流接触器 KM1 的主触点和自锁触点同时闭合，电动机带频敏变阻器启动，时间继电器 KT 开始延时；当到达整定时间时，时间继电器 KT 的瞬时断开延时闭合动合触点闭合，交流接触器 KM2 线圈得电，交流接触器 KM2 的主触点和自锁触点同时闭合，频敏变阻器被短接，电动机正常运转。

停止控制：停止时按下按钮 SB2，交流接触器 KM1 和 KM2 同时失电，触点都复位，电动机失电而停止转动。

电路特点：用频敏变阻器启动绕线转子异步电动机，启动性能好，无电流和机械冲击，结构简单，价格低廉，使用维护方便。但功率因数较低，启动转矩较小，一般不宜用于重载启动。

适用场合：要求启动平滑，且轻载的启动场合。

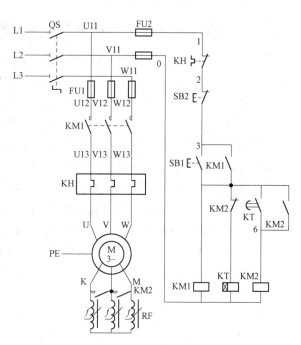

图 3 - 6　绕线转子电动机单向运行转子串频敏变阻器启动控制线路原理图

3.6　频敏变阻器启动控制柜线路

3.6.1　频敏变阻器启动控制柜线路原理图

频敏变阻器启动控制柜线路原理图如图 3 - 7 所示。

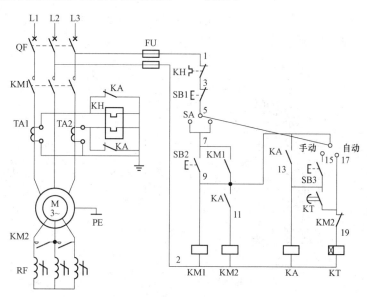

图 3 - 7　频敏变阻器启动控制柜线路原理图

3.6.2 频敏变阻器启动控制柜线路工作原理

手动控制：把开关 SA 拨到手动位置（即图中向左合），合上电源开关 QF，按下启动按钮 SB2，交流接触器 KM1 线圈得电，交流接触器 KM1 的主触点和自锁触点同时闭合，电动机带频敏变阻器启动；启动完成后按下按钮 SB3，中间继电器 KA 线圈得电，KA 的动合触点闭合，自锁并接通交流接触器 KM2 的线圈电路，使其得电，交流接触器 KM2 的动断触点分断、主触点闭合，将频敏变阻器短接，电动机进行正常运行。

自动控制：把开关 SA 拨到自动位置（即图中向右合），合上电源开关 QF，按下启动按钮 SB2，交流接触器 KM1 线圈和通电延时继电器 KT 线圈同时得电，交流接触器 KM1 的主触点和自锁触点同时闭合，电动机带频敏变阻器启动，时间继电器 KT 延时开始；当到达整定时间后，时间继电器 KT 的瞬时断开延时闭合动合触点闭合，中间继电器 KA 线圈得电，KA 的动合触点闭合，自锁并接通交流接触器 KM2 的线圈电路，使其得电，交流接触器 KM2 的动断触点分断，将时间继电器线圈 KT 断电释放而使其退出运行，KM2 主触点闭合，将频敏变阻器短接，电动机进行正常运行。

中间继电器 KA 的作用：在启动时，由其动断触点将热继电器 KH 的热元件短接，以免因启动时间过长造成热继电器 KH 误动作；启动结束后，KA 动作，其动断触点断开，解除对热继电器热元件的短接，热继电器投入运行。

3.7 凸轮控制器控制绕线转子异步电动机启动控制线路

3.7.1 凸轮控制器基础知识

1. 结构与符号

凸轮控制器是利用凸轮来操作动触头动作的控制器，主要用于控制容量不大于 30kW 的中小型绕线转子异步电动机的启动、调速和换向。凸轮控制器主要由手轮（或手柄）、触点系统、转轴、凸轮和外壳等部分组成，如图 3-8 所示。

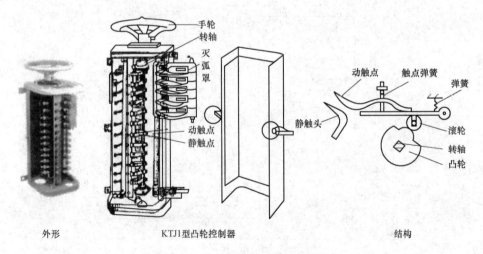

外形　　　　　　　KTJ1型凸轮控制器　　　　　　　结构

图 3-8 凸轮控制器的外形和结构

凸轮控制器的触点分合图见图 3-9。

2. 选用

凸轮控制器主要根据所控制电动机的容量、额定电压、额定电流、工作制和控制位置数目等来选择。

3. 安装要求

凸轮控制器在安装前应检查外壳及零件有无损坏，清除内部灰尘；操作手轮不少于 5 次，检查有无卡轧现象，检查触点的分合顺序是否符合规定的分合表要求，每一对触点是否动作可靠；安装时必须牢固可靠地用安装螺钉固定在墙壁或支架上，其金属外壳的接地螺钉必须与接地线可靠连接。

3.7.2 凸轮控制器控制绕线转子异步电动机启动控制线路原理图

凸轮控制器控制绕线转子异步电动机启动控制线路原理图如图 3-10 所示。

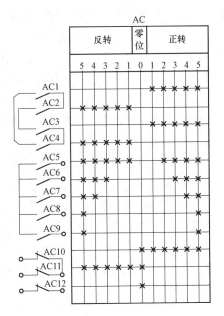

图 3-9　凸轮控制器的触点分合图

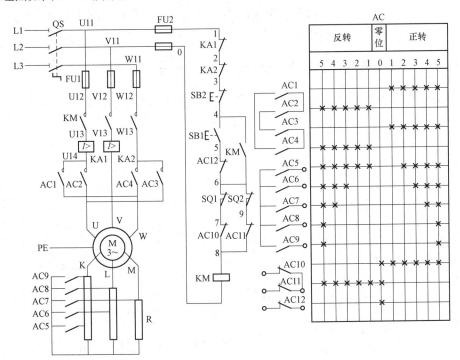

图 3-10　凸轮控制器控制绕线转子异步电动机启动控制线路原理图

3.7.3 凸轮控制器控制绕线转子异步电动机启动控制线路工作原理

将凸轮控制器 AC 的手轮置于 0 位后，合上电源开关 QS，这时 AC 最下面的 3 对触点 AC10～AC12 闭合，为控制电路的接通作准备。按下启动按钮 SB1，接触器 KM 线圈得电，

KM 主触点和自锁触点同时闭合，为电动机的启动作准备。

正转控制：将凸轮控制器 AC 的手轮从 0 位转到正转 1 位置，这时触点 AC10 仍闭合，保持控制电路接通；触点 AC1、AC3 闭合，电动机 M 接通三相电源正转启动，由于 AC5～AC9 均断开，绕组串全部电阻 R 启动；当 AC 手轮从正转 1 位转到 2 位时，触点 AC10、AC1、AC3 仍闭合，AC5 闭合，把电阻器 R 上的一级电阻短接切除，电动机转矩增加，转速加快。同理，依次转到 3、4 和 5 位置，转子回路电阻被逐级全部切除，电动机启动完毕进入正常运转。

停止时，将 AC 手轮扳回零位即可。

反转控制：与正转相似，自行分析。

凸轮控制器 AC 最下面的三对触点 AC10～AC12 只有当手轮置于零位时才全部闭合，而手轮在其余各挡位时都只有一对触点闭合。保证了只有手轮在 0 位置时，按下启动按钮 SB1 才能使接触器 KM 线圈得动作，然后通过凸轮控制器 AC 使电动机进行逐级启动，从而避免了电动机在转子回路不串启动电阻的情况下直接启动，同时也防止了由于误按启动按钮 SB1 而使电动机突然快速运转产生的意外事故。

适用场合：控制容量不大于 30kW 的中小型绕线转子异步电动机的启动中。

3.8 时间继电器控制自耦变压器降压启动控制线路

3.8.1 时间继电器控制自耦变压器降压启动控制线路原理图

时间继电器控制自耦变压器降压启动控制线路原理图如图 3-11 所示。

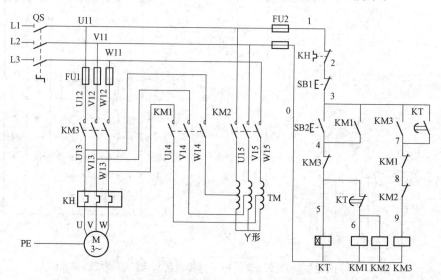

图 3-11 时间继电器控制自耦变压器降压启动控制线路原理图

3.8.2 时间继电器控制自耦变压器降压启动控制线路工作原理

启动控制：合上电源开关 QS，按下启动按钮 SB2，时间继电器 KT 线圈、交流接触器

KM1 线圈和 KM2 线圈同时得电，时间继电器计时开始，KM1 的动断触点首先分断，对 KM3 线圈连锁，KM1 主触点、自锁触点同时闭合；KM2 动断触点首先分断，对 KM3 线圈连锁，KM2 主触点闭合，电动机定子绕组通过自耦变压器降压后启动；当 KT 整定时间到时，KT 瞬时断开延时闭合动合触点和瞬时闭合延时断开动断触点同时动作，交流接触器 KM1、KM2 线圈失电，自耦变压器从电路中切掉；交流接触器 KM3 线圈得电，KM3 的动断触点首先分断，KT 线圈失电触点复位，交流接触器 KM3 的主触点和自锁触点同时闭合，电动机定子绕组全压运行。

优缺点：该电路采用自耦变压器降压启动，比较笨重，成本较高，优点是启动转矩和启动电流可以调节。

适用场合：启动转矩和启动电流要求可调的场合。

3.9　两接触器控制自耦变压器降压启动控制线路

3.9.1　两接触器控制自耦变压器降压启动控制线路原理图

两接触器控制自耦变压器降压启动控制线路原理图如图 3-12 所示。

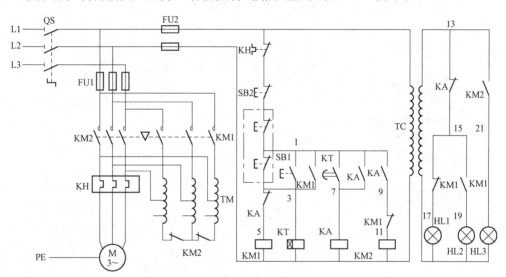

图 3-12　两接触器控制自耦变压器降压启动控制线路原理图

3.9.2　两接触器控制自耦变压器降压启动控制线路工作原理

合上电源开关 QS。

降压启动：按下启动按钮 SB1，时间继电器 KT 线圈、交流接触器 KM1 线圈得电，时间继电器延时开始，KM1 的动断触点（9—11）和动合触点（15—17）首先分断，分别对 KM2 连锁和使指示灯 HL1 熄灭，KM1 主触点、自锁触点和动合辅助触点（15—19）同时闭合，电动机接入自耦变压器降压启动且指示灯 HL2 亮。

全压运行：当电动机的转速上升到一定值时，KT 延时结束，KT 的延时闭合动合触点

（1—7）闭合，中间继电器 KA 线圈得电，KA 的两对动断触点首先分断，使交流接触器 KM1 线圈失电，KM1 触点复位且使指示灯 HL1、HL2 熄灭；KA 的两对动合触点再闭合，自锁并使交流接触器 KM2 线圈得电，KM2 的两对动断触点分断，解除自耦变压器的 Y 联结，KM2 的主触点闭合，电动机全压运行，KM2 的动合辅助触点（13—21）闭合，指示灯 HL3 亮。

停止控制：按下停止按钮 SB2，控制电路失电，电动机停转。

指示灯 HL1 亮表示电源有电，电动机处于停止状态；

指示灯 HL2 亮表示电动机处于降压启动状态；

指示灯 HL3 亮表示电动机处于全压运行状态。

电路特点：启动转矩和启动电流可以调节，但设备庞大，成本较高。

适用场合：额定电压为 220/380V、接法为 △/Y、容量较大的三相异步电动机的降压启动。

3.10 手动控制 Y-△降压启动控制线路

3.10.1 手动控制 Y-△降压启动控制线路原理图

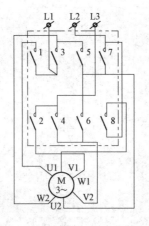

接点	手柄位置		
	启动Y	停止0	运行△
1	×		×
2	×		×
3			×
4			×
5	×		
6	×		
7			×
8	×		×

图 3-13 手动 Y-△启动器原理图

3.10.2 手动控制 Y-△降压启动线路工作原理

启动器有启动（Y）、停止（0）、运行（△）三个位置，当手柄扳到"0"位置时，八对触点都分断，电动机脱离电源停转；当手柄扳到"Y"位置时，1、2、5、6、8 触点闭合接通，3、4、7 触点分断，定子绕组的末端 W2、U2、V2 通过触点 5 和 6 接成 Y，始端 U1、V1、W1 则分别通过触点 1、8、2 接入三相电源 L1、L2、L3，电动机进行 Y 降压启动；当电动机转速上升并接近额定转速时，将手柄扳到"△"位置时，1、2、3、4、7、8 触点闭合接通，5、6 触点分断，定子绕组按 U1—触点 1—触点 3—W2、V1—触点 8—触点 7—U2、W1—触点 2—触点 4—V2 接成△全压正常运转。

适用场合：手动 Y-△启动器有 QX1 和 QX2 系列，按控制电动机的容量分为 13kW 和

30kW 两种，适用于启动器的操作频率为 30 次/h，且轻载或空载的场合。

3.11　时间继电器控制 Y - △降压启动控制线路

3.11.1　时间继电器控制 Y - △降压启动控制线路原理图

时间继电器控制 Y - △降压启动控制线路原理图如图 3 - 14 所示。

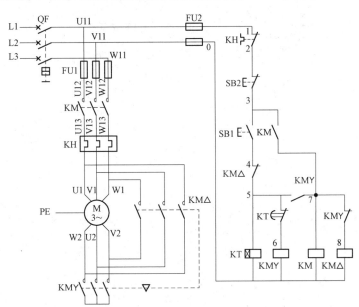

图 3 - 14　时间继电器控制 Y - △降压启动控制线路原理图

3.11.2　时间继电器控制 Y - △降压启动控制线路工作原理

启动控制：合上电源开关 QF，按下启动按钮 SB1，交流接触器 KMY 线圈得电，KMY 动合触点闭合，KM 线圈得电，KM 自锁触点闭合自锁，KM 主触点闭合；KMY 主触点闭合，电动机绕组接成星形启动；KMY 连锁触点分断对 KM△进行连锁；在 KMY 线圈得电的同时，延时时间继电器 KT 线圈得电，延时开始，当电动机 M 转速上升到一定值时，KT 延时结束，KT 延时断开触点分断，KMY 线圈失电，KMY 动合触点分断，KMY 主触点分断，解除 Y 联结；KMY 连锁触点闭合，交流接触器 KM△线圈得电，KM△连锁触点分断对 KMY 的线圈连锁；KT 线圈失电，KT 瞬时闭合延时断开动断触点闭合，KM△主触点闭合，电动机 M 接成三角形全压运行。

停止时，按下停止按钮 SB2 即可。

电路特点：简便经济，容易控制，使用比较普遍。

适用场合：只要是正常运行时定子绕组三角形连接的电动机，且轻载或空载启动时就都可以进行 Y - △降压启动。

3.12 电流继电器控制 Y-△降压启动控制线路

3.12.1 **电流继电器控制 Y-△降压启动控制线路原理图**

电流继电器控制 Y-△降压启动控制线路原理图如图 3-15 所示。

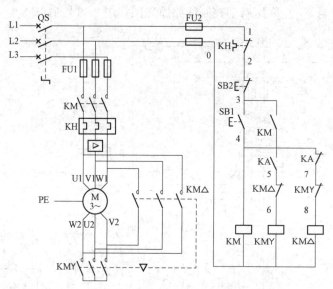

图 3-15 电流继电器控制 Y-△降压启动控制线路原理图

3.12.2 **电流继电器控制 Y-△降压启动线路工作原理**

启动控制：合上电源开关 QS，按下启动按钮 SB1，由于启动瞬间电流非常大，所以开机瞬间过电流继电器吸合，它的动断触点先断开，使交流接触器 KM△线圈不能得电，过电流继电器的动合触点后闭合，使交流接触器 KMY 线圈得电，KMY 的动断触点断开对 KM△线圈进行连锁，KMY 的主触点闭合，电动机定子绕组接成星形开始启动；随着启动的进行，启动电流在逐渐减小，当启动电路减小到小于过电流继电器吸合电流时，电流继电器释放，其动合触点恢复断开，KMY 线圈失电，KMY 连锁触点恢复闭合，过电流继电器的动断触点恢复闭合，使 KM△线圈得电，其动断触点先分断对 KMY 线圈实现连锁，KM△主触点闭合使电动机绕组接成△正常运行。

需要停机时，按下停止按钮 SB2 即可。

适用场合：频繁及带一定负载启动的场合。

3.13 手动控制的延边△降压启动控制线路

3.13.1 **手动控制的延边△降压启动控制线路原理图**

手动控制的延边△降压启动控制线路原理图如图 3-16 所示。

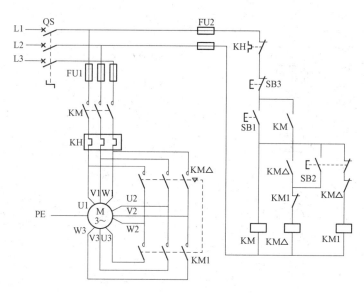

图 3-16　手动控制的延边△降压启动控制线路原理图

3.13.2　手动控制的延边△降压启动控制线路工作原理

启动控制：合上电源开关 QS，按下启动按钮 SB1，交流接触器 KM 和 KM1 线圈同时得电，KM 的自锁触点和主触点同时闭合，KM1 的主触点闭合，电动机接成延边三角形降压启动开始，KM1 的动断辅助触点断开对 KM△ 实行连锁；随着电动机转速的上升接近额定值时，按下复合按钮 SB2，其动断触点首先分断，使 KM1 线圈失电，KM1 动断触点和主触点复位，SB2 动合触点后闭合，使 KM△ 线圈得电，其连锁触点首先分断对 KM1 线圈实现连锁，KM△ 自锁触点和主触点闭合，电动机接成三角形全压运行。

停止时按下停止按钮 SB3 即可。

电路特点：电路操作简单，不方便，也不准确。

适用场合：定子绕组有九个出线头的 JQ3 系列异步电动机，且对启动电路要求不严格的重载启动的场合。

3.14　时间继电器控制的延边△降压启动控制线路

3.14.1　时间继电器控制的延边△降压启动控制线路原理图

时间继电器控制的延边△降压启动控制线路原理图如图 3-17 所示。

3.14.2　时间继电器控制的延边△降压启动控制线路工作原理

启动控制：合上电源开关 QS，按下启动按钮 SB1，交流接触器 KM 和 KM1 线圈、时间继电器 KT 线圈同时得电，KM 的自锁触点和主触点同时闭合，KM1 的主触点闭合，电动机接成延边三角形降压启动开始，KM1 的动断辅助触点断开对 KM△ 实行连锁，同时时间继电器延时开始；随着电动机转速的上升接近额定值时，时间继电器达到整定值，其延时

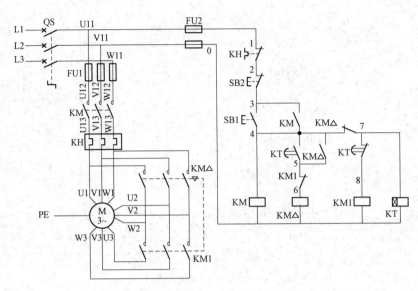

图 3-17 时间继电器控制的延边△降压启动控制线路原理图

断开的动断触点首先分断，使 KM1 线圈失电，KM1 动断触点和主触点复位，KT 延时闭合的动合触点闭合，使交流接触器 KM△线圈得电，其连锁触点首先分断对 KM1 线圈实现连锁，并使 KT 线圈失电释放而退出运行，KM△自锁触点和主触点闭合，电动机接成三角形全压运行。

停止控制：停止时按下停止按钮 SB2 即可。

电路特点：电路操作简单、方便，克服了 Y-△降压启动电压偏低、启动转矩偏小的缺点。

适用场合：定子绕组有九个出线头的 JQ3 系列异步电动机，重载启动的场合。

3.15 XJ1 系列降压启动控制箱的控制线路

3.15.1 XJ1 系列降压启动控制箱的控制线路原理图

XJ1 系列降压启动控制箱的控制线路原理图如图 3-18 所示。

3.15.2 XJ1 系列降压启动控制箱的控制线路工作原理

合上电源开关 QS，电源指示灯 HL1 亮。

按下启动按钮 SB1，交流接触器 KM1 线圈得电，KM1 的动断触点首先分断，使 KM△和中间继电器 KA 线圈不能得电，KM1 的主触点和自锁触点、动合辅助触点同时闭合，使时间继电器 KT 线圈和交流接触器 KM 线圈同时得电，KM 的动合辅助触点、自锁触点和主触点同时闭合，电动机接成延边三角形降压启动开始，电源指示灯 HL1 熄灭，启动指示灯 HL2 亮，同时时间继电器延时开始；随着电动机转速的上升接近额定值时，时间继电器 KT 达到整定值，其延时断开的动断触点首先分断，使 KM1 线圈失电，KM1 的所有触点复位，KT 延时闭合的动合触点闭合，使中间继电器 KA 线圈得电，KA 的自锁触点和一对动合辅

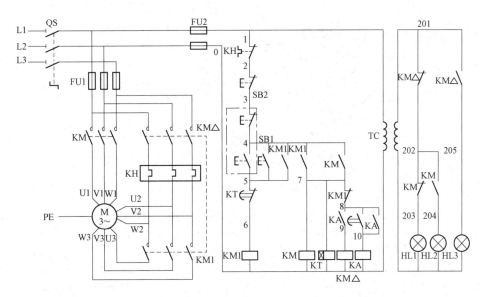

图 3-18　XJ1 系列降压启动控制箱的控制线路原理图

助触点同时闭合，交流接触器 KM△线圈得电，其动断辅助触点首先分断，使指示灯 HL1
和 HL2 失电熄灭，KM△动合辅助触点和主触点后闭合，指示灯 HL3 亮，电动机接成三角
形全压运行。

停止控制：停止时按下停止按钮 SB2 即可。

点划线框住的按钮是异地控制启停的按钮。

电路特点：电路操作简单、方便，但时间继电器不能从电路中退出启动。

适用场合：定子绕组有九个出线头的 JQ3 系列异步电动机的启动。

3.16　断电抱闸制动控制线路

3.16.1　电磁抱闸制动器基本知识

电磁抱闸制动器由电磁铁和制动器两部分组成。制动电磁铁由铁心、衔铁和线圈三部分
组成。闸瓦制动器包括闸轮、闸瓦、杠杆和弹簧等部分。

断电制动型的工作原理：当制动电磁铁的线圈得电时，制动器的闸瓦与闸轮分开，无制
动作用；当线圈失电时，制动器的闸瓦紧紧抱住闸轮制动。

1. 结构与符号

电磁抱闸制动器的结构、图形与文字符号如图 3-19 所示。

2. 选用

根据电路要求选择通电抱闸或断电抱闸。

3. 安装要求

电磁抱闸制动器必须与电动机一起安装在固定的底座或座墩上，其地脚螺栓必须拧紧，
且有防松措施，电动机伸出端上的制动闸轮必须与闸瓦制动器的抱闸机构在同一平面上，且
轴心要一致。

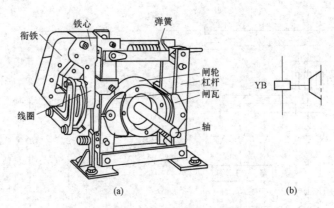

图 3-19　电磁抱闸制动器的结构、图形与文字符号

(a) 电磁抱闸制动器的结构图；(b) 电磁抱闸制动器的图形与文字符号

电磁抱闸制动器安装后，必须在切断电源的情况下先进行粗调，然后在通电试车时再进行微调。粗调时以断电状态下用外力转不动电动机转轴，而用外力将制动电磁铁吸合后，电动机转轴能自由转动为合格。

3.16.2　断电抱闸制动控制线路原理图

断电抱闸制动控制线路原理图如图 3-20 所示。

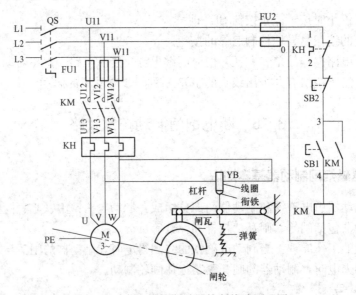

图 3-20　断电抱闸制动器控制线路原理图

3.16.3　断电抱闸制动控制线路工作原理

启动控制：先合上电源开关 QS。按下启动按钮 SB1，接触器 KM 线圈得电，其自锁触点和主触点闭合，电动机 M 接通电源，同时电磁抱闸制动器 YB 线圈得电，衔铁与铁心吸合，衔铁克服弹簧拉力，迫使制动杠杆向上移动，从而使制动器的闸瓦与闸轮分开，电动机正常运转。

制动控制：按下停止按钮 SB2，接触器 KM 线圈失电，其自锁触点和主触点分断，电动机 M 失电，同时电磁抱闸制动器 YB 线圈也失电，衔铁与铁心分开，在弹簧拉力的作用下，制动器的闸瓦紧紧抱住闸轮，使电动机被迅速制动而停转。

电路特点：该电路工作过程中，断电抱闸制动器一直通电，不经济，但一旦停电则能保障电机迅速停转，能有效防止因断电而造成设备或人身安全事故。

适用场合：起重机械上。

3.17　通电抱闸制动控制线路

3.17.1　通电抱闸制动器基本知识

通电抱闸制动器的工作原理：当制动电磁铁的线圈得电时，闸瓦紧紧抱住闸轮制动；当线圈失电时，制动器的闸瓦与闸轮分开，无制动作用。

通电抱闸制动器的结构符号和安装要求与断电抱闸制动器一样。

3.17.2　通电抱闸制动控制线路原理图

通电抱闸制动控制线路原理图如图 3-21 所示。

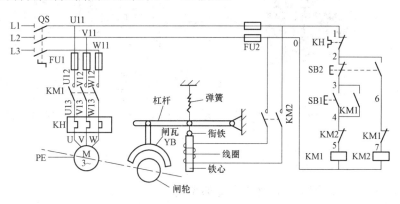

图 3-21　通电抱闸制动控制线路原理图

3.17.3　通电抱闸制动控制线路工作原理

启动控制：先合上电源开关 QS。按下启动按钮 SB1，接触器 KM1 线圈得电，其连锁触点首先分断对 KM2 线圈进行连锁；KM1 的自锁触点和主触点闭合，电动机 M 接通电源，而由于电磁抱闸制动器 YB 线圈不得电，衔铁与铁心不吸合，衔铁在弹簧拉力作用下，迫使制动杠杆向上移动，从而使制动器的闸瓦与闸轮分开，电动机正常运转。

制动控制：按下停止按钮 SB2，其动断触点首先分断，使接触器 KM1 线圈失电，其 KM1 自锁触点和主触点恢复断开，KM1 连锁触点恢复闭合，电动机 M 失电，SB2 的动合触点再闭合，接触器 KM2 线圈得电，KM2 主触点闭合，电磁抱闸制动器 YB 线圈得电，衔铁与铁心吸合，克服弹簧拉力而使制动器的闸瓦紧紧抱住闸轮，使电动机被迅速制动而停转。

该电路图制动是点动控制。

电路特点：该电路比较经济，且正常情况下能有效地使电动机迅速停转，却不能有效防止因断电而造成设备或人身安全事故。

适用场合：起重机械上。

3.18 电磁离合器制动线路

3.18.1 电磁离合器基本知识

1. 结构与符号

电磁离合器制动的原理：电动机断电时，离合器线圈失电，制动弹簧将静摩擦片紧紧地压在动摩擦片上，此时电动机通过绳轮轴被制动。当电动机通电运转时，线圈也同时得电，电磁铁的动铁心被静铁心吸合，使静摩擦片分开，于是动摩擦片连同绳轮轴在电动机的带动下正常启动运转。断电制动型电磁离合器的结构、图形与文字符号如图3-22所示。

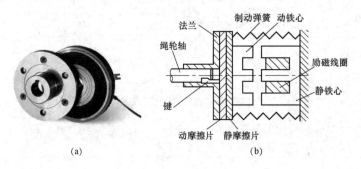

图3-22　断电制动型电磁离合器的结构、图形与文字符号
(a) 外形图；(b) 结构示意图

2. 选用

根据现场环境和使用情况来选择离合器的型号。

3. 安装要求

在完全没有水分、油分等的状态下使用干式电磁离合器，如果摩擦部位沾有水分或油分等物质，会使摩擦扭力大为降低，离合器的灵敏度也会变差，为了在使用上避免这些情况，需加设罩盖；在尘埃很多的场所使用时，需使用防护罩；使托架保持轻盈，不要使用离合器的轴承承受过重的压力；组装用的螺钉，要利用弹簧金属片、止退垫圈等进行防止松弛的处理。

3.18.2 电磁离合器控制线路原理图

电磁离合器控制线路原理图如图3-23、图3-24所示。

3.18.3 电磁离合器控制线路工作原理

1. 断电制动型电磁离合器控制线路工作原理

启动控制：先合上电源开关 QS。按下启动按钮 SB1，交流接触器 KM 线圈得电，其自

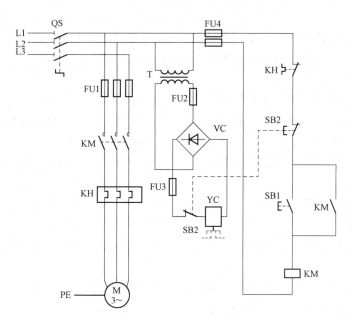

图 3 - 23　断电制动型电磁离合器制动线路原理图

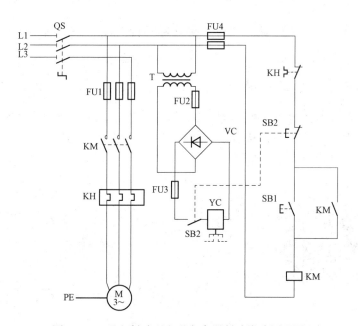

图 3 - 24　通电制动型电磁离合器制动线路原理图

锁触点和主触点闭合，电动机 M 接通电源，同时电磁离合器 YC 线圈得电，衔铁与铁心吸合，衔铁克服弹簧拉力，使静摩擦片分开，于是动摩擦片连同绳轮轴在电动机的带动下正常启动运转。

　　制动控制：按下停止按钮 SB2，其两对动断触点同时断开，接触器 KM 线圈失电，其自锁触点和主触点分断，电动机 M 失电，同时电磁离合器 YC 线圈也失电，衔铁与铁心分开，在弹簧拉力的作用下，静摩擦片与动摩擦片紧紧地压在一起，通过绳轮轴使电动机迅速制动而停转。

电路特点：该电路工作过程中，电磁离合器一直通电，不经济，但一旦停电则能保障电动机迅速停转，能有效防止因断电而造成设备或人身安全事故。

适用场合：断电制动的场合。

2. 通电制动型电磁离合器控制线路工作原理

启动控制：先合上电源开关 QS。按下启动按钮 SB1，交流接触器 KM 线圈得电，其自锁触点和主触点闭合，电动机 M 接通电源，同时电磁离合器 YC 线圈不得电，衔铁与铁心不吸合，衔铁在弹簧弹力作用下，使静摩擦片分开，于是动摩擦片连同绳轮轴在电动机的带动下正常启动运转。

制动控制：按下停止按钮 SB2，其动断触点先断开，交流接触器 KM 线圈失电，其自锁触点和主触点分断，电动机 M 失电，SB2 动合触点后闭合，电磁离合器 YC 线圈得电，衔铁与铁心吸合，克服弹簧弹力的作用，使静摩擦片与动摩擦片紧紧地压在一起，通过绳轮轴使电动机迅速制动而停转。

电路特点：该电路工作过程中，电磁离合器只在制动时通电，比较经济，但一旦停电则不能保障电动机迅速停转，不能有效防止因断电而造成设备或人身安全事故。

适用场合：正常通电情况下的制动。

3.19　单向反接制动控制线路

3.19.1　速度继电器基本知识

速度继电器是反映转速和转向的继电器，其主要作用是以旋转速度的快慢为指令信号，与接触器配合实现对电动机的反接制动控制，故又称为反接制动继电器。速度继电器的结构、图形与文字符号如图 3 - 25 所示。

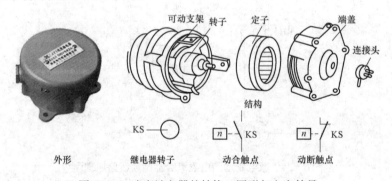

图 3 - 25　速度继电器的结构、图形与文字符号

3.19.2　单向反接制动控制线路原理图

单向反接制动控制线路原理图如图 3 - 26 所示。

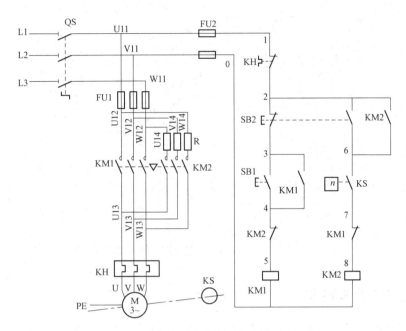

图 3-26　单向启动反接制动控制线路原理图

3.19.3　单向反接制动控制线路工作原理

启动控制：合上电源开关 QS，按下启动按钮 SB1，交流接触器 KM1 线圈得电，其连锁触点首先分断对 KM2 线圈进行连锁；KM1 的自锁触点和主触点闭合，电动机 M 接通电源启动并连续运转。由于速度继电器的转子与电动机一起旋转，当转速达到一定值（100～300r/min）时，继电器的触点动作闭合，为反接制动作准备。

制动控制：当需要停机时，按下停止按钮 SB2，其动断触点首先分断，使交流接触器 KM1 线圈失电，KM1 所有触点复位；SB2 动合触点再闭合，使交流接触器 KM2 线圈得电，其连锁触点首先分断对 KM1 线圈进行连锁；KM2 的自锁触点和主触点闭合，使电动机接入反相序的电流而产生与旋转方向相反的电磁转矩，使电动机的转速快速下降，当转速下降到 100r/min 以下时，速度继电器 KS 的动合触点恢复断开，使 KM2 线圈失电，KM2 所有触点复位，电动机失电，反接制动结束。

电路特点：反接制动电路的制动力强，制动迅速，但准确性差，冲击强烈，易损坏传动零件，制动能量消耗大。

适用场合：10kW 以下小容量电动机的制动，并且对 4.5kW 以上的电动机进行反接制动时，需在定子绕组回路中串入限流电阻 R，以限制反接制动电流。

3.20　双向反接制动控制线路

3.20.1　双向反接制动控制线路原理图

双向反接制动控制线路原理图如图 3-27 所示。

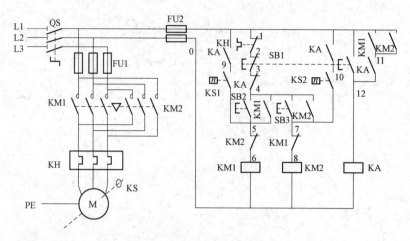

图 3-27　双向启动反接制动控制线路原理图

3.20.2　双向反接制动控制线路工作原理

正转启动控制：合上电源开关 QS，按下正转启动按钮 SB2，交流接触器 KM1 线圈得电，KM1 的动断辅助触点断开，对 KM2 线圈实现连锁，KM1 的自锁触点、动合辅助触点和主触点同时闭合，电动机正向启动并连续运转，KM1 的动合辅助触点（1—11）闭合为中间继电器线圈得电做准备。由于速度继电器 KS 与电动机同轴连接，当电动机转速超过 120r/min 时，KS 的一对动合触点 KS2（7—10）闭合，为正转反接制动做准备。

正转反接制动：当需要正转制动时，按下停止按钮 SB1，SB1 的动断触点首先分断，交流接触器 KM1 线圈失电，KM1 的所有触点复位，电动机失电；同时 SB1 的动合触点闭合，使中间继电器 KA 线圈得电，KA 的动断触点首先断开，对 KM1 线圈进行连锁，KA 的动合触点闭合与先前闭合的 KS2 动合触点一起使 KM2 线圈得电，电动机得到反相序的磁场，使电动机转速快速下降；当转速下降至 100r/min 时，KS2 触点分断，使 KM2 线圈失电，电动机制动结束。

反转启动控制：合上电源开关 QS，按下反转启动按钮 SB3，交流接触器 KM2 线圈得电，KM2 的动断辅助触点断开对 KM1 线圈实现连锁，KM2 的自锁触点、动合辅助触点和主触点同时闭合，电动机反向启动并连续运转，KM2 的动合辅助触点（1—11）闭合为中间继电器线圈得电做准备。由于速度继电器 KS 与电动机同轴连接，当电动机转速超过 120r/min 时，KS 的一对动合触点 KS1（5—9）闭合，为反转反接制动做准备。

反转反接制动：当需要反转制动时，按下停止按钮 SB1，SB1 的动断触点首先分断，KM2 线圈失电，KM2 的所有触点复位，电动机失电；同时 SB1 的动合触点闭合，使中间继电器 KA 线圈得电，KA 的动断触点首先断开，KA 的动合触点闭合与先前闭合的 KS1 动合触点一起使 KM1 线圈得电，电动机得到正相序的磁场，使电动机转速快速下降；当转速下降至 100r/min 时，KS1 触点分断，使 KM1 线圈失电，电动机制动结束。

电路特点：该电路操作简单方便，制动力强，制动迅速，但准确性差，冲击强烈，易损坏传动零件，制动能量消耗大。

选用场合：4.5kW 以下的小电动机的场合。

3.21　单向半波整流能耗制动控制线路

3.21.1　单向半波整流能耗制动控制线路原理图

单向半波整流能耗制动控制线路原理图如图 3-28 所示。

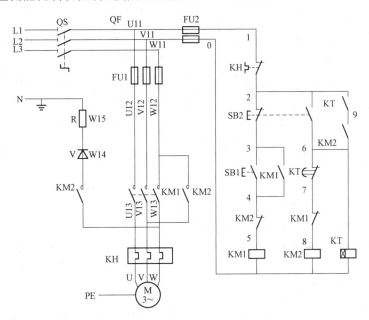

图 3-28　单向半波整流能耗制动控制线路原理图

3.21.2　单向半波整流能耗制动控制线路工作原理

单向启动运转：合上电源开关 QS，按下启动按钮 SB1，交流接触器 KM1 线圈得电，KM1 的动断辅助触点断开对 KM2 线圈实现连锁，KM1 的自锁触点和主触点同时闭合，电动机启动并连续运转。

制动控制：当需要制动时，按下停止按钮 SB2，SB2 的动断触点首先分断，使交流接触器 KM1 线圈失电，KM1 的所有触点复位，电动机失去三相电；同时 SB1 的动合触点闭合，使交流接触器 KM2 和时间继电器 KT 线圈同时得电，KM2 的动断辅助触点断开对 KM1 线圈实现连锁，KM2 的自锁触点和主触点同时闭合，KT 的动合触点闭合，与先前闭合的 KM2 动合触点一起使 KM2 线圈自锁，电动机接入半波直流电，能耗制动开始；与此同时时间继电器延时开始，当到达其整定时间时，KT 的通电延时断开触点分断，使交流接触器 KM2 线圈失电，电动机制动结束。

电路特点：该电路采用单相半波整流，所用附加设备较少，线路简单，成本低，且能耗制动平稳；但有能量损耗。

适用场合：10kW 以下电动机。

3.22 单向全波整流能耗制动控制线路

3.22.1 单向全波整流能耗制动控制线路原理图

单向全波整流能耗制动控制线路原理图如图3-29所示。

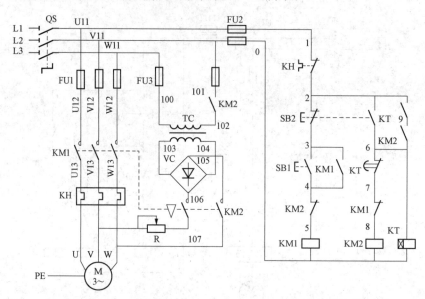

图3-29 单向全波整流能耗制动控制线路原理图

3.22.2 单向全波整流能耗制动控制线路工作原理

单向启动运转：合上电源开关 QS，按下启动按钮 SB1，交流接触器 KM1 线圈得电，KM1 的动断辅助触点断开对 KM2 线圈实现连锁，KM1 的自锁触点和主触点同时闭合，电动机启动并连续运转。

制动控制：当需要制动时，按下停止按钮 SB2，SB2 的动断触点首先分断，使交流接触器 KM1 线圈失电，KM1 的所有触点复位，电动机失去三相电；同时 SB2 的动合触点闭合，使交流接触器 KM2 和时间继电器 KT 线圈同时得电，KM2 的动断辅助触点断开对 KM1 线圈实现连锁，KM2 的自锁触点和主触点同时闭合，KT 的动合触点闭合，与先前闭合的 KM2 动合触点一起使 KM2 线圈自锁，电动机接入全波直流电，能耗制动开始；与此同时时间继电器延时开始，当到达其整定时间时，KT 的通电延时断开触点分断，使 KM2 线圈失电，电动机制动结束。

电路特点：该电路采用单相全波整流，所用附加设备较少，线路简单，成本低，且能耗制动平稳，快速；但能量损耗较大。

适用场合：10kW 以上电动机。

3.23　双向全波整流能耗制动控制线路

3.23.1　双向全波整流能耗制动控制线路原理图

双向全波整流能耗制动控制线路原理图如图 3-30 所示。

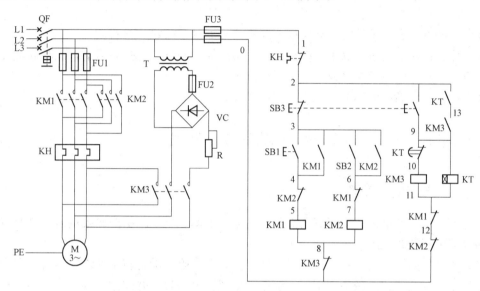

图 3-30　双向全波整流能耗制动控制线路原理图

3.23.2　双向全波整流能耗制动控制线路工作原理

合上电源开关 QF。

正向启动：按下正转启动按钮 SB1，交流接触器 KM1 线圈得电，KM1 的两对动断辅助触点断开分别对 KM2、KM3 线圈实现连锁，KM1 的自锁触点和主触点同时闭合，电动机正向启动并连续运转。

正向能耗制动控制：按下停止按钮 SB3，SB3 的动断触点首先分断，KM1 线圈失电，KM1 的所有触点复位，电动机失去三相电靠惯性继续正向转动；同时 SB3 的动合触点闭合，使交流接触器 KM3 和时间继电器 KT 线圈同时得电，KM3 的动断辅助触点断开，对 KM1、KM2 线圈实现连锁，KM3 的自锁触点和主触点同时闭合，KT 的瞬时动合触点闭合，与先前闭合的 KM3 动合触点一起使 KM3 线圈自锁，电动机接入全波直流电，能耗制动开始；与此同时时间继电器延时开始，当到达其整定时间时，KT 的通电延时断开动断触点分断，使 KM3 线圈失电，KM3 的触点复位，时间继电器 KT 线圈失电，触点复位，电动机正向制动结束。

反向启动：按下反转启动按钮 SB2，交流接触器 KM2 线圈得电，KM2 的两对动断辅助触点断开分别对 KM1、KM3 线圈实现连锁，KM2 的自锁触点和主触点同时闭合，电动机反向启动并连续运转。

反向能耗制动：按下停止按钮 SB3，SB3 的动断触点首先分断，KM2 线圈失电，KM2

的所有触点复位，电动机失去三相电靠惯性继续反向转动，同时 SB3 的动合触点闭合，使交流接触器 KM3 和时间继电器 KT 线圈同时得电，KM3 的动断辅助触点断开对 KM1、KM2 线圈实现连锁，KM3 的自锁触点和主触点同时闭合，KT 的瞬时动合触点闭合，与先前闭合的 KM3 动合触点一起使 KM3 线圈自锁，电动机接入全波直流电开始能耗制动；与此同时时间继电器延时开始，当到达其整定时间时，KT 的通电延时断开动断触点分断，使 KM3 线圈失电，KM3 的触点复位，时间继电器 KT 线圈失电，触点复位，电动机反向制动结束。

该电路也可以进行正反向启动后自由停机，只需轻按按钮 SB3 即可。

电路特点：该电路采用双相全波整流，所用附加设备较少，线路简单，成本低，且能耗制动平稳，快速；但能量损耗较大。

适用场合：10kW 以上电动机正反转控制电路。

3.24　电容制动控制线路

3.24.1　电容制动原理

电容制动是当电动机切断交流电源后，立即在电动机定子绕组的出线端接入电容器来迫使电动机迅速停转的方法。

当旋转着的电动机断开交流电源时，转子内仍有剩磁，随着转子的惯性运转，有个随转子转动的旋转磁场，这个磁场切割定子绕组产生感应电动势，并通过电容器回路形成感应电流，该电流与磁场相互作用，产生一个与电动机原转动方向相反的制动力矩，使电动机受制动而迅速停转。

3.24.2　电容制动控制线路原理图

电容制动控制线路原理图如图 3-31 所示。

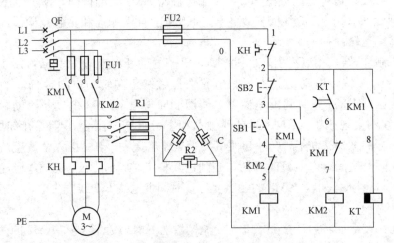

图 3-31　电容制动控制线路原理图

3.24.3　电容制动控制线路工作原理

启动控制：合上电源开关 QF。按下启动按钮 SB1，交流接触器 KM1 线圈得电，KM1 的动断辅助触点断开，对 KM2 线圈实现连锁，KM1 的动合辅助触点闭合，断电延时时间继电器 KT 线圈得电，KT 的瞬时闭合延时断开的动合触点闭合，为制动作准备，KM1 的自锁触点和主触点同时闭合，电动机启动并连续运转。

制动原理：当需要停机时，按下停止按钮 SB2，交流接触器 KM1 线圈失电，KM1 的所有触点复位，交流接触器 KM2 线圈得电，电容制动开始，时间继电器 KT 线圈失电，延时开始，当整定时间到时，KT 的瞬时闭合延时断开的动合触点断开，使交流接触器 KM2 线圈失电，电容制动结束。

电路特点：电容制动是一种制动迅速、能量损耗小、设备简单的制动方法。

适用场合：一般用于 10kW 以下的小容量电动机，特别适用于存在机械摩擦和阻尼的生产机械的制动。

3.25　手动双速电动机调速控制线路

3.25.1　双速电动机三相定子绕组接线图

如图 3 - 32 所示，电动机低速工作时，就把三相电源分别接在出线端 U1、V1、W1 上，另外三个出线端 U2、V2、W2 空着不接，此时电动机定子绕组接成△，磁极为 4 极，同步转速为 1500r/min。

电动机高速工作时，就把三相电源分别接在出线端 U2、V2、W2 上，另外三个出线端 U1、V1、W1 并接在一起，此时电动机定子绕组接成 YY，磁极为 2 极，同步转速为 3000r/min。

双速电动机定子绕组从一种接法改

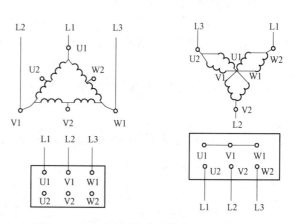

图 3 - 32　双速电动机定子绕组△/YY 接线图

变为另一种接法时，必须把电源相序反接，以保证电动机的旋转方向不变。

3.25.2　手动双速电动机调速控制线路原理图

手动双速电动机调速控制线路原理图如图 3 - 33 所示。

3.25.3　手动双速电动机调速控制线路工作原理

低速运转：按下复合按钮 SB1，SB1 的动断触点首先分断，对交流接触器 KM2、KM3 线圈作连锁；SB1 的动合触点后闭合，使交流接触器 KM1 线圈得电，KM1 的动断触点首先分断对 KM2、KM3 线圈再次作连锁，KM1 的主触点和自锁触点同时闭合，电动机定子绕组接成△低速运行。

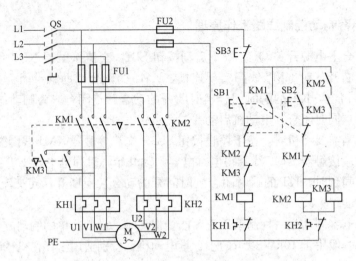

图 3-33　手动双速电动机调速控制线路原理图

高速运转：当需要变高速时，按下复合按钮 SB2，SB2 的动断触点首先分断使交流接触器 KM1 线圈失电，KM1 触点复位；SB2 的动合触点后闭合，使交流接触器 KM2、KM3 线圈同时得电，KM2、KM3 的动断触点首先分断对 KM1 线圈作连锁，KM2、KM3 的主触点和自锁触点同时闭合，电动机定子绕组接成 YY 高速运行。

停机时需要按下停止按钮 SB3，控制电路全部失电复位。

电路特点：低速和高速转速相差比较大，冲击大。

3.26　时间继电器控制的双速电动机自动调速控制线路

3.26.1　时间继电器控制的双速电动机自动调速控制线路原理图

时间继电器控制的双速电动机自动调速控制线路原理图如图 3-34 所示。

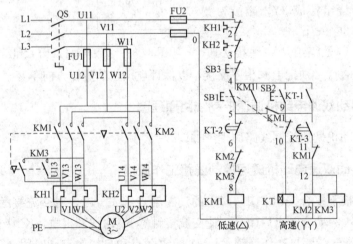

图 3-34　时间继电器控制的双速电动机自动调速控制线路原理图

3.26.2　时间继电器控制的双速电动机自动调速控制线路工作原理

低速运转：按下复合按钮 SB1，SB1 的动断触点首先分断对 KT、KM2、KM3 线圈作连锁；SB1 的动合触点后闭合，使交流接触器 KM1 线圈得电，KM1 的动断触点首先分断对 KT、KM2、KM3 线圈再次作连锁，KM1 的主触点和自锁触点同时闭合，电动机定子绕组接成△低速运行。

高速运转：当需要变高速时，按下常开按钮 SB2，使时间继电器 KT 线圈得电，KT-1 的瞬时闭合触点首先闭合，KT 延时开始，当到达整定时间时，KT-2 的延时断开动断触点先分断，使交流接触器 KM1 线圈失电，KM1 的所有触点复位，KT-3 的延时闭合动合触点后闭合，使交流接触器 KM2、KM3 线圈同时得电，KM2、KM3 的动断触点首先分断对 KM1 线圈作连锁，KM2、KM3 的主触点闭合，电动机定子绕组接成 YY 高速运行。

停机时需要按下停止按钮 SB3，控制电路全部失电复位。

若电动机只需高速运转时，可直接按下 SB2，则电动机先进行△启动，待时间继电器延时到时再高速运行。

电路特点：操作简单方便，低速和高速转速相差比较大，冲击大。

3.27　三速电动机手动调速控制线路

3.27.1　三速电动机定子绕组接线图

三速电动机定子绕组接线图如图 3-35 所示。

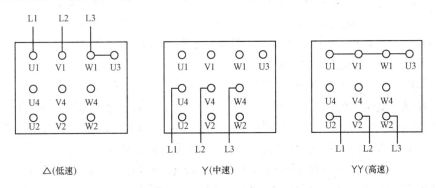

图 3-35　三速电动机定子绕组接线图

电动机工作时，低速时把三相电源分别接在出线端 U1、V1、W1 上，另外 6 个出线端 U2、V2、W2、U4、V4、W4 空着不接，此时电动机定子绕组接成△；中速时把三相电源分别接在出线端 U4、V4、W4 上，另外 6 个出线端 U1、V1、W1、U2、V2、W2 空着不接，此时电动机定子绕组接成 Y；高速时把三相电源分别接在出线端 U2、V2、W2，再将 U1、V1、W1 三个端子接成星形点，另外 3 个出线端 U4、V4、W4、空着不接，此时电动机定子绕组接成 YY。

3.27.2　三速电动机手动调速控制线路原理图

三速电动机手动调速控制线路原理图如图 3 - 36 所示。

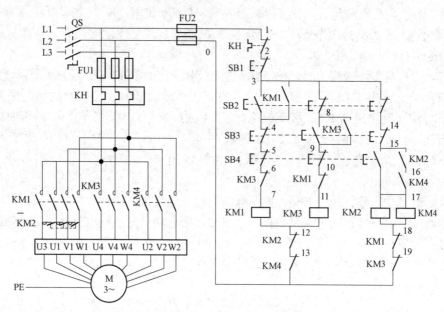

图 3 - 36　三速电动机手动调速控制线路原理图

3.27.3　三速电动机手动调速控制线路工作原理

低速启动：按下复合按钮 SB2，SB2 的两对动断触点首先分断，使 KM2、KM3、KM4 线圈不能得电；SB2 的动合触点后闭合，使交流接触器 KM1 的线圈得电，KM1 的两对动断触点首先分断，对 KM2、KM3、KM4 线圈再次连锁，KM1 的主触点和自锁触点同时闭合，电动机定子绕组接成△低速启动并连续运转。

中速运转：按下复合按钮 SB3，SB3 的两对动断触点首先分断，使 KM1 线圈失电，KM1 的所有触点复位，使 KM2、KM4 线圈不能得电；SB3 的动合触点后闭合，使交流接触器 KM3 的线圈得电，KM3 的两对动断触点首先分断，对 KM1、KM2、KM4 线圈再次连锁，KM3 的主触点和自锁触点同时闭合，电动机定子绕组接成 Y 中速运转。

高速运转：按下复合按钮 SB4，SB4 的两对动断触点首先分断，使 KM3 线圈失电，KM3 的所有触点复位，使 KM1 线圈不能得电；SB4 的动合触点后闭合，使交流接触器 KM2、KM4 的线圈得电，KM2、KM4 的动断触点首先分断，对 KM1、KM3 线圈再次连锁，KM2、KM4 的主触点和自锁触点同时闭合，电动机定子绕组接成 YY 高速运转。

停机时需要按下停止按钮 SB1，控制电路全部失电复位。

电路特点：实现了按钮和接触器双重连锁，低速、中速、高速之间相互转换时不需要停机，可以直接切换，比较方便。

3.28　三速电动机自动调速控制线路

3.28.1　三速电动机自动调速控制线路原理图

三速电动机自动调速控制线路原理图如图 3-37 所示。

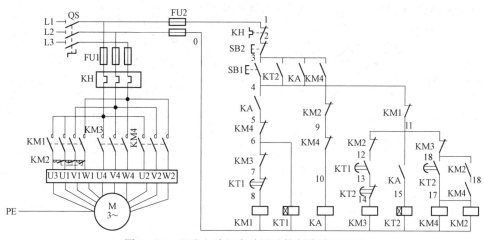

图 3-37　三速电动机自动调速控制线路原理图

3.28.2　三速电动机自动调速控制线路工作原理

合上电源开关 QS。

低速启动：按下启动按钮 SB1，中间继电器 KA 线圈得电，KA 的动合触点（3—4）闭合自锁；KA 的动合触点（4—5）闭合，交流接触器 KM1 和时间继电器 KT1 线圈同时得电，KM1 的连锁触点断开，对中速、高速接触器 KM2、KM3、KM4 线圈实现连锁，KM1 的主触点闭合电动机接成△低速启动。同时时间继电器 KT1 延时开始。

中速转换：当 KT1 的延时时间到达其整定时间时，其延时断开动断触点首先断开，使 KM1 线圈失电，KM1 的所有触点复位；时间继电器 KT2 线圈得电，KT2 的瞬时闭合动合触点闭合自锁，KT2 延时开始；KT1 的延时闭合动合触点再闭合，与先前复位的 KM1 动断触点一起使交流接触器 KM3 线圈得电，KM3 的连锁触点断开，对低速、高速接触器 KM1、KM2、KM4 线圈实现连锁，KM3 的主触点闭合，电动机接成 Y 中速运行。

高速运行：当 KT2 的延时时间到达其整定时间时，其延时断开动断触点首先断开，使 KM3 线圈失电，KM3 的所有触点复位；KT2 的延时闭合动合触点再闭合，与先前复位的 KM3 动断触点一起使交流接触器 KM2 和 KM4 线圈同时得电，KM2、KM4 的连锁触点断开，对低速、中速接触器 KM1、KM3 线圈实现连锁，并使中间继电器 KA 线圈失电，KA 的触点复位，继而使 KT1、KT2 线圈失电而退出运行，KM2、KM4 的自锁触点闭合自锁，KM2、KM4 的主触点闭合，电动机接成 YY 高速运行。

需要停机时只需按下停止按钮 SB2 即可。

电路特点：实现了自动加速过程，操作简单方便。

69

适用场合：正常工作为高速运行的场合。

3.29 单相感应电动机无级调速控制线路

3.29.1 单相感应电动机无级调速控制线路原理图

单相感应电动机无级调速控制线路原理图如图3-38所示。

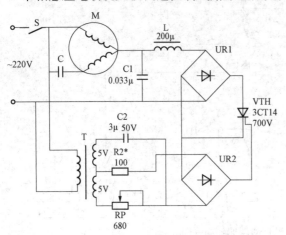

图3-38 单相感应电动机无级调速控制线路原理图

3.29.2 单相感应电动机无级调速控制线路工作原理

在该电路中，C2和RP组成阻容移相桥，调节RP，便可改变移相电桥输出的交流电压的相位，经整流桥UR2加在VTH门极上控制VTH的导通角，从而改变电动机M的工作电压，实现无级调速。

电路特点：可以做到无级调速，节能效果好，但会产生一些电磁干扰。

适用场合：风扇调速。

3.30 双速单相电动机控制线路

3.30.1 双速单相电动机控制线路原理图

双速单相电动机控制线路原理图如图3-39所示。

3.30.2 双速单相电动机控制线路工作原理

图中电动机定子铁心中嵌放有工作绕组LZ、启动绕组LF、中间绕组LL，通过开关改变中间绕组与工作绕组及启动绕组的接法，从而改变电动机内部气隙磁场的大小，使电动机的输出转矩也随之改变，转速也变化。

电路的特点：不需要电抗器，材料省、耗电少，但绕组嵌线和接线复杂，电动机和调速开关接线较多，是有级调速。

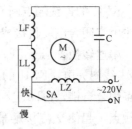

图3-39 双速单相电动机控制线路原理图

3.31 JZT型电磁调速控制器线路

3.31.1 JZT型电磁调速控制器线路原理图

JZT型电磁调速控制器线路原理图如图3-40所示。

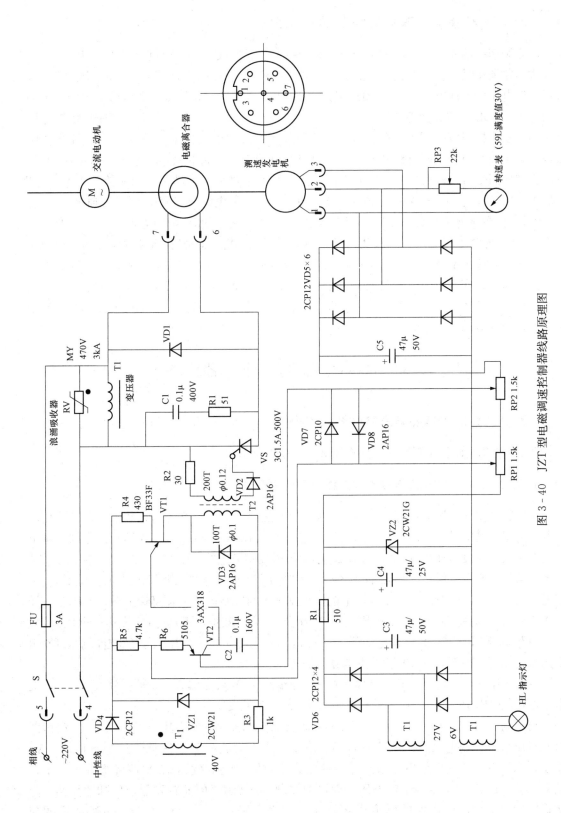

图 3 - 40　JZT 型电磁调速控制器线路原理图

3.31.2　JZT 型电磁调速控制器线路工作原理

电磁调速控制线路由晶闸管主回路、给定线路、触发线路、测速负反馈线路组成。

主回路采用晶闸管半波整流电路。由于励磁线圈前并联了续流二极管。用压敏电阻 RV 进行交流电压侧浪涌电压保护；用阻容吸收回路 C1、R1 进行元件侧过电压保护；给定电路是由 27V 交流电压经二极管整流、滤波、稳压加到给定电位器 RP1 两端。测速负反馈电路是由测速发电机三极电压经二极管整流、滤波加到负反馈电位器 RP2 两端，此直流电压随调速电动机的转速变化而成线性变化，作为速度反馈信号。它的极性与给定信号电压相反，它增大则使两信号比较后的输出信号电压减小。触发电路主要器件是单结晶体管 VT1（BT-33F）。当 C2 充电电压达到一定值时，VT1 的 e-b1 间的电阻突然变小，C2 就通过 VT1 的 e-b1 放电，形成脉冲电流，C2 放电后，VT1 的 e-b1 间又成高电阻态，这时脉冲变压器 T2 一次侧有脉冲电流流过，二次侧则得到相应系列脉冲电压，使晶闸管触发导通，但由于给定电压和测速负反馈电压进行比较后的控制信号加在三极管 VT2 上，所以晶体管的内阻将随控制信号改变，而内阻的改变又导致 C2 充放电电流大小的改变，使 C2 充放电时间改变，这样单结晶体管产生的触发脉冲能根据控制信号进行自动移相，从而改变晶闸管的导通角来实现控制电动机转速的目的。

3.32　JD1A 型电磁调速控制器线路

3.32.1　JD1A 型电磁调速控制器线路原理图

JD1A 型电磁调速控制器线路原理图如图 3-41 所示。

3.32.2　JD1A 型电磁调速控制器线路工作原理

主电路采用无变压器带续流二极管 V4 的半波晶闸管整流电路，移相和触发环节采用同步电压为锯齿波的晶体管的触发电路。移相范围小于 180℃；控制电压和移相角之间基本上是线性关系；触发脉冲功率不大，适用于小功率可控整流电路。

锯齿波形成来自同步变压器的 4.8V，正弦电压为正半周时，经 V10 半波整流后对 C6 充电，因 V10 正向电阻很小，故 C6 上的电压基本上与同步电压一样迅速上升，当同步电压由波峰开始下降时，电容 C6 端电压大于同步电压，V10 截止，于是电容 C6 通过电阻 R6 放电。由于 C6 和 R6 都很大，放电很慢，一直到下一个周期同步电压大于 C6 电压后，C6 电压又重新充电，因而 C6、R6 两端形成锯齿波电压。

控制电压是由给定电压和反馈电压比较（相减）后输入晶体管 V2 进行放大，在 V2 的集电极负载电阻 R4 上得到放大的控制信号 UFE 输入触发器。

同步锯齿波电压 U_{CH} 与控制电压 U_{FE} 合成后加于二极管 V1 的基极（A 点），当锯齿波同步电压高于控制电压（$U_{CH} > U_{FE}$），V1 截止。当锯齿波同步电压低于控制电压时，V1 导通。因而有一个集电极电流通过脉冲变压器 T2 的一次侧绕组，二次侧绕组输出一个正触发脉冲。调节 RP1 增加给定电压，即增加控制电压 U_{FE}，因而触发器输出脉冲前移，晶闸管导通角增大，离合器的励磁电压增加，速度上升；反之速度下降，即达到了调速

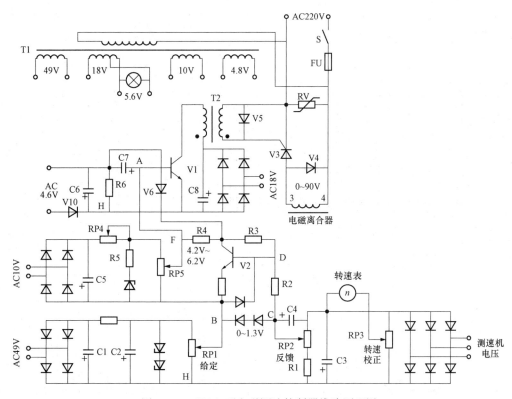

图 3 - 41 JD1A 型电磁调速控制器线路原理图

目的。

速度反馈的作用：当离合器的负载增加，其转速下降，因而反馈的直流信号也随之减少。这样，给定电压与反馈信号之差增大，也就是 V2 输入信号增加，结果使离合器的励磁电压自动增加而保持转速近似不变，这就增加了电动机机械特性的硬度。

3.33 JD1B、JD1C 型电磁调速控制器线路

3.33.1 JD1B、 JD1C 型电磁调速控制器线路原理图

JD1B、JD1C 型电磁调速控制器线路原理图如图 3 - 42、图 3 - 43 所示。

3.33.2 JD1B、 JD1C 型电磁调速控制器线路工作原理

速度指令信号电压和速度负反馈信号比较后，其差值信号被送入速度调节器（或前置放大器）进行放大，放大后的信号电压与锯齿波叠加，控制了晶体管的导通时刻，产生随着差值信号电压改变而移动的脉冲，从而控制了晶闸管的开放角，使电磁离合器的励磁电流得到了控制，即电磁离合器的转速随着励磁电流的改变而改变，从而实现电磁调速电动机输出转速在宽范围内的调节。

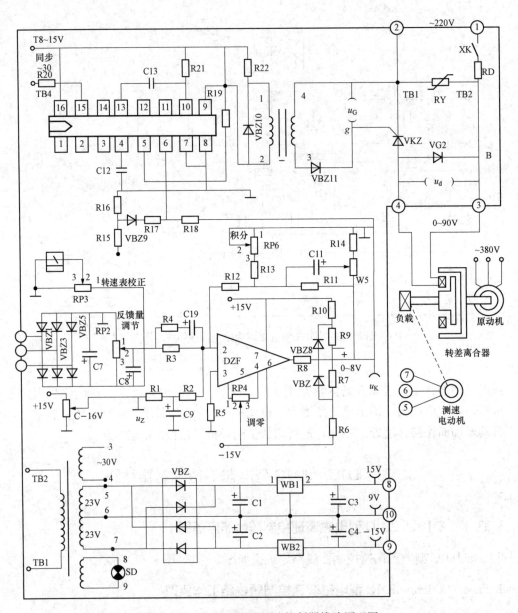

图 3-42　JD1B 型电磁调速控制器线路原理图

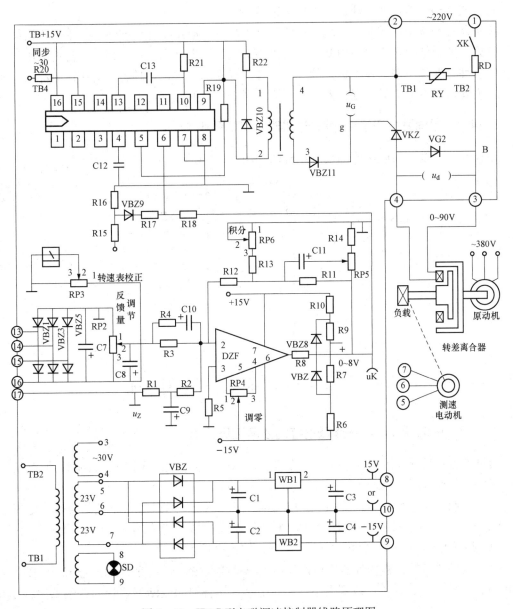

图 3-43 JD1C 型电磁调速控制器线路原理图

3.34 单向开关切换变频调速控制线路

3.34.1 变频器基础知识

通常把将电压和频率固定不变的交流电变换为电压或频率可变的交流电的装置称作"变频器"。该设备首先要把三相或单相交流电变换为直流电（DC），然后再把直流电（DC）变换为三相或单相交流电（AC）。变频器同时改变输出频率与电压，也就是改变了电动机运行曲线上的 n0，使电动机运行曲线平行下移。因此变频器可以使电动机以较小的启动电流，

75

获得较大的启动转矩，即变频器可以启动重载负荷。

变频器具有调压、调频、稳压、调速等基本功能，应用了现代的科学技术，价格昂贵但性能良好，内部结构复杂但使用简单，所以不只是用于启动电动机，而是广泛地应用到各个领域，各种各样的功率、各种各样的外形、各种各样的体积、各种各样的用途等都有。随着技术的发展，成本的降低，变频器一定还会得到更广泛的应用。

3.34.2　单向开关切换变频调速控制线路原理图

单向开关切换变频调速控制线路原理图如图 3-44 所示。

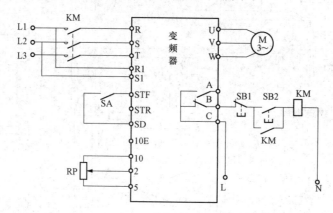

图 3-44　单向开关切换变频调速控制线路原理图

3.34.3　单向开关切换变频调速控制线路工作原理

启动准备：按下动合按钮 SB2，交流接触器 KM 线圈得电，KM 的动合辅助触点和主触点同时闭合，使变频器接通主电源。

正转控制：按下变频器正转端子 STF 所接开关 SA，使 STF 和 SD 端子接通，变频器的 U、V、W 端子输出正转电源电压，驱动电动机正向运转。调节端子 10、2、5 外接电位器 RP，变频器输出电源频率会发生改变，电动机转速也随之改变。

变频器异常保护：若变频器运行期间出现异常或故障，变频器 B、C 端子间内部等效的动断触点断开，接触器 KM 线圈失电，KM 主触点和自锁触点断开，切断变频器输入电源，对变频器进行保护。

停转控制：在变频器正常工作时，将开关 SA 断开，STF 和 SD 端子断开，变频器停止输出电源，电动机停转。若要切断变频器输入主电源，可按下常闭按钮 SB1，接触器 KM 线圈失电，KM 主触点和自锁触点断开，切断变频器输入电源。

3.35　单向按钮切换变频调速控制线路

3.35.1　单向按钮切换变频调速控制线路原理图

单向按钮切换变频调速控制线路原理图如图 3-45 所示。

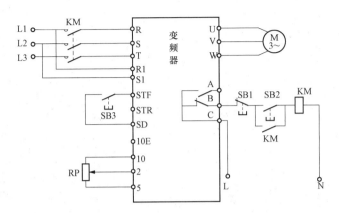

图 3-45　单向按钮切换变频调速控制线路原理图

3.35.2　单向按钮切换变频调速控制线路工作原理

启动准备：按下动合按钮 SB2，交流接触器 KM 线圈得电，KM 的动合辅助触点和主触点同时闭合，使变频器接通主电源。

正转控制：按下变频器正转端子 STF 所接锁扣按钮 SB3，使 STF 和 SD 端子接通，变频器的 U、V、W 端子输出正转电源电压，驱动电动机正向运转。调节端子 10、2、5 外接电位器 RP，变频器输出电源频率会发生改变，电动机转速也随之改变。

变频器异常保护：若变频器运行期间出现异常或故障，变频器 B、C 端子间内部等效的动断触点断开，接触器 KM 线圈失电，KM 主触点和自锁触点断开，切断变频器输入电源，对变频器进行保护。

停转控制：在变频器正常工作时，将按钮 SB3 断开，STF 和 SD 端子断开，变频器停止输出电源，电动机停转。若要切断变频器输入主电源，可按下动断按钮 SB1，接触器 KM 线圈失电，KM 主触点和自锁触点断开，切断变频器输入电源。

3.36　接触器切换变频调速控制线路

3.36.1　接触器切换变频调速控制线路原理图

接触器切换变频调速控制线路原理图如图 3-46 所示。

3.36.2　接触器切换变频调速控制线路工作原理

启动准备：按下动合按钮 SB2，交流接触器 KM1 线圈得电，KM1 的两对动合辅助触点和主触点同时闭合，使变频器接通主电源。一对动合辅助触点实现自锁，一对动合辅助触点为 KM2 线圈得电作准备。

正转控制：按下动合按钮 SB4，交流接触器 KM2 线圈得电，KM2 的三对动合辅助触点同时闭合，一对使 STF 和 SD 端子接通，变频器的 U、V、W 端子输出正转电源电压，驱动电动机正向运转。KM2 的一对动合辅助触点自锁，还有一对动合辅助触点将按钮 SB1 短

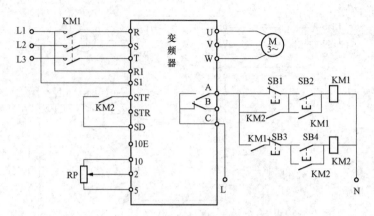

图 3 - 46　接触器切换变频调速控制线路原理图

接，实现顺序控制。调节端子 10、2、5 外接电位器 RP，变频器输出电源频率会发生改变，电动机转速也随之改变。

变频器异常保护：若变频器运行期间出现异常或故障，变频器 B、C 端子间内部等效的动断触点断开，接触器 KM1 和 KM2 线圈都失电，KM1 所有触点复位，切断变频器输入电源，对变频器进行保护。

停转控制：在变频器正常工作时，按下按钮 SB3，KM2 线圈失电，KM2 的三对动合辅助触点断开，STF 和 SD 端子断开，变频器停止输出电源，电动机停转。若要切断变频器输入主电源，可按下动断按钮 SB1，接触器 KM1 线圈失电，KM1 主触点和自锁触点断开，切断变频器输入电源。

3.37　继电器切换变频调速控制线路

3.37.1　继电器切换变频调速控制线路原理图

继电器切换变频调速控制线路原理图如图 3 - 47 所示。

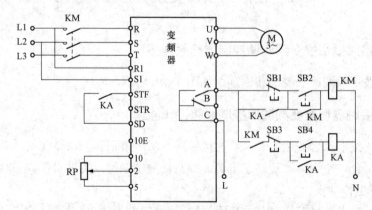

图 3 - 47　继电器切换变频调速控制线路原理图

3.37.2　继电器切换变频调速控制线路工作原理

启动准备：按下动合按钮 SB2，交流接触器 KM 线圈得电，KM 的两对动合辅助触点和主触点同时闭合，使变频器接通主电源。一对动合辅助触点实现自锁，一对动合辅助触点为 KA 线圈得电作准备。

正转控制：按下动合按钮 SB4，中间继电器 KA 线圈得电，KA 的三对动合辅助触点同时闭合，一对使 STF 和 SD 端子接通，变频器的 U、V、W 端子输出正转电源电压，驱动电动机正向运转。KA 的一对动合辅助触点自锁，还有一对动合辅助触点将按钮 SB1 短接，实现顺序控制。调节端子 10、2、5 外接电位器 RP，变频器输出电源频率会发生改变，电动机转速也随之改变。

变频器异常保护：若变频器运行期间出现异常或故障，变频器 B、C 端子间内部等效的动断触点断开，接触器 KM 和 KA 线圈都失电，KM 所有触点复位，切断变频器输入电源，对变频器进行保护。

停转控制：在变频器正常工作时，按下按钮 SB3，KA 线圈失电，KA 的三对动合辅助触点断开，STF 和 SD 端子断开，变频器停止输出电源，电动机停转。若要切断变频器输入主电源，可按下动断按钮 SB1，接触器 KM 线圈失电，KM 主触点和自锁触点断开，切断变频器输入电源。

3.38　双向变频调速控制线路

3.38.1　双向变频调速控制线路原理图

双向变频调速控制线路原理图如图 3 - 48 所示。

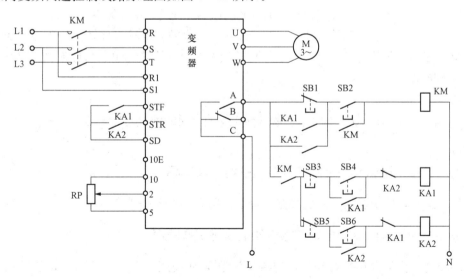

图 3 - 48　双向变频调速控制线路原理图

3.38.2 双向变频调速控制线路工作原理

启动准备：按下动合按钮 SB2，交流接触器 KM 线圈得电，KM 的两对动合辅助触点和主触点同时闭合，使变频器接通主电源。一对动合辅助触点实现自锁，一对动合辅助触点为 KA1 和 KA2 线圈得电作准备。

正转控制：按下动合按钮 SB4，中间继电器 KA1 线圈得电，KA1 的动断触点首先分断对反转继电器 KA2 线圈实现连锁，KA1 的三对动合辅助触点同时闭合，一对使 STF 和 SD 端子接通，变频器的 U、V、W 端子输出正转电源电压，驱动电动机正向运转。KA1 的另一对动合辅助触点自锁，还有一对动合辅助触点将按钮 SB1 短接，可以避免在变频器工作时切断主电源。调节端子 10、2、5 外接电位器 RP，变频器输出电源频率会发生改变，电动机转速也随之改变。

停转控制：在变频器正常工作时，按下按钮 SB3，KA1 线圈失电，KA1 的三对动合辅助触点首先断开，STF 和 SD 端子断开，变频器停止输出电源，电动机停转。KA1 的动断触点再恢复闭合为反转控制作准备。

反转控制：按下动合按钮 SB6，中间继电器 KA2 线圈得电，KA2 的动断触点首先分断对正转继电器 KA1 线圈实现连锁，KA2 的三对动合辅助触点同时闭合，一对使 STR 和 SD 端子接通，变频器的 U、V、W 端子输出反转电源电压，驱动电动机反向运转。KA2 的另一对动合辅助触点自锁，还有一对动合辅助触点将按钮 SB1 短接，可以避免在变频器工作时切断主电源。调节端子 10、2、5 外接电位器 RP，变频器输出电源频率会发生改变，电动机转速也随之改变。

变频器异常保护：若变频器运行期间出现异常或故障，变频器 B、C 端子间内部等效的动断触点断开，接触器 KM、KA1 和 KA2 线圈都失电，KM 所有触点复位，切断变频器输入电源，对变频器进行保护。

停转控制：在变频器正常工作时，按下按钮 SB5，KA2 线圈失电，KA2 的三对动合辅助触点断开，STR 和 SD 端子断开，变频器停止输出电源，电动机停转。若要切断变频器输入主电源，可按下动断按钮 SB1，接触器 KM 线圈失电，KM 主触点和自锁触点断开，切断变频器输入电源。

3.39 单相电源变频控制三相电动机线路

3.39.1 单相电源变频控制三相电动机线路原理图

单相电源变频控制三相电动机线路原理图如图 3-49 所示。

3.39.2 单相电源变频控制三相电动机线路工作原理

启动控制：按下常开按钮 SBT，交流接触器 KM 线圈得电，KM 的动合辅助触点和主触点同时闭合，使变频器接通主电源，电动机得电转动。动合辅助触点实现自锁。

停转控制：在变频器正常工作时，按下按钮 SBP，KM 线圈失电，KM 的辅助触点断开，切断变频器输入主电源，电动机失电停转。

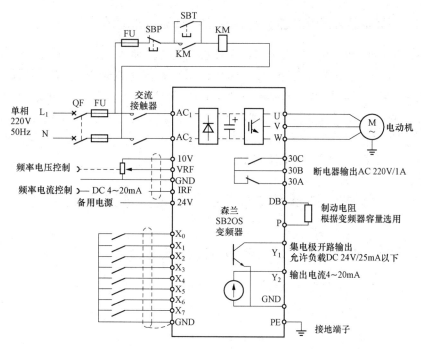

图 3-49 单相电源变频控制三相电动机线路原理图

3.40 具有遥控设定箱的变频器调速控制线路

3.40.1 具有遥控设定箱的变频器调速控制线路原理图

具有遥控设定箱的变频器调速控制线路原理图如图 3-50 所示。

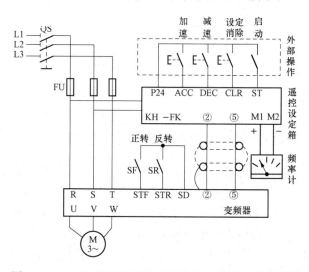

图 3-50 具有遥控设定箱的变频器调速控制线路原理图

3.40.2　具有遥控设定箱的变频器调速控制线路工作原理

图3-50中KH-FK为遥控设定箱，遥控设定箱外接加速、减速、设定消除三个按钮和一个启动开关。操作时先合上启动开关，然后根据需要按动其他按钮。变频器不仅可调速，而且可以换向。将SF合上时，电动机M正转；断开SF，合上SR，电动机反转。

KH-FK的M1、M2端子用来连接频率计。其②、⑤端与变频器的②、⑤端用屏蔽线相连。

适用场合：变频器不能就地操作或无法实现集中控制时。

3.41　电动机变频器的步进及点动运行线路

3.41.1　电动机变频器的步进及点动运行线路原理图

电动机变频器的步进及点动运行线路原理图如图3-51所示。

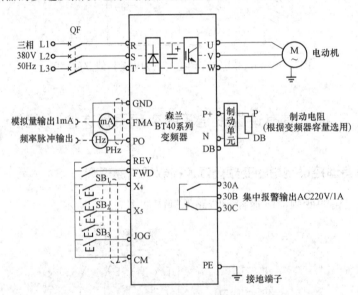

图3-51　电动机变频器的步进及点动运行线路原理图

3.41.2　电动机变频器的步进及点动运行线路工作原理

此线路电动机在未运行时点动有效，运行/停止由REV、FWD端的状态来控制。其中，REV、FWD表示运行/停止与运转方向，当它们同时闭合时无效。

转速上升/转速下降可通过并联开关来实现在不同的地点控制同一台电动机运行。由X4、X5端子的状态确定，虚线即为设在不同地点的控制开关。

JOG端为点动输入端子。当变频器处于停止状态时，短接JOG端与公共端CM，再闭合FWD端与CM端之间连接的开关，或闭合REV端与CM端之间连接的开关，则会使电动机实现点动正转或反转。

3.42　具有三速设定操作箱的变频器调速控制线路

3.42.1　具有三速设定操作箱的变频器调速控制线路原理图

具有三速设定操作箱的变频器调速控制线路原理图如图 3-52 所示。

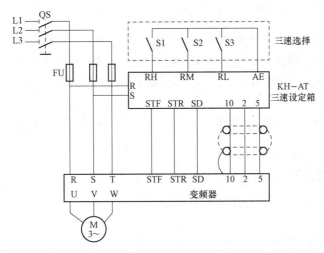

图 3-52　具有三速设定操作箱的变频器调速控制线路原理图

3.42.2　具有三速设定操作箱的变频器调速线路工作原理

图 3-52 中 KH-AT 为三速设定操作箱，它与变频器之间须用屏蔽线连接。通过 S1、S2、S3 三个手动开关控制，可以实现三速选用。

适用场合：抛光、研磨、搅拌、脱水、离心、甩干、清洗等机械设备在需要多段速度的工序时。

第4章

直流电动机基本控制线路

与交流电动机相比，由于直流电动机具有过载能力强、启动转矩大、制动转矩大、调速范围广、调速精度高、损耗小、能够实现无级平滑调速以及适宜频繁快速启动等优点，对于需要能够在大范围内实现无级调速或需要大启动转矩的生产机械，常用直流电动机来拖动。

4.1 串励直流电动机串电阻启动控制线路

4.1.1 串励直流电动机串电阻启动控制线路原理图

串励直流电动机串电阻启动控制线路原理图如图 4-1 所示。

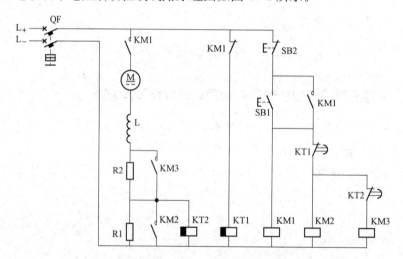

图 4-1 串励直流电动机串电阻启动控制线路原理图

4.1.2 串励直流电动机串电阻启动控制线路工作原理

先合上低压断路器 QF，断电延时时间继电器 KT1 得电动作，KT1 的瞬时断开延时闭合动断触点断开，使接触器 KM2、KM3 线圈不得电，保证电动机启动时串入全部电阻 R1、R2。

按下动合按钮 SB1，接触器 KM1 线圈得电，KM1 的动断触点首先分断，使 KT1 线圈失电，KT1 开始延时，KM1 的动合触点闭合，电动机串上 R1、R2 开始启动，同时断电延时继电器 KT2 线圈得电，KT2 的瞬时断开延时闭合动断触点断开，使 KM3 线圈不得电；KM1 自锁触点闭合自锁。当 KT1 延时到时，其瞬时断开延时闭合动断触点闭合，使 KM2 线圈得电，KM2 的动合触点闭合，使 R1 和 KT2 线圈短接，电动机继续串 R2 电阻启动，

84

同时 KT2 延时开始；当 KT2 延时时间到时，其瞬时断开延时闭合动断触点闭合，使 KM3
线圈得电，KM3 的动合触点闭合，使 R2 电阻短接，电动机启动过程结束，进入正常运行。

停止时按下停止按钮 SB2 即可。

电路特点：具有较大的启动转矩，启动性能好，过载能力强。

适用场合：要求有大的启动转矩、负载变化时转速允许变化的恒功率负载的场合，如起
重机、吊车、电力机车等。

4.2　串励直流电动机正反转控制线路

4.2.1　串励直流电动机正反转控制线路原理图

串励直流电动机正反转控制线路原理图如图 4-2 所示。

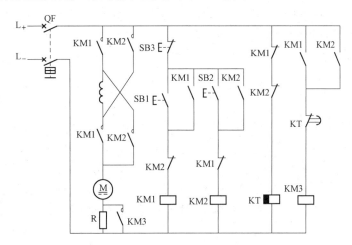

图 4-2　串励直流电动机正反转控制线路原理图

4.2.2　串励直流电动机正反转控制线路工作原理

先合上低压断路器 QF，时间继电器 KT 线圈得电动作，KT 瞬时断开延时闭合的动断
触点瞬间分断，断开 KM3 线圈，保证电动机启动时串入电阻 R。

正向控制：按下正转启动按钮 SB1，接触器 KM1 线圈得电，KM1 的动断触点首先分
断，使 KT 线圈失电和对 KM2 进行连锁，KT 开始延时，KM1 主触点和自锁触点闭合，电
动机串接电阻 R 正向启动，KM1 的动合触点闭合，为 KM3 线圈得电作准备，当 KT 延时
到时，其瞬时断开延时闭合动断触点闭合，使 KM3 线圈得电，KM3 的动合触点闭合，使 R
短接，电动机启动过程结束，进入正向运行。

停止控制：先按下动断按钮 SB3，使 KM1 线圈失电，KM1 的所有触点复位。

反向控制：按下反向启动按钮 SB2，接触器 KM2 线圈得电，KM2 的动断触点首先分
断，使 KT 线圈失电并对 KM1 进行连锁，KT 开始延时；KM2 主触点和自锁触点闭合，电
动机励磁绕组反接并串接电阻 R 反向启动，KM2 的动合触点闭合，为 KM3 线圈得电作准
备；当 KT 延时到时，其瞬时断开延时闭合常闭触点闭合，使 KM3 线圈得电，KM3 的动合

触点闭合，使 R 短接，电动机启动过程结束，进入反向运行。

停止时按下停止按钮 SB2 即可。

电路特点：具有较大的启动转矩，启动性能好，过载能力强。

适用场合：内燃机车和电力机车。

4.3　串励直流电动机自励式能耗制动控制线路

4.3.1　串励直流电动机自励式能耗制动控制线路原理图

串励直流电动机自励式能耗制动控制线路原理图如图 4-3 所示。

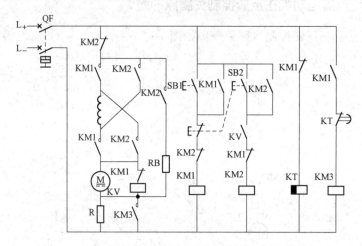

图 4-3　串励直流电动机自励式能耗制动控制线路原理图

4.3.2　串励直流电动机自励式能耗制动控制线路工作原理

先合上低压断路器 QF，时间继电器 KT 线圈得电动作，KT 延时闭合的动断触点瞬时分断，断开 KM3 线圈，保证电动机启动时串入电阻 R。

启动控制：按下启动按钮 SB1，接触器 KM1 线圈得电，KM1 动断触点断开，对 KT 线圈和 KM2 线圈连锁，KM1 的主触点和自锁触点闭合，使电动机 M 串电阻 R 启动；当 KT 延时时间到时，KT 的延时闭合触点闭合，KM3 线圈得电，使 R 短接，电动机进入正常运行。

能耗制动：按下复合按钮 SB2，SB2 的动断触点首先分断，使 KM1 线圈失电，KM1 的所有触点复位；SB2 的动合触点后闭合，使接触器 KM2 线圈得电，KM2 的动断触点首先分断，切断电动机电源，KM2 主触点和自锁触点闭合，使励磁绕组反接与电枢绕组、制动电阻构成闭合回路，使惯性运转的电枢处于自励发电状态，产生与原方向相反的电磁转矩，迫使电动机迅速停转。同时欠电流继电器 KV 断电释放，KV 动合触点分断，KM2 线圈失电复位，制动结束。

电路特点：设备简单，在高速时制动力矩大，制动效果好，但随着转速的降低制动力矩急剧减小，制动效果变差。

适用场合：断电事故状态进行安全制动的场合。

4.4　串励直流电动机反接制动自动控制线路

4.4.1　主令控制器基础知识

主令控制器是按照预定程序换接控制电路接线的主令电器,主要在电力拖动中按照预定的程序分合触点,向控制系统发出指令,通过接触器以达到控制电动机的启动、制动、调速及反转的目的,同时也可实现控制线路的连锁作用。

1. 结构与符号

主令控制器的结构、图形与文字符号如图 4-4 所示。

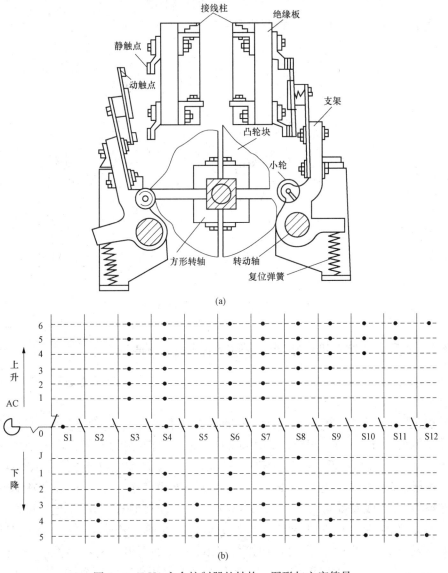

图 4-4　LK1 主令控制器的结构、图形与文字符号

(a) LK1 主令控制器的结构图;(b) LK1 主令控制器的图形与文字符号

2. 选用

主令控制器主要根据使用环境、所需控制的回路数、触点闭合顺序等进行选择。

3. 安装要求

(1) 主令控制器安装前应操作手柄不少于5次，检查动、静触点是否良好，有无卡轧现象，触点的分合顺序是否符合分合表的要求。

(2) 主令控制器投入运行前，应使用绝缘电阻表测量其绝缘电阻，一般应大于0.5MΩ，同时根据接线图检查接线是否正确。

(3) 主令控制器外壳上的接地螺栓应与接地网可靠连接。

(4) 主令控制器不使用时，手柄应停在零位。

4.4.2 串励直流电动机反接制动自动控制线路原理图

串励直流电动机反接制动自动控制线路原理图如图4-5所示。

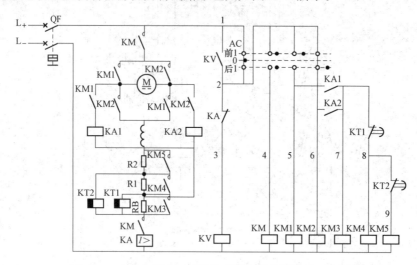

图4-5 串励直流电动机反接制动自动控制线路原理图

4.4.3 串励直流电动机反接制动自动控制线路工作原理

准备启动时，将主令控制器AC手柄放在"0"位，合上电源开关QF，零电压保护继电器KV得电，KV动合触点闭合自锁。

电动机正转时，将控制器AC手柄向前扳向"1"位，AC的主触点（2—4）、（2—5）闭合，线路接触器KM和正转接触器KM1线圈得电，它们的主触点闭合，电动机M串入二级启动电阻R1和R2以及反接制动电阻RB启动；同时，时间继电器KT1、KT2线圈得电，它们的动断触点瞬时分断，接触器KM4、KM5处于断电状态；KM1的动合辅助触点闭合，使中间继电器KA1线圈得电，KA1的动合触点闭合，使接触器KM3得电，KM3主触点闭合，使电阻RB短接和时间继电器KT1线圈失电，KT1延时开始，当延时时间到时，KT1的瞬时断开延时闭合动断触点闭合，使接触器KM4线圈得电，KM4主触点闭合，使电阻R1短接和时间继电器KT2线圈失电，KT2延时开始；当延时时间到时，KT2的瞬时断开延时闭合动断触点闭合，使接触器KM5线圈得电动作，KM5的动合触头闭合短接电阻R2，电动机启动完毕进入正常运转。

若需要电动机制动时，将主令控制器 AC 手柄由正转位置向后扳向反转位置，这时接触器 KM1 和中间继电器 KA1 失电，其触点复位，电动机在惯性作用下仍沿正转方向转动。但电枢电源则由于接触器 KM、KM2 的接通而反向，使电动机运行在反接制动状态，而中间继电器 KA2 线圈上的电压变得很小并未吸合，KA2 动断触点分断，接触器 KM3 线圈失电，KM3 动合触点分断，制动电阻 RB 接入电枢电路，电动机进行反接制动，其转速迅速下降。当转速降到接近于零时，把主令控制手柄扳向"0"位即可。

电路特点：能满足电动机低速的停止要求。

4.5　并励直流电动机手动启动控制线路

4.5.1　BQ3 型直流电动机启动变阻器基础知识

BQ3 型直流电动机启动变阻器主要由电阻元件、调节转换装置和外壳三大部分组成。电阻元件由转换装置、螺旋形元件组成，根据功率大小均置于旋转式变阻器的定型箱壳中，元件采用康铜电阻材料制成。变阻器具有失电压保护连锁装置，连锁装置依靠旋轴中心的扭力弹簧自动复位切断电路。

4.5.2　并励直流电动机手动启动控制线路原理图

并励直流电动机手动启动控制线路原理图如图 4-6 所示。

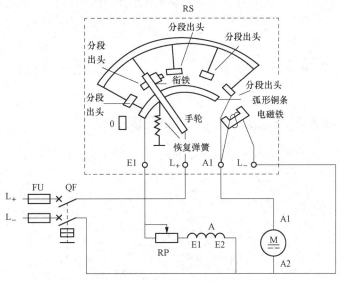

图 4-6　并励直流电动机手动启动控制线路原理图

4.5.3　并励直流电动机手动启动控制线路工作原理

在启动之前，启动变阻器的手轮置于"0"位，然后合上电源开关 QF，慢慢转动手轮，使手轮从"0"位顺时针转到第 1 个静触点时，接通励磁绕组电路，同时将变阻器 RS 的全部电阻接入电枢电路，电动机开始启动旋转。随着转速的升高，手轮依次转动使启动电阻逐级切除，当手轮转到最后一个静触点时，电磁铁吸住手轮衔铁，此时启动电阻全部切除，直流电动机启动结束，进入正常运转。

当并励直流电动机停止工作切断电源时，电磁铁由于线圈断电吸力消失，在弹簧的作用下，手轮自动返回"0"位，以备下次启动。电磁铁还具有失电压和欠电压保护作用。

图中电阻 RP 做调速用，启动时为了获得较大的启动转矩，应使 RP 为 0。图中的弧形铜条与每一个静触点相连，是为了励磁绕组断电时形成放电回路。

4.6 并励直流电动机手动调速控制线路

4.6.1 并励直流电动机手动调速控制线路图

并励直流电动机手动调速控制线路图如图 4-7 所示。

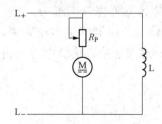

图 4-7 并励直流电动机手动调速控制线路图

4.6.2 并励直流电动机手动调速控制线路工作原理

如图 4-7 所示，调速电阻是与电枢绕组串联，因此当电源电压不变，改变调速电阻的大小时，流过电枢绕组的电流将改变，电动机的转速也随之改变。

电路特点：设备简单，投资少，只需增加电阻和切换开关，操作方便；属于恒转矩调速方式，转速只能由额定转速往下调；只能分级调速，调速平滑性差。低速时，机械特性很软，转速受负载影响变化大，电能损耗大，经济性能较差。

4.7 并励直流电动机正反转控制线路

4.7.1 并励直流电动机正反转控制线路原理图

并励直流电动机正反转控制线路原理图如图 4-8 所示。

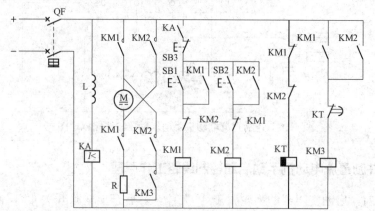

图 4-8 并励直流电动机正反转控制线路原理图

4.7.2　并励直流电动机正反转控制线路工作原理

合上断路器 QF，励磁绕组 L 得电励磁，欠电流继电器线圈得电动作，断电延时继电器 KT 线圈得电，KT 的瞬时断开延时闭合的触点瞬间断开，使接触器 KM3 不得电，保证电动机 M 串接电阻 R 启动。

正转控制：按下正转启动按钮 SB1，直流接触器 KM1 线圈得电，KM1 的动断触点首先分断，对 KM2 进行连锁并使 KT 线圈失电，KT 延时开始；KM1 的主触点和自锁触点以及动合辅助触点后闭合，使电动机电枢绕组接正向电压并串接电阻 R 开始正向启动。当 KT 延时时间到时，KT 延时闭合的触点恢复闭合，KM3 线圈得电，KM3 主触点闭合，电阻 R 被短接，电动机启动结束，进入正向运转。

反转控制：首先按下停止按钮 SB3，使接触器 KM1 线圈失电，KM1 的所有触点复位，再按下反转启动按钮 SB2，直流接触器 KM2 线圈得电，KM2 的动断触点首先分断，对 KM1 进行连锁并使 KT 线圈失电，KT 延时开始；KM2 的主触点和自锁触点以及动合辅助触点后闭合，使电动机电枢绕组接反向电压并串接电阻 R 开始反向启动。当 KT 延时时间到时，KT 延时闭合的触点恢复闭合，KM3 线圈得电，KM3 主触点闭合，电阻 R 被短接，电动机启动结束，进入反向运转。

停止时按下 SB3 按钮即可。

4.8　并励直流电动机单向启动能耗制动控制线路

4.8.1　电压继电器的相关知识

电压继电器分为过电压继电器、欠电压继电器和零电压继电器。过电压继电器是当电压大于其整定值时动作的电压继电器，主要用于对电路或设备作过电压保护，其动作电压在 105％～120％额定电压范围内调整。欠电压继电器是当电压降至某一规定范围（40％～70％额定电压）内动作。零电压继电器是当继电器的端电压降至或接近消失时才动作的电压继电器，调节范围 10％～35％额定电压。其图形与文字符号如图 4-9 所示。

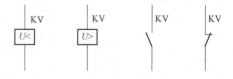

欠电压线圈　　过电压线圈　　动合触点　　动断触点

图 4-9　电压继电器的图形与文字符号

4.8.2　并励直流电动机单向启动能耗制动控制线路原理图

并励直流电动机单向启动能耗制动控制线路原理图如图 4-10 所示。

4.8.3　并励直流电动机单向启动能耗制动控制线路工作原理

合上电源开关 QF，励磁绕组 L 得电励磁，欠电流继电器 KA 线圈得电动作，断电延时继电器 KT1、KT2 线圈同时得电，KT1、KT2 的瞬时断开延时闭合的触点瞬间断开，使接触器 KM3、KM4 不得电，保证电动机 M 串接电阻 R 启动。

启动控制：按下启动按钮 SB1，接触器 KM1 线圈得电，KM1 动断触点首先分断，使

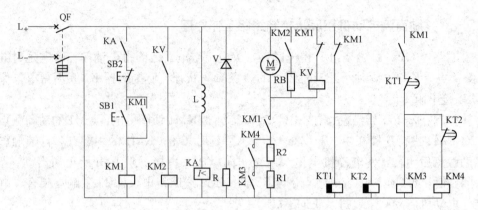

图 4-10 并励直流电动机单向启动能耗制动控制线路原理图

KT1、KT2 线圈失电，KT1、KT2 延时开始；KM1 的主触点和自锁触点以及动合辅助触点后闭合，使电动机电枢绕组接正向电压并串接电阻 R1、R2 开始启动。当 KT1 延时时间到时，KT1 延时闭合的触点恢复闭合，KM3 线圈得电，KM3 主触点闭合，电阻 R1 被短接；当 KT2 延时时间到时，KT2 延时闭合的触点恢复闭合，KM4 线圈得电，KM4 主触点闭合，电阻 R2 被短接，电动机启动结束，进入正常运转。

　　能耗制动：按下停止按钮 SB2，KM1 线圈失电，KM1 动合辅助触点分断，KM3、KM4 线圈失电，触点复位；KM1 主触点和自锁触点复位，电枢回路断电；KM1 动断辅助触点闭合，KT1、KT2 线圈同时得电，KT1、KT2 延时闭合的动断触点瞬时分断，由于惯性运转的电枢切割磁力线而在电枢绕组中产生感应电动势，使并接在电枢两端的欠电压继电器 KV 的线圈得电，KV 的动合触点闭合，KM2 线圈得电，KM2 的动合触点闭合，制动电阻 RB 接入电枢回路进行能耗制动；当电动机转速减小到一定值时，电枢绕组的感应电动势也随之减小到很小，使欠电压继电器 KV 释放，KV 触点复位，KM2 断电，断开制动回路，能耗制动完毕。

4.9　并励直流电动机双向反接制动控制线路

4.9.1　并励直流电动机双向反接制动控制线路原理图

并励直流电动机双向反接制动控制线路原理图如图 4-11 所示。

4.9.2　并励直流电动机双向反接制动控制线路工作原理

　　合上电源开关 QF，励磁绕组 L 得电励磁，欠电流继电器 KA 线圈得电动作，断电延时继电器 KT1、KT2 线圈同时得电，KT1、KT2 的瞬时断开延时闭合的触点瞬间断开，使接触器 KM6、KM7 不得电，保证电动机 M 串接电阻 R1 和 R2 启动。

　　正向启动控制：按下正转启动按钮 SB1，SB1 的动断触点首先分断对 KM2 连锁，SB1 的动合触点后闭合，直流接触器 KM1 线圈得电，KM1 的 3 对动断触点首先分断，对 KM2、KM3 进行连锁，使 KT1、KT2 线圈失电，KT1、KT2 延时开始；KM1 的主触点和自锁触

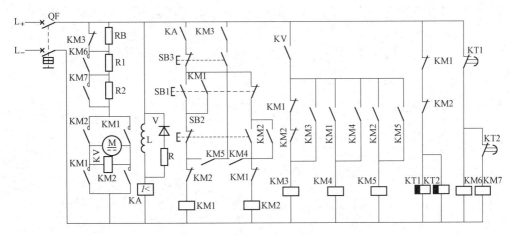

图 4 - 11　并励直流电动机双向反接制动控制线路原理图

点以及动合辅助触点后闭合，使电动机电枢绕组接正向电压并串接电阻 R1 和 R2 开始正向启动。当 KT1 延时时间到时，KT1 延时闭合的触点恢复闭合，KM6 线圈得电，KM6 主触点闭合，电阻 R1 被短接，当 KT2 延时时间到时，KT2 延时闭合的触点恢复闭合，KM7 线圈得电，KM7 主触点闭合，电阻 R2 被短接，电动机启动结束，进入正向运转。

在电动机刚启动时，由于电枢中的反电动势为零，电压继电器 KV 不动作，接触器 KM3、KM4、KM5 均处于失电状态，随着电动机转速升高，反电动势建立后，KV 得电动作，其动合触点闭合，接触器 KM4 得电，KM4 动合触点闭合，为反接制动作准备。

反接制动：按下停止按钮 SB3，SB3 的动断触点首先分断，KM1 线圈失电，KM1 的所有触点复位。此时电动机 M 仍做惯性运转，反电动势仍较高，电压继电器仍保持得电；SB3 的动合触点后闭合，KM2 和 KM3 线圈得电，KM2 和 KM3 的触头动作，电动机的电枢绕组串入制动电阻 RB 进行反接制动，当转速接近于零时，反电动势也接近于零，KV 断电释放，KM3、KM4 和 KM2 也断电释放，反接制动完毕。

反向控制与正转控制相似。

电路特点：既能满足电动机刚刚启动时的停止要求，又能保证电动机高速运转后反向制动时不再反向启动。

4.10　并励直流电动机改变励磁磁通调速控制线路

4.10.1　并励直流电动机改变励磁磁通调速控制线路原理图

并励直流电动机改变励磁磁通调速控制线路原理图如图 4 - 12 所示。

4.10.2　并励直流电动机改变励磁磁通调速控制线路工作原理

如图 4 - 12 所示改变调速电阻 RP 的大小时，可以改变励磁绕组的电流，进而可以改变励磁磁通，转速可以得到改变。

电路特点：能量损耗小，控制方便；速度变化比较平滑，但转速

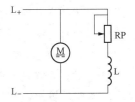

图 4 - 12　并励直流电动机改变励磁磁通调速控制线路原理图

只能往上调，不能在额定转速以下调节；调速范围窄，且火花会增大。

4.11 并励直流电动机 G - M 调速控制线路

4.11.1 并励直流电动机 G - M 调速控制线路原理图

并励直流电动机 G - M 调速控制线路原理图如图 4 - 13 所示。

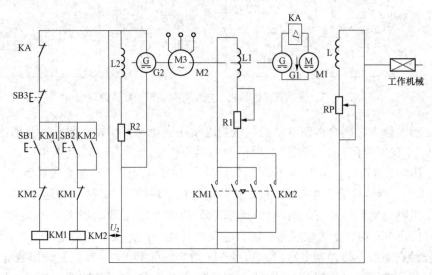

图 4 - 13 并励直流电动机 G - M 调速控制线路原理图

4.11.2 并励直流电动机 G - M 调速控制线路工作原理

励磁：首先启动三相异步电动机 M2，拖动他励直流发电机 G1 和并励直流发电机 G2 同速旋转，励磁发电机 G2 切割磁力线产生感应电动势，输出直流电压 U_2，除提供本身励磁电压外还供给 G - M 机组励磁电压和控制电路电压。

正转启动控制：启动前应将调节电阻 RP 调到零，R1 调到最大，目的是使直流电压 U 逐渐上升，直流电动机 M1 则从最低速逐渐上升到额定转速。按下启动按钮 SB1，接触器 KM1 线圈得电，其动合触点闭合，发电机 G1 的励磁绕组 L1 接入电压 U_2 开始励磁，因发电机 G1 的励磁绕组 L1 的电感较大，所以励磁电流逐渐增大，使 G1 产生的感应电动势和输出电压从零逐渐增大，这样就避免直流电动机 M1 在启动时有较大的电流冲击。因此，在电动机启动时，不需要在电枢电路中串入启动电阻就可以很平滑地进行启动。

正向调速控制：先将 R1 的阻值调小，使直流发电机 G1 的励磁电流增大，于是 G1 的输出电压即直流电动机的电枢电压 U 增大，电动机转速升高。可见，调节 R1 的阻值能升降直流发电机的输出电压 U，即可达到调节直流电动机转速的目的。不过加在直流电动机电枢上的电压 U 不能超过其额定电压值。所以在一般情况下，调节电阻 R1 只能使电动机在低于额定转速情况下进行平滑调速。

当需要电动机在额定转速以上进行调速时，则应先调节 R1，使电动机电压 U 保持在额定值不变，然后将电阻 RP 的阻值调大，使直流电动机 M1 的励磁电流减小，其磁通 Φ 也减小，电动机 M1 的转速升高。

制动控制：若要电动机停转时，可按下停止按钮 SB3，接触器 KM1 线圈失电，其触点复位，使直流发电机 G1 的励磁绕组 L1 失电，G1 的输出电压即直流电动机 M1 的电枢电压 U 下降为零。但此时电动机 M1 仍沿原方向惯性运转，由于切割磁力线，在电枢绕组中产生与原电流方向相反的感应电流，从而产生制动力矩，迫使电动机迅速停转。

反转控制时，按下启动按钮 SB2，使接触器 KM2 线圈得电即可。

电路特点：机械特性的斜率不变，调速的稳定性好；电压可作连续变化，调速的平滑性好，调速范围广；属于恒转矩调速，电源设备投资较大，但电能损耗小，效率高。

适用场合：龙门刨床、重型镗床、轧钢机、矿井提升机等生产机械上。

4.12　直流电动机正向回馈制动控制线路

4.12.1　直流电动机正向回馈制动控制线路原理图

直流电动机正向回馈制动控制线路原理图如图 4 - 14 所示。

4.12.2　直流电动机正向回馈制动控制线路工作原理

机车在平地和上坡时，负载转矩 T_L 阻碍机车前行，机车在下坡时，T_L 反向帮助机车前行，使得机车加速达到甚至超过额定转速，使 E 大于 U_a，电流反向，电动机进入制动状态，由于该制动状态下，E 的方向没有发生改变，因此称为正向回馈制动。

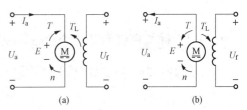

图 4 - 14　直流电动机正向回馈制动
控制线路原理图
（a）电动状态；（b）制动状态

电路的特点：回馈制动节能，经济性好，还可以增加电动机的制动性能。但要回馈到电网时，要妥善处理。

适用场合：电动机功率较大，如 100kW 以上；设备的转动惯量较大，且反复短时连续工作；从高速到低速的减速降幅较大，且制动时间又短，需要强力制动的场合，如电力机车。

4.13　直流电动机反向回馈制动控制线路

4.13.1　直流电动机反向回馈制动控制线路原理图

直流电动机反向回馈制动控制线路原理图如图 4 - 15 所示。

4.13.2　直流电动机反向回馈制动控制线路工作原理

重物上升过程中，电动机工作在如图 4 - 16 中 1 的机械特性上的 a 点，制动瞬间，工作点平移到人为特性 2 上的 b 点，T 反向，n 迅速下降。当工作点到达 c 点时，在 T 和 T_L 的共同作用下，电动机反向启动，工作点沿特性 2 继续下移。到达 d 点时，转矩等于理想空载转矩，$T=0$，但 $T_L > 0$，在重物的重力作用下，系统继续反向加速，工作点继续下移。当工作点到达 e 点时，$T=T_L$，系统重新稳定运行。这时的电动机在比理想空载转速高的转速下稳定下放重物。图中 de 段电动机处于回馈制动过程，e 点电动机处在回馈制动运行，由于此过程是电枢电压反向得到，因此称为反向回馈制动。

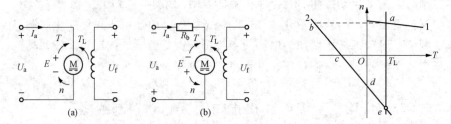

图 4-15　直流电动机反向回馈制动控制线路原理图　　图 4-16　回馈制动下放重物过程图
（a）电动状态；（b）制动状态

4.14　他励直流电动机的降压启动控制线路

4.14.1　他励直流电动机的接触器控制降压启动控制线路原理图

他励直流电动机的接触器控制降压启动控制线路原理图如图 4-17 所示。

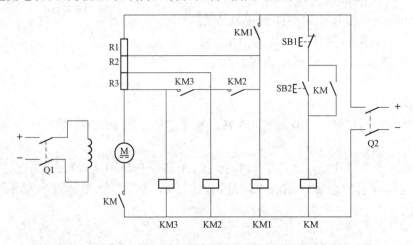

图 4-17　他励直流电动机的接触器控制降压启动控制线路原理图

4.14.2　他励直流电动机的接触器控制降压启动线路工作原理

如图 4-17 所示，合上电源开关 Q1、Q2 后，按下动合启动按钮 SB2，直流接触器 KM 线圈得电，KM 的主触点和动合辅助触点同时闭合，电枢绕组串 R1、R2、R3 三个电组启动；随着转子转速的上升，直流接触器 KM1 线圈两端的电压达到其动作值，KM1 便会吸合，其主触点闭合，将启动电阻 R1 从电路中切除，使电枢绕组带电阻 R2 和 R3 继续启动；

随着转子转速的继续上升，直流接触器 KM2 线圈两端的电压达到其动作值，KM2 便会吸合，其主触点闭合，将启动电阻 R2 也从电路中切除，使电枢绕组带电阻 R3 继续启动；随着转子转速的再上升，直流接触器 KM3 线圈两端的电压达到其动作值，KM3 便会吸合，其主触头闭合，将启动电阻 R3 也从电路中切除，使电枢绕组全压运行。

电路特点：设备简单，元器件少，但受电源电压波动影响大。

适用场合：电压稳定，功率小，启动要求不太高的场合。

4.14.3　他励直流电动机的时间继电器控制降压启动控制线路原理图

他励直流电动机的时间继电器控制降压启动控制线路原理图如图 4-18 所示。

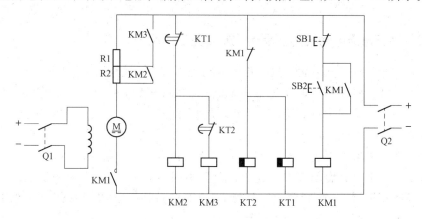

图 4-18　他励直流电动机的时间继电器控制降压启动控制线路原理图

4.14.4　他励直流电动机的时间继电器控制降压启动控制线路工作原理

合上电源开关 Q1 和 Q2，时间继电器 KT1 和 KT2 线圈首先得电，KT1 和 KT2 的瞬时断开延时闭合的动断触点首先分断，使接触器 KM2 和 KM3 的线圈不能得电。按下启动按钮 SB2，接触器 KM1 线圈得电，KM1 的动断触点先分断，时间继电器 KT1 和 KT2 线圈失电，但 KT1 和 KT2 的瞬时断开延时闭合的动断触点仍分断，KM1 的动合触点和主触点同时闭合，电枢绕组得电并带电阻 R1 和 R2 启动；当时间继电器 KT1 的整定时间到时，其瞬时断开延时闭合的动断触点闭合，使接触器 KM2 得电，KM2 动合触点闭合将电阻 R2 短接，电枢绕组带电阻 R1 继续启动；当时间继电器 KT2 的整定时间到时，其瞬时断开延时闭合的动断触点闭合，使接触器 KM3 得电，KM3 动合触点闭合将电阻 R1 短接，电枢绕组全压运行。

电路特点：不受电压波动影响，工作可靠性高。

适用场合：较大功率直流电动机的启动控制。

4.15　他励直流电动机的正反转控制线路

4.15.1　他励直流电动机的正反转控制线路原理图

他励直流电动机的正反转控制线路原理图如图 4-19 所示。

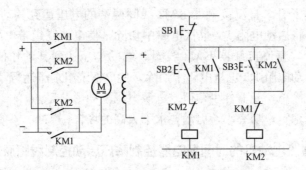

图 4-19 他励直流电动机正反转控制线路原理图

4.15.2 他励直流电动机的正反转控制线路工作原理

正转控制：合上电源开关后，按下正转启动控制 SB2，接触器 KM1 线圈得电，KM1 的动断触点首先分断，对反转控制接触器 KM2 线圈进行连锁，KM1 的自锁触点和主触点同时闭合，使电枢绕组得到正向电流，产生正向转矩而正转。

停止控制：按下停止按钮 SB1，接触器 KM1 线圈失电，KM1 的动合触点和主触点首先分断，使电枢绕组失电而停转，KM1 的动断触点后恢复闭合，解除对 KM2 线圈的连锁。

反转控制：按下反转启动控制 SB3，接触器 KM2 线圈得电，KM2 的动断触头首先分断，对正转控制接触器 KM1 线圈进行连锁，KM2 的自锁触点和主触点同时闭合，使电枢绕组得到反向电流，产生反向转矩而反转。

电路特点：控制方式简单，设备少。

适用场合：小型他励直流电动机的正反转控制电路。

第5章

电动机组合控制线路

5.1 Y-△降压启动正反转控制线路

5.1.1 Y-△降压启动正反转控制线路原理图

Y-△降压启动正反转控制线路原理图如图5-1所示。

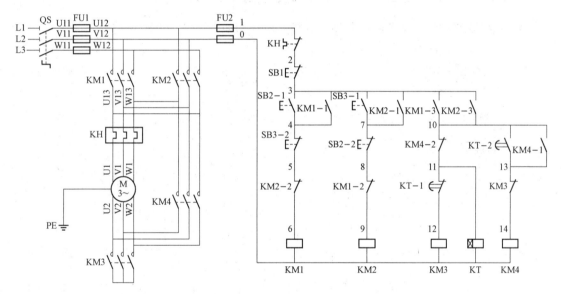

图5-1 Y-△降压启动正反转控制线路原理图

5.1.2 Y-△降压启动正反转控制线路工作原理

合上电源开关QS。

正转控制：按下启动按钮SB2，SB2-2断开对KM2连锁；SB2-1闭合，接触器KM1线圈得电，KM1-1闭合自锁；KM1-2断开对KM2连锁；KM1-3闭合，接触器KM3线圈得电，KM3动断触点断开对KM4连锁；KM3主触点闭合，KM1主触点闭合，电动机绕组接成Y降压正向启动；时间继电器KT线圈得电，KT-1延时断开，KM3线圈断电，KM3触点复位；KT-2延时闭合，接触器KM4线圈得电，KM4-1闭合自锁；KM4-2断开，KT线圈断电，KT触点复位为下次启动作准备，同时对KM3连锁；KM1主触点闭合，KM4主触点闭合，电动机绕组接成△全压正向运转。

反转控制：按下启动按钮SB3，SB3-2断开对KM1连锁；SB3-1闭合，接触器KM2

线圈得电，KM2-1闭合自锁；KM2-2断开对KM1连锁；KM2-3闭合，接触器KM3线圈得电，KM3动断触点断开对KM4连锁；KM3主触点闭合，KM2主触点闭合，电动机绕组接成Y降压反向启动；时间继电器KT线圈得电，KT-1延时断开，KM3线圈断电，KM3触点复位；KT-2延时闭合，接触器KM4线圈得电，KM4-1闭合自锁；KM4-2断开，KT线圈断电，KT触点复位为下次启动作准备，同时对KM3连锁；KM2主触点闭合，KM4主触点闭合，电动机绕组接成△全压反向运转。

停止时：按下停止按钮SB1，KM1（或KM2）线圈断电，KM1（或KM2）触点复位；KM4线圈断电，KM4触点复位，电动机M断电停止运转。

5.2　Y-△降压启动半波整流能耗制动控制线路

5.2.1　Y-△降压启动半波整流能耗制动控制线路原理图

Y-△降压启动半波整流能耗制动控制线路原理图如图5-2所示。

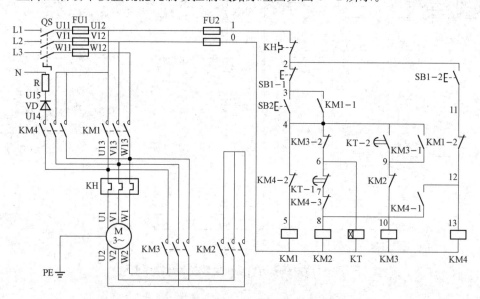

图5-2　Y-△降压启动半波整流能耗制动控制线路原理图

5.2.2　Y-△降压启动半波整流能耗制动控制线路工作原理

合上电源开关QS。

启动控制：按下启动按钮SB2，接触器KM1线圈得电，KM1-1闭合自锁；KM1-2断开对KM4连锁；接触器KM2线圈得电，KM2动断触点断开对KM3连锁；KM1、KM2主触点闭合，电动机绕组接成Y降压启动；时间继电器KT线圈得电，KT-1延时断开，KM2线圈断电，KM2触点复位；KT-2延时闭合，KM3线圈得电，KM3-1闭合自锁；KM3-2断开对KM2连锁，同时KT线圈断电，KT触点复位，为下次启动作准备；KM1、KM3主触点闭合，电动机M绕组接成△全压运转。

停止时：按下停止按钮 SB1，SB1 - 1 断开，接触器 KM1、KM2 线圈断电，KM1、KM3 触点复位，电动机 M 断电惯性转动；SB1 - 2 闭合，接触器 KM4 线圈得电，KM4 - 2 断开对 KM1 连锁；KM4 - 3 断开对 KM3、KT 连锁；KM4 - 1 闭合，KM2 线圈得电，KM4、KM2 主触点闭合，电动机 M 绕组 Y 连接通入由二极管 VD 半波整流的直流电进行制动，电动机 M 停止转动。松开 SB1，KM2、KM4 线圈断电，KM2、KM4 触点复位，制动结束。

5.3　Y - △降压启动反接制动控制线路

5.3.1　Y - △降压启动反接制动控制线路原理图

Y - △降压启动反接制动控制线路原理图如图 5 - 3 所示。

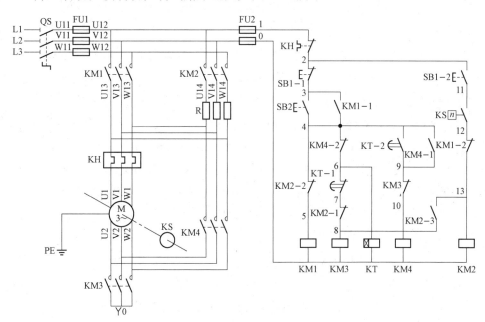

图 5 - 3　Y - △降压启动反接制动控制线路原理图

5.3.2　Y - △降压启动反接制动控制线路工作原理

合上电源开关 QS。

启动控制：按下启动按钮 SB2，接触器 KM1 线圈得电，KM1 - 1 闭合自锁；KM1 - 2 断开对 KM2 连锁；接触器 KM3 线圈得电，KM3 动断触点断开对 KM4 连锁；KM1、KM3 主触点闭合，电动机绕组接成 Y 降压启动；时间继电器 KT 线圈得电，KT - 1 延时断开，KM3 线圈断电，KM3 触点复位；KT - 2 延时闭合，KM4 线圈得电，KM4 - 1 闭合自锁；KM4 - 2 断开对 KM3 连锁，同时 KT 线圈断电，KT 触点复位，为下次启动作准备；KM1、KM4 主触点闭合，电动机 M 绕组接成△全压运转。当电动机转速上升到 120r/min 以上时，速度继电器 KS 动合触点闭合，为反接制动作准备。

停止控制：按下停止按钮 SB1，SB1-1 断开，接触器 KM1、KM4 线圈断电，KM1、KM4 触点复位，电动机 M 断电惯性转动；SB1-2 闭合，接触器 KM2 线圈得电，KM2-2 断开对 KM1 连锁；KM2-3 断开对 KM4、KT 连锁；KM2-1 闭合，KM3 线圈得电，KM4、KM2 主触点闭合，电动机 M 绕组 Y 连接通入反相序电源进行制动，电动机 M 停止转动。当电动机转速下降到 100r/min 以下时，速度继电器 KS 动合触点断开，KM2、KM4 线圈断电，KM2、KM4 触点复位，制动结束。

5.4 Y-△降压启动能耗制动正反转控制线路

5.4.1 Y-△降压启动能耗制动正反转控制线路原理图

Y-△降压启动能耗制动正反转控制线路原理图如图 5-4 所示。

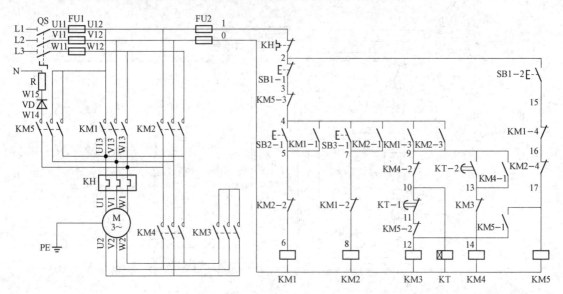

图 5-4 Y-△降压启动能耗制动正反转控制线路原理图

5.4.2 Y-△降压启动能耗制动正反转控制线路工作原理

合上电源开关 QS。

正转控制：按下启动按钮 SB2，SB2-2 断开对 KM2 连锁；SB2-1 闭合，接触器 KM1 线圈得电，KM1-1 闭合自锁；KM1-2 断开对 KM2 连锁；KM1-3 闭合，接触器 KM3 线圈得电，KM3 动断触点断开对 KM4 连锁；KM3 主触点闭合，KM1 主触点闭合，电动机绕组接成 Y 降压正向启动；时间继电器 KT 线圈得电，KT-1 延时断开，KM3 线圈断电，KM3 触点复位；KT-2 延时闭合，接触器 KM4 线圈得电，KM4-1 闭合自锁；KM4-2 断开，KT 线圈断电，KT 触点复位为下次启动作准备，同时对 KM3 连锁；KM1 主触点闭合，KM4 主触点闭合，电动机绕组接成 △全压正向运转。

反转控制：按下启动按钮 SB3，SB3-2 断开对 KM1 连锁；SB3-1 闭合，接触器 KM2

线圈得电，KM2-1 闭合自锁；KM2-2 断开对 KM1 连锁；KM2-3 闭合，接触器 KM3 线圈得电，KM3 动断触点断开对 KM4 连锁；KM3 主触点闭合，KM2 主触点闭合，电动机绕组接成 Y 降压反向启动；时间继电器 KT 线圈得电，KT-1 延时断开，KM3 线圈断电，KM3 触点复位；KT-2 延时闭合，接触器 KM4 线圈得电，KM4-1 闭合自锁；KM4-2 断开，KT 线圈断电，KT 触点复位为下次启动作准备，同时对 KM3 连锁；KM2 主触点闭合，KM4 主触点闭合，电动机绕组接成△全压反向运转。

停止控制：按下停止按钮 SB1，SB1-1 断开，接触器 KM1（或 KM2）、KM4 线圈断电，KM1（或 KM2）、KM3 触点复位，电动机 M 断电惯性转动；SB1-2 闭合，接触器 KM5 线圈得电，KM5-3 断开对 KM1、KM2 连锁；KM5-2 断开对 KM4、KT 连锁；KM5-1 闭合，KM3 线圈得电，KM5、KM3 主触点闭合，电动机 M 绕组 Y 连接通入由二极管 VD 半波整流的直流电进行制动，电动机 M 停止转动。松开 SB1，KM5、KM3 线圈断电，KM5、KM3 触点复位，制动结束。

5.5　Y-△降压启动反接制动正反转控制线路

5.5.1　Y-△降压启动反接制动正反转控制线路原理图

Y-△降压启动反接制动正反转控制线路原理图如图 5-5 所示。

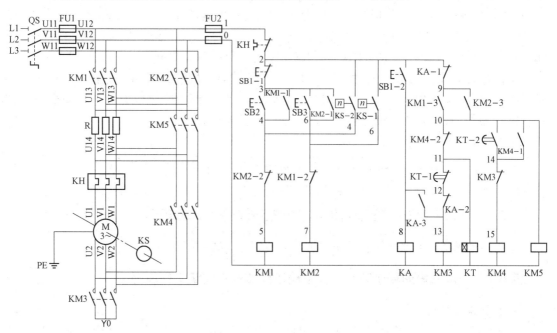

图 5-5　Y-△降压启动反接制动正反转控制线路原理图

5.5.2　Y-△降压启动反接制动控制线路

合上电源开关 QS。

103

正向启动控制：按下启动按钮 SB2，接触器 KM1 线圈得电，KM1-1 闭合自锁；KM1-2 断开对 KM2 连锁；KM1-3 闭合，接触器 KM3 线圈得电，KM3 动断触点断开对 KM4 连锁；接触器 KM5 线圈得电，KM5 主触点闭合，将限流电阻短接；KM1、KM3 主触点闭合，电动机 M 绕组连接成 Y 正向降压启动；时间继电器 KT 线圈得电，KT-1 延时断开，KM3 线圈断电，KM3 触点复位；KT-2 延时闭合，接触器 KM4 线圈得电，KM4-1 闭合自锁；KM4-2 断开对 KM3 连锁，同时时间继电器 KT 线圈断电，KT 触点复位，为下次启动作准备；KM4 主触点闭合，电动机 M 绕组连接成△正向全压运转。当电动机转速上升到 120r/min 时，速度继电器 KS-1 闭合，为停止时反接制动作准备。

反向启动控制：按下启动按钮 SB3，接触器 KM2 线圈得电，KM2-1 闭合自锁；KM2-2 断开对 KM1 连锁；KM2-3 闭合，接触器 KM3 线圈得电，KM3 动断触点断开对 KM4 连锁；接触器 KM5 线圈得电，KM5 主触点闭合，将限流电阻短接；KM2、KM3 主触点闭合，电动机 M 绕组连接成 Y 反向降压启动；时间继电器 KT 线圈得电，KT-1 延时断开，KM3 线圈断电，KM3 触点复位；KT-2 延时闭合，接触器 KM4 线圈得电，KM4-1 闭合自锁；KM4-2 断开对 KM3 连锁，同时时间继电器 KT 线圈断电，KT 触点复位，为下次启动作准备；KM4 主触点闭合，电动机 M 绕组连接成△反向全压运转。当电动机转速上升到 120r/min 时，速度继电器 KS-2 闭合，为停止时反接制动作准备。

停止控制：按下停止按钮 SB1，SB1-1 断开，KM1（或 KM2）线圈断电，KM1-1（或 KM2-1）断开解除自锁；KM1-2（或 KM2-2）闭合解除对 KM2（或 KM1）连锁；KM1-3（或 KM2-3）断开，KM4 线圈断电，KM4 触点复位；电动机 M 断电惯性转动。由于 KS-1（或 KS-2）闭合，KM2（或 KM1）线圈得电；SB1-2 闭合，KA 线圈得电，KA-1 和 KA-2 断开对 KM4、KM5、KT 连锁；KA-3 闭合，KM3 线圈得电，KM2（或 KM1）、KM3 主触点闭合，电动机 M 得到反相序电源进行反接制动。当电动机 M 转速下降到 70r/min 以下时，KS-1（或 KS-2）自动断开，KM2（或 KM1）线圈断电，触点复位，电动机停止转动。松开 SB1，KA、KM3 线圈断电，触点复位，反接制动结束。

5.6　延边三角形降压启动能耗制动正反转控制线路

5.6.1　延边三角形降压启动能耗制动正反转控制线路原理图

延边三角形降压启动能耗制动正反转控制线路原理图如图 5-6 所示。

5.6.2　延边三角形降压启动能耗制动正反转控制线路工作原理

合上电源开关 QS。

正向启动控制：按下启动按钮 SB2，接触器 KM1 线圈得电，KM1-1 闭合自锁；KM1-2 断开对 KM2 连锁；KM1-4 断开对 KM5 连锁；KM1-3 闭合，接触器 KM3 线圈得电，KM3 动断触点断开对 KM4 连锁；KM1 主触点闭合，电动机 M 接通正相序电源；KM3 主触点闭合，电动机 M 绕组连接成延边三角形［见图 5-6（b）］进行正向降压启动；时间继电器 KT 线圈得电，KT-1 延时断开，KM3 线圈断电，KM3 触点复位；KT-2 延时闭合，接触器 KM4 线圈得电，KM4-1 闭合自锁；KM4-2 断开对 KM3 连锁，同时 KT 线圈断电，

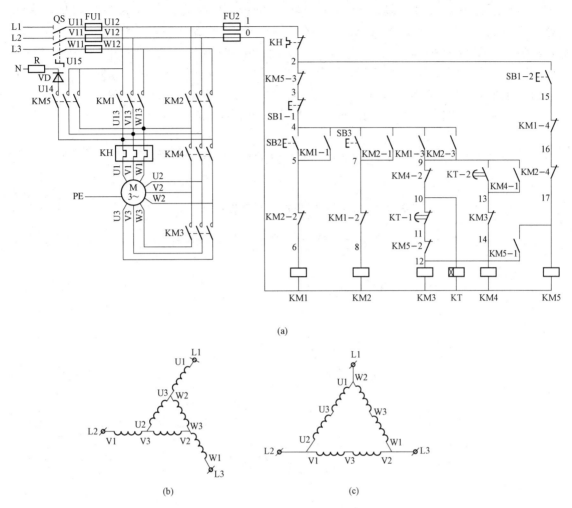

(a)

(b)　　　　　　　　　　　　　(c)

图 5 - 6　延边三角形降压启动能耗制动正反转控制线路原理图

(a) 原理图；(b) 延边三角形接法；(c) 全三角形接法

KT 触点复位为下次启动作准备；KM4 主触点闭合，电动机绕组连接成全三角形［见图 5 - 6 (c)］全压正向运转。

反向启动控制：按下启动按钮 SB3，接触器 KM2 线圈得电，KM2 - 1 闭合自锁；KM2 - 2 断开对 KM1 连锁；KM2 - 4 断开对 KM5 连锁；KM2 - 3 闭合，接触器 KM3 线圈得电，KM3 动断触点断开对 KM4 连锁；KM2 主触点闭合，电动机 M 接通反相序电源；KM3 主触点闭合，电动机 M 绕组连接成延边三角形［见图 5 - 6 (b)］进行反向降压启动；时间继电器 KT 线圈得电，KT - 1 延时断开，KM3 线圈断电，KM3 触点复位；KT - 2 延时闭合，接触器 KM4 线圈得电，KM4 - 1 闭合自锁；KM4 - 2 断开对 KM3 连锁，同时 KT 线圈断电，KT 触点复位为下次启动作准备；KM4 主触点闭合，电动机绕组连接成全三角形［见图 5 - 6 (c)］全压反向运转。

停止控制：按下停止按钮 SB1，SB1 - 1 断开，接触器 KM1（或 KM2）线圈断电，KM1 - 1 （或 KM2 - 1）断开解除自锁；KM1 - 2（或 KM2 - 2）闭合解除对 KM2（或 KM1）连锁；

KM1-4（或 KM2-4）闭合解除对 KM5 连锁；KM1-3（或 KM2-3）断开，KM4 线圈断电，KM4 触点复位；KM1（或 KM2）、KM4 主触点断开，电动机 M 断电惯性转动；SB1-2 闭合，接触器 KM5 线圈得电，KM5-3 断开对 KM1 和 KM2 连锁；KM5-2 断开，KM5-1 闭合，KM3 线圈得电，KM3 和 KM5 主触点闭合，电动机 M 连接成延边三角形，同时电动机 M 通入由二极管 VD 整流的直流电源进行能耗制动，电动机迅速停止转动。松开 SB1，KM5、KM3 线圈断电，KM5 和 KM3 触点复位，能耗制动过程结束。

5.7 双速电动机自变速的正反转控制线路

5.7.1 双速电动机自变速的正反转控制线路原理图

双速电动机自变速的正反转控制线路原理图如图 5-7 所示。

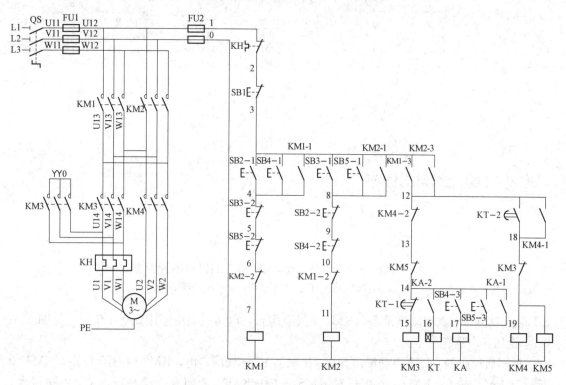

图 5-7 双速电动机自动变速的正反转控制线路原理图

5.7.2 双速电动机自变速的正反转控制线路工作原理

合上电源开关 QS。

正向低速启动控制：按下启动按钮 SB2，SB2-2 断开对 KM2 连锁；SB2-1 闭合，接触器 KM1 线圈得电，KM1-1 闭合自锁；KM1-2 断开对 KM2 连锁；KM1-3 闭合，接触器 KM3 线圈得电，KM3 动断触点断开对 KM4 连锁；KM1 主触点闭合，电动机 M 接通正相序电源；KM3 主触点闭合，电动机 M 绕组连接成三角形进行正向降压运转。

反向低速启动控制：按下启动按钮 SB3，SB3-2 断开对 KM1 连锁；SB3-1 闭合，接触器 KM2 线圈得电，KM2-1 闭合自锁；KM2-2 断开对 KM1 连锁；KM2-3 闭合，接触器 KM3 线圈得电，KM3 动断触点断开对 KM4 连锁；KM2 主触点闭合，电动机 M 接通反相序电源；KM3 主触点闭合，电动机 M 绕组连接成三角形进行反向低速运转。

正向高速启动控制：按下启动按钮 SB4，SB4-2 断开对 KM2 连锁；SB4-1 闭合，接触器 KM1 线圈得电，KM1-1 闭合自锁；KM1-2 断开对 KM2 连锁；KM1-3 闭合，接触器 KM3 线圈得电，KM3 动断触点断开对 KM4 连锁；KM1 主触点闭合，电动机 M 接通正相序电源；KM3 主触点闭合，电动机 M 绕组连接成三角形进行正向低速启动；SB4-3 闭合，中间继电器 KA 线圈得电，KA-1 闭合自锁；KA-2 闭合，时间继电器 KT 线圈得电，KT-1 延时断开，KM3 线圈断电，KM3 触点复位；KT-2 延时闭合，接触器 KM4 和 KM5 线圈得电，KM4-1 闭合自锁；KM4-2 和 KM5 动断触点断开对 KM3 连锁，同时 KT、KA 线圈断电，KT、KA 触点复位为下次启动作准备；KM4 主触点闭合，电动机绕组连接成双星形；KM5 主触点闭合，电动机接通正相序电源高速正向运转。

反向高速启动控制：按下启动按钮 SB5，SB5-2 断开对 KM1 连锁；SB5-1 闭合，接触器 KM2 线圈得电，KM2-1 闭合自锁；KM2-2 断开对 KM1 连锁；KM2-3 闭合，接触器 KM3 线圈得电，KM3 动断触点断开对 KM4 连锁；KM2 主触点闭合，电动机 M 接通反相序电源；KM3 主触点闭合，电动机 M 绕组连接成三角形进行反向低速启动；SB5-3 闭合，中间继电器 KA 线圈得电，KA-1 闭合自锁；KA-2 闭合，时间继电器 KT 线圈得电，KT-1 延时断开，KM3 线圈断电，KM3 触点复位；KT-2 延时闭合，接触器 KM4 和 KM5 线圈得电，KM4-1 闭合自锁；KM4-2 和 KM5 动断触点断开对 KM3 连锁，同时 KT、KA 线圈断电，KT、KA 触点复位为下次启动作准备；KM4 主触点闭合，电动机绕组连接成双星形；KM5 主触点闭合，电动机接通反相序电源高速反向运转。

停止控制：按下停止按钮 SB1，接触器 KM1（或 KM2）线圈断电，KM1-1（或 KM2-1）断开解除自锁；KM1-2（或 KM2-2）闭合解除对 KM2（或 KM1）连锁；KM1-3（或 KM2-3）断开，KM4 和 KM5 线圈断电，KM4 和 KM5 触点复位；KM1（或 KM2）、KM4 和 KM5 主触点断开，电动机 M 断电停止转动。

5.8 双速电动机自变速的半波整流能耗制动控制线路

5.8.1 双速电动机自变速的半波整流能耗制动控制线路原理图

双速电动机自变速的半波整流能耗制动控制线路原理图如图 5-8 所示。

5.8.2 双速电动机自变速的半波整流能耗制动控制线路工作原理

合上电源开关 QS。

低速运行控制：按下启动开关 SB2，接触器 KM1 线圈得电，KM1-1 闭合自锁；KM1-2 断开对 KM2 和 KM3 连锁；KM1-3 断开对 KM4 连锁；KM1 主触点闭合，电动机 M 连接成△低速启动运转。

高速运行控制：按下启动按钮 SB3，中间继电器 KA 线圈得电，KA-1 闭合自锁；KA-2

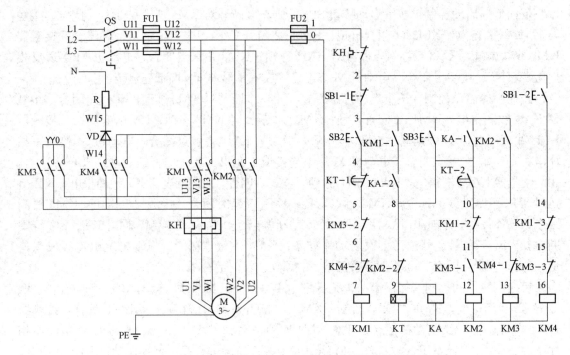

图 5-8 双速电动机自变速的半波整流能耗制动控制线路原理图

闭合，接触器 KM1 线圈得电，KM1-1 闭合自锁；KM1-2 断开对 KM2 和 KM3 连锁；KM1-3 断开对 KM4 连锁；KM1 主触点闭合，电动机 M 连接成△低速启动；时间继电器 KT 线圈得电，KT-1 延时断开，KM1 线圈断电，KM1-1 断开解除自锁；KM1-3 闭合解除对 KM4 连锁；KM1-2 闭合解除对 KM2 和 KM3 连锁；KT-2 延时闭合，KM3-2 断开对 KM1 连锁；KM3-3 断开对 KM4 连锁；KM3-1 闭合，KM2 线圈得电，KM2-1 闭合自锁；KM2-2 断开，KA、KT 线圈断电，KA、KT 触点复位为下次启动作准备；KM3 主触点闭合，将电动机 M 连接成双星形；KM2 主触点闭合，电动机 M 得电高速运转。

停止时：按下停止按钮 SB1，SB1-1 断开，接触器 KM1（或 KM2、KM3）线圈断电，KM1（或 KM2、KM3）触点复位，电动机 M 断电惯性转动；SB1-2 闭合，接触器 KM4 线圈得电，KM4-1 断开对 KM3 和 KM2 连锁；KM4-2 断开对 KM1 连锁；KM4 主触点闭合，电动机 M 通入由二极管 VD 半波整流的直流电进行能耗制动，电动机迅速停止转动；松开 SB1，KM4 线圈断电，KM4 触点复位，能耗制动过程结束。

第 6 章

典型机床电气控制线路

6.1 CA6140 型卧式车床控制线路应用

在工业生产机械设备中，车床是一种应用十分广泛的金属切削机床。CA6140 因为可以进行内圆、外圆、端面、切断、改螺纹等功能而被广泛地应用在工业生产过程中。

6.1.1 CA6140 型卧式车床的结构与型号

1. CA6140 型卧式车床的结构

CA6140 型卧式车床主要由主轴箱、进给箱、溜板箱、卡盘、方刀架、尾座、挂轮架、光杠、丝杠、大溜板、中溜板、小溜板、床身、左床座和右床座等组成。

2. CA6140 型卧式车床的型号

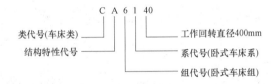

6.1.2 CA6140 型卧式车床电路图

CA6140 型卧式车床电路图如图 6-1 所示。

6.1.3 CA6140 型卧式车床控制线路工作原理

1. 电源电路分析

电源电路位于车床电气控制线路图的上方，三相交流电由钥匙式按钮 SB 控制，再通过断路器 QF 引入，作为主轴电动机、冷却泵电动机和刀架快速移动电动机的电源；控制电路的电源经控制变压器降压后分别供给接触器和中间继电器（110V）、照明灯（24V）以及信号灯（6V）。

2. 主电路分析

（1）CA6140 型卧式车床的主电路共有三台电动机，主轴电动机 M1 由接触器 KM 控制，带动主轴旋转和驱动刀架进给运动，由 FU 和断路器 QF 作为短路保护，热继电器 KH1 作为过载保护，接触器 KM 作为欠、失电压保护。

（2）冷却泵电动机 M2 由于容量不大，所以用中间继电器 KA1 来控制，为切削加工过程中提供冷却液，由热继电器 KH2 作为过载保护。

（3）刀架快速移动电动机 M3 由于是点动控制短时工作制且容量不大，故也用中间继电

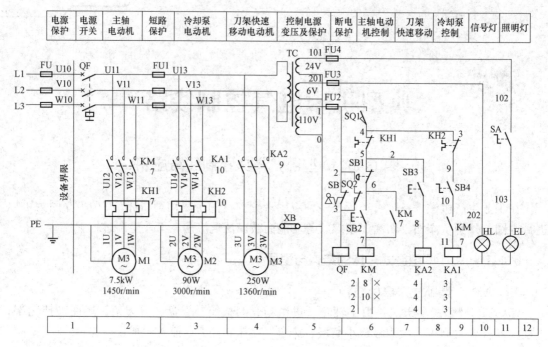

图 6-1 CA6140 型卧式车床电路图

器 KA2 控制且未设过载保护，M3 的功能是拖动刀架快速移动。

3. 安全保护控制

熔断器 FU2 作短路保护。

在正常工作时，行程开关 SQ1 的动合触点闭合，当打开床头皮带罩后，SQ1 的动合触点断开，切断控制电路电源，以确保人身安全。

钥匙式开关 SB 和行程开关 SQ2 在车床正常工作时是断开的，断路器 QF 的线圈不通电，QF 能合闸。

当打开电气控制箱壁龛门时，行程开关 SQ2 闭合，QF 线圈获电，断路器 QF 自动断开，切断车床的电源，以保证设备和人身安全。

4. 主轴电动机 M1 的控制

按下启动按钮 SB2，KM 线圈得电：①KM 自锁触点和 KM 主触点闭合，主轴电动机 M1 启动运行；②KM 辅助动合触点闭合，为 KA1 得电做好准备。

按下停止按钮 SB1，KM 线圈失电，KM 各触点恢复初始状态，主轴电动机 M1 失电停转。

5. 冷却泵电动机 M2 的控制

主轴电动机 M1 和冷却泵电动机 M2 是顺序控制关系，当主轴电动机 M1 启动后，合上转换开关 SB4，中间继电器 KA1 吸合，冷去泵电动机 M2 才能启动。当 M1 停止运行或断开转换开关 SB4 时，M2 停止运行。

6. 刀架快速移动电动机 M3 的控制

刀架的快速移动电动机 M3 由按钮 SB3 控制，与中间继电器 KA2 组成点动控制。先将进给操作手柄搬到所需移动的方向，然后按下 SB3，KA2 得电吸合，电动机 M3 启动运行。

此电动机采用直接启动，不需要正反转和调速，不需过载保护。

7. 照明电路与信号灯电路

变压器输出的 24V 和 6V 交流电压，分别为车床照明灯和电源信号灯提供电源。EL 为车床的照明灯，由转换开关 SA 控制。HL 为电源指示信号灯，合上电源总开关 QF，信号灯 HL 亮，拉下电源开关，信号灯 HL 熄灭。

6.2　C620 型卧式车床控制线路应用

6.2.1　CA620 型普通车床的结构与型号

1. CA620 型车床的结构

CA620 型车床主要由主轴箱、床鞍、中滑板、转盘、方刀架、小滑板、尾座、床身、右床脚、光杠、丝杠、溜板箱、左床脚、进给箱、交换齿轮架、操纵手柄等组成。

2. CA620 型车床的型号

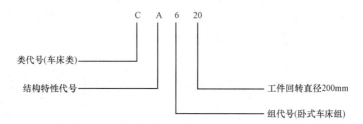

6.2.2　C620 型卧式车床电路图

C620 型卧式车床的电气控制原理图如图 6-2 所示。

6.2.3　C620 型卧式车床工作原理

1. 电源电路分析

电源电路位于车床电气控制线路图的上方，三相交流电由组合开关 QS 引入，作为主轴电动机、冷却泵电动机和刀架快速移动电动机的电源；控制电路的电源经控制变压器降压后分别供给接触器和中间继电器（110V）、照明灯（24V）以及信号灯（6V）。

2. 主电路分析

主轴电动机 M1 的启停由 KM1 的主触点控制，主轴通过摩擦离合器实现正反转；主轴电动机启动后，才能启动冷却泵电动机 M2，是否需要冷却，由转换器开关 SA1 控制。熔断器 FU1 为电动机 M2 提供短路保护。热继电器 KH1 和 KH2 为电动机 M1 和 M2 的过载保护，他们的动断触点串联接在控制电路中。

3. 主轴电动机 M1 的控制

主轴电动机的控制过程：合上电源开关 QS1，按下启动按钮 SB2，接触器 KM1 线圈通电使铁心吸合，电动机 M1 由 KM1 的三个主触点吸合而通电启动运转，同时并联在 SB2 两端的 KM1 辅助触点（6—7）吸合，实现自锁；按下停止按钮 SB1，M1 停转。

4. 冷却泵电动机 M2 的控制

冷却泵电动机的控制过程：当主轴电动机 M1 启动后（KM1 主触点闭合），合上 SA1，

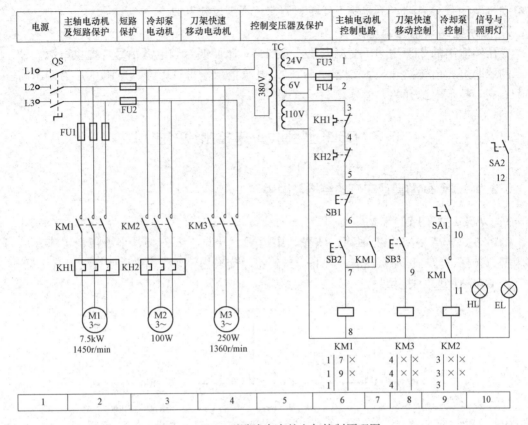

图 6-2　C620 型卧式车床的电气控制原理图

电动机 M2 得电运行；若要关掉冷却泵，断开 SA1 即可；当 M1 停转后，M2 也停转。

只要电动机 M1 和 M2 中的任何一台过载，其相对应的热继电器的动断触点断开，从而使控制电路失电，接触器 KM1 释放，所有的电动机停转。FU2 为控制电路的短路保护。另外，控制电路还具有欠电压保护，因为当电源电压低于接触器 KM1 线圈额定电压的 85%时，KM1 会自行释放。

5. 刀架快速移动电动机 M3 的控制

刀架的快速移动电动机 M3 由按钮 SB3 控制，与交流接触器 KM3 组成点动控制。先将进给操作手柄扳到所需移动的方向，然后按下 SB3，KM3 得电吸合，电动机 M3 启动运行。此电动机采用直接启动，不需要正反转和调速，不需过载保护。

6. 照明电路与信号灯电路

变压器输出的 24V 和 6V 交流电压，分别为车床照明灯和电源信号灯提供电源。EL 为车床的照明灯，由转换开关 SA2 控制。合上开关 SA2 照明灯 EL 亮，断开开关 SA2 照明灯 EL 灭。HL 为电源指示信号灯，合上电源总开关 QF，信号灯 HL 亮，拉下电源开关，信号灯 HL 熄灭。

6.3　M7130 型卧轴矩台平面磨床控制线路应用

磨床是用砂轮的周边或端面对工件的表面进行磨削加工的一种精密机床。磨床的种类很多，根据用途不同可分为平面磨床、内圆磨床、外圆磨床、无心磨床等。

6.3.1　M7130 型卧轴矩台平面磨床的结构与型号

1. M7130 型平面磨床的结构

M7130 型平面磨床是卧轴矩形工作台式，主要由床身、工作台、电磁吸盘、砂轮架（又称磨头）、滑座和立柱等部分组成。

2. M7130 型平面磨床的型号

6.3.2　M7130 型平面磨床电路图

M7130 型平面磨床的电气控制原理图如图 6-3 所示。

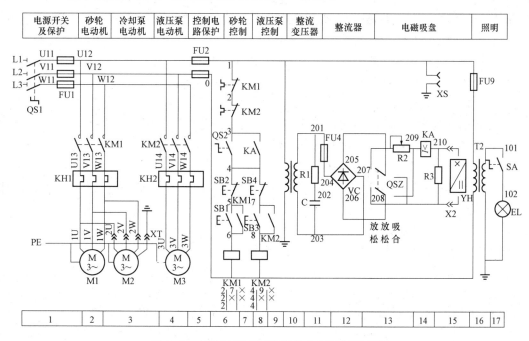

图 6-3　M7130 型平面磨床的电气控制原理图

6.3.3　M7130 型平面磨床的控制线路工作原理

1. 电源电路分析

电源电路位于磨床电气控制线路图的上方，三相交流电由组合开关 QS1 控制，作为砂轮电动机、冷却泵电动机和液压泵电动机的电源；控制电路的电源经控制变压器 T1 降压后（145V）供给电磁吸盘 YH，变压器 T2 将 380V 交流电转变成 24V 的安全电压，为照明灯提供电源。

2. 主电路分析

主电路共有三台电动机，砂轮电动机 M1 由接触器 KM1 控制，拖动砂轮高速旋转，实现对工件磨削加工。由 FU1 作为短路保护，热继电器 KH1 作为过载保护，接触器 KM1 作为欠电压和失电压保护。

冷却泵电动机 M2 用交流接触器 KM1 和接插器 X1 来控制，为加工过程提供冷却液，同样由热继电器 KH1 作为过载保护，接触器 KM1 作为欠电压和失电压保护。

液压泵电动机 M3 是由交流接触器 KM2 控制的，为液压系统提供动力，带动工作台往返运动以及砂轮架进给运动，M3 的短路保护由熔断器 FU1 实现，过载保护由热继电器 KH2 实现。

3. 控制电路分析

控制电路采用 380V 交流电压供电，由熔断器 FU2 作短路保护。

（1）砂轮电动机 M1 的控制。在电动机的控制电路中，串接着转换开关 QS2 的动合触点和欠电压继电器 KA 的动合触点，因此，3 台电动机起动的条件使 QS2 或 KA 的动合触点闭合，欠电流继电器 KA 线圈串接在电磁吸盘 YH 工作电路中，所以当电磁吸盘得电工作时，欠电流继电器 KA 线圈得电吸合，接通砂轮电动机 M1 和液压泵继电器 M3 的控制电路，这样就保证了加工工件被 YH 吸住的情况下，砂轮和工作台才能进行磨削加工，保证了人身及设备的安全。

（2）冷却泵电动机 M2 的控制。按下 SB1，砂轮电动机 M1 启动后，接上插接器 X1 后，接上时，冷却泵 M2 启动运行。按下 SB2，冷却泵 M2 停止运行，热继电器 KH1、KH2 作过载保护。

（3）液压泵电动机 M3 的控制。按下 SB3，交流接触器 KM2 线圈得电并自锁，KM2 主触头闭合，液压泵 M3 运行，通过液压机构带动工作台纵向进给和砂轮架横向进给以及垂直进给；按下 SB4，KM2 失电，电动机 M3 停止运行。

（4）电磁吸盘电路。电磁吸盘控制电路由整流电路、电磁吸盘控制电路及电磁吸盘的保护电路等部分组成。

1）整流电路。整流变压器 T1 将 220V 的交流电压降为 145V，然后经桥式整流器 VC 后输出 110V 直流电压，作为电磁吸盘线圈的电源。

2）电磁吸盘控制电路。QS2 是电磁吸盘 YH 的转换开关，有"吸合""放松"和"退磁"3 个位置。

当 QS2 扳至"吸合"位置时，QS2（205—208）和（206—209）触点闭合，110V 直流电压接入电磁吸盘 YH，工件被牢牢吸住。此时，欠电流继电器 KA 的线圈得电吸合，KA 的动合触点（8 区）闭合，为砂轮电动机和液压电动机的控制电路得电做好准备。

当 QS2 扳至"放松"位置时，加工完毕，由于工件具有剩磁而不能取下，因此，必须进行退磁。

将 QS2 扳到"退磁"位置时，触点闭合，电磁吸盘 YH 通入较小的反向电流进行退磁。退磁结束，将 QS2 扳回到"放松"位置，即可将工件取下。

如果有些工件不易退磁时，可将附件退磁器的插头插入插座 XS，使工件在交变磁场的作用下进行退磁。

若将工件夹在工作台上，而不需要电磁吸盘时，则应将电磁吸盘 YH 的 X2 插头从插座上拔下，同时将转换开关 QS2 扳到退磁位置。这时，接在控制电路中 QS2 的动合触点闭合，接通电动机控制电路。

3）电磁吸盘的保护电路。电磁吸盘的保护电路是放电。电阻 R3 是电磁吸盘的放电电阻。因为电磁吸盘的电感很大，在电磁吸盘从"吸合"状态转变为"放松"状态的瞬间，线圈两端将产生很大的自感电动势，易使线圈或其他电器由于过电压而损坏。电阻 R3 的作用是在电磁吸盘断电瞬间给线圈提供放电通路，吸收线圈释放的磁场能量。欠电流继电器 KA 用以防止电磁吸盘断电时给工件脱出发生事故。

电阻 R 与电容器 C 的作用是防止电磁吸盘电路交流侧的过电压。熔断器 FU4 为电磁吸盘提供短路保护。

（5）照明电路分析。照明变压器 T2 将 380V 的交流电压降为 36V 的安全电压它提供照明电路。EL 为照明灯，一端接地，另一端有开关 SA 控制。熔断器 FU3 做照明电路的短路保护。

6.4　M1432A 型万能外圆磨床

6.4.1　M1432A 型万能外圆磨床的结构与型号

1. M1432A 型万能外圆磨床的结构

M1432A 型万能外圆磨床是卧轴矩形工作台式，主要由床身、工作台、电磁吸盘、砂轮架（又称磨头）、滑座和立柱等部分组成。

2. M1432A 型万能外圆磨床的型号

6.4.2　M1432A 型万能外圆磨床电路图

M1432A 型万能外圆磨床的电气控制原理图如图 6-4 所示。

6.4.3　M1432A 型万能外圆磨床工作原理

1. 电源电路分析

电源电路位于磨床电气控制线路图的上方，三相交流电由组合开关 QS1 引入，作为各个电动机的工作电源；控制电路的电源经控制变压器降压后分别供给各个接触器（110V）、照明灯（24V）以及信号灯（6V）的工作电压。

2. 主电路分析

主电路共有五台电动机。其中 M1 是液压油泵电动机，给液压传动系统供给压力油；M2 是双速电动机，是能带动工件旋转的头架电动机；M3 是内圆砂轮电动机；M4 是外圆砂轮电动机；M5 是给砂轮和工件供冷却液的冷却泵电动机。五台电动机都具有短路保护和过载保护。

3. 控制电路

（1）液压泵电动机 M1 的控制。启动时按下启动按钮 SB2，接触器 KM1 线圈得电吸合，KM1 主触点闭合，液压泵电动机 M1 启动。只有当液压泵电动机 M1 启动后，其余的电动机才能启动。

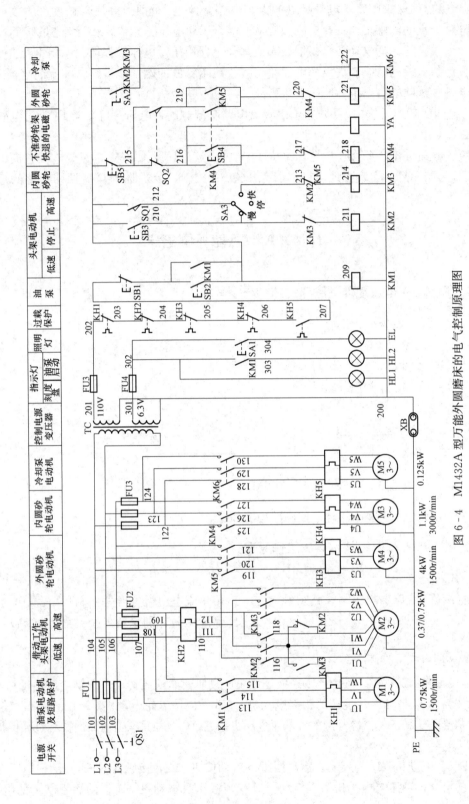

图 6-4 M1432A 型万能外圆磨床的电气控制原理图

（2）头架电动机 M2 的控制。如将 SA1 扳到"低"挡的位置，按下液压泵电动机 M1 的启动按钮 SB2，接触器 KM1 线圈得电吸合，液压泵电动机 M1 启动，砂轮架快速前进，当接近工件时压合行程开关 SQ1、接触器 KM2 线圈得电吸合，它的主触点将头架电动机 M2 的绕组接成△联结，电动机 M2 低速运转。同理若将转速选择开关 SA1 扳到"高"挡位置，砂轮架快速前进压合行程开关 SQ1、接触器 KM3 线圈得电吸合，它的主触点闭合将头架电动机 M2 接成双星形联结，电动机 M2 高速运转。SB3 是点动按钮，便于对工件进行校正和调试。

（3）内、外圆砂轮电动机 M3 和 M4 的控制。SQ2 的动合触点闭合，按下启动按钮 SB4，接触器 KM5 线圈得电吸合，外圆砂轮电动机 M4 启动。若进行内圆磨削时，将内圆磨具翻下，行程开关 SQ2 复原，按下 SB4，接触器 KM4 线圈得电吸合，内圆砂轮电动机 M3 启动。

SQ2 的动合触点复位时，电磁铁 YA 线圈得电吸合，砂轮架快速进退的操纵手柄锁住液压回路，使砂轮架不能快速退回。

（4）冷却泵电动机 M5 的控制。当接触器 KM2 或 KM3 线圈得电吸合时，头架电动机 M2 启动，同时由于 KM2 或 KM3 的动合辅助触点闭合，接触器 KM6 线圈得电吸合，KM6 主触点闭合，冷却泵电动机 M5 启动。修整砂轮时，要启动冷却泵电动机 M5，因此备有转换开关 SA2 在修整砂轮时用来控制冷却泵电动机。

4. 照明、指示

将开关 QS 合上后，控制变压器 TC 输出电压，电源指示 HL 亮，FU6 作为它的短路保护。照明灯 EL 由开关 SA1 控制，由熔断器 FU5 作为短路保护，将开关 SA1 闭合，照明灯亮，将 SA1 断开，照明灯灭。

5. 油泵电动机的控制

按下启动按钮 SB2，KM1 得电吸合并通过触点 KM1（8—9）自锁，油泵电动机 M1 启动，按下停止按钮 SB1，KM1 失电，油泵电动机停止。由于其他电动机与 M1 构成顺序控制，所以只有在油泵电动机启动之后其他电动机才能启动。

6. 头架电动机的控制

头架电动机 M2 是一个双速电动机，由开关 SA3 选择其运行方式（低速、停、高速）。将 SA3 扳到"低速"，按下按钮 SB2，KM1 吸合并自锁，油泵电动机 M1 启动，通过液压传动使砂轮架快速前进，当砂轮架接近工件时，位置开关 SQ 被压合，头架电动机三角形接法低速运转。磨削完毕后，砂轮架退回原位，SQ1 复位断开，KM2 断电，电动机 M2 停止。将 SA3 扳到"高速"，按下按钮 SB2，油泵电动机启动，接近工件时，SQ1 被压合，KM3 吸合，头架电动机双星形接法高速运转。通过 SB3 可以点动进行校正或调整。磨削完毕后，砂轮架退回原位，SQ1 复位断开，KM3 断电，电动机 M2 停止。

7. 内、外圆砂轮电动机的控制

内、外圆砂轮电动机由位置开关 SQ2 来互锁，使其不能同时启动，当内圆磨具上翻时，SQ2 被压合，其动断触点 SQ2（15—16）断开，动合触点 SQ2（15—19）闭合；按下按钮 SB4，KM5 吸合并自锁，此时可以进行外圆磨削加工。当内圆磨具下翻时，SQ2 松开复位，其动断触点（15—16）闭合，动合触点（15—19）断开，按下按钮 SB4，KM4 吸合并自锁，内圆砂轮电动机启动，电磁铁 YA 线圈得电吸合，砂轮架快退的操作手柄锁住液压回路，使砂轮架不能快速退回。内圆磨具如图 8 - 3 所示，它可以绕如图所示轴线箭头方向上翻或向下翻。

8. 冷却泵电动机 M5 的控制

通过动合触点 KM2（9—22）、KM3（9—22），冷却泵电动机 M5 随头架电动机 M2 同时启动。在修整砂轮时，不需要启动头架电动机，可以通过开关 SA2 单独启动冷却泵。

6.5　M7475B 型立轴圆台平面磨床

6.5.1　M7475B 型立轴圆台平面磨床的结构与型号

1. M7475B 型立轴圆台平面磨床的结构

M7475B 型立轴圆台平面磨床主要由床身、圆工作台、电磁吸盘、砂轮架、滑座和立柱等部分组成。

2. M7475B 型立轴圆台平面磨床的型号

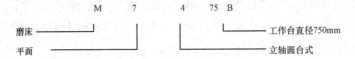

6.5.2　M7475B 型立轴圆台平面磨床电路图

M7475B 型立轴圆台平面磨床的电气控制原理图如图 6 - 5 所示。

6.5.3　M7475B 型立轴圆台平面磨床工作原理

1. 电源电路分析

电源电路位于磨床电气控制线路图的上方，三相交流电由组合开关 QS 引入，作为各个电动机的电源；控制电路的电源经控制变压器降压后供给各个接触器（110V）、照明灯（24V）以及信号灯（6V）。

2. 主电路分析

主电路共有五台三相交流异步电动机。M1 是砂轮机电动机，由接触器 KM1、KM2 控制实现 Y—□降压启动，并由低压断路器 QF 兼做短路保护。M2 是工作台转动电动机，由 KM3 和 KM4 控制其低速和高速运转，熔断器 FU1 实现短路保护。M3 是工作台移动电动机，由 KM5、KM6 控制其正反转，实现工作台的左右移动。M4 是磨头升降电动机，由 KM7、KM8 控制其正反转。冷却泵电动机 M5 的启动、停止由插接器 X 和接触器 KM9 控制。5 台电动机均用热继电器做过载保护。M3、M4 和 M5 共用熔断器 FU2 作短路保护。

3. 控制电路的分析

控制电路由控制变压器 TC1 的一组抽头提供 220V 的交流电压，由熔断器 FU3 作短路保护。

（1）零电压保护。磨床中工作台转动电动机 M2 和冷却泵电动机 M5 的启动和停止采用无自动复位功能的开关操作，当电源电压消失后开关仍保持原状。为防止电压恢复使 M2 和

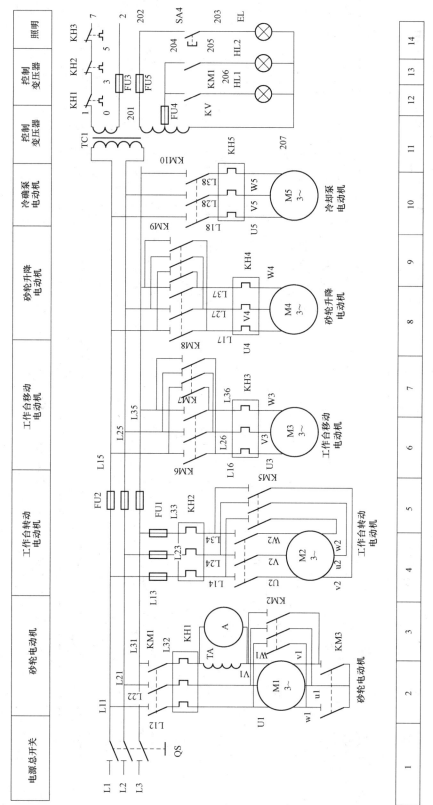

图 6 - 5　M7475B 型立轴圆台平面磨床的电气控制原理图（一）

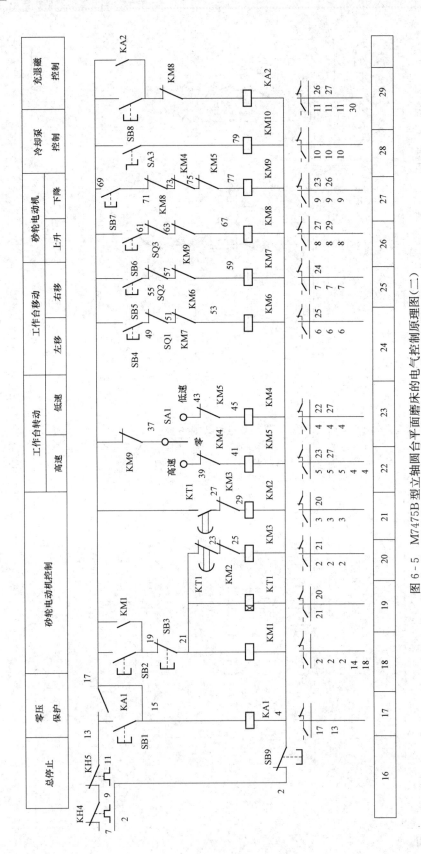

图 6-5 M7475B 型立轴圆台平面磨床的电气控制原理图（二）

M5 自行启动,线路中设置了零压保护环节。在启动各电动机之前,必须先按下 SB2(14区),零压保护继电器 KA1 得电自锁,其自锁动合触点接通控制电路电源。电路断电时,KA1 释放;当恢复供电时,KA1 不会自行得电,从而实现零压保护。

(2)砂轮电动机 M1 的控制。合上电源开关 QS(1 区),将工作台高、低速转换开关 SA1(23—25 区)置于零位,按下 SB2 使 KA1 通电吸合后,再按下启动按钮 SB3(16 区),KT 和 KM1 同时得电动作,KM1 的动断辅助触点(19 区)断开对 KM2 连锁,KM1 的动合辅助触点闭合自锁,其主触点闭合使电动机的定子绕组接成 Y 启动。

经过延时,时间继电器 KT 延时断开的动断触点(20 区)断开,KM1 断电释放,M1 失电作惯性运转。KM1 的动断辅助触点(19 区)闭合为 KM2 得电作准备。同时 KT 延时闭合的触点(21 区)闭合,接触器 KM2 得电动作并自锁,其主触点(4 区)闭合使 M1 的定子绕组接成△;而 KM2 的另一对动合辅助触点(22 区)闭合,KM1 重新得电动作,将电动机 M1 电源接通,使电动机定子绕组接成△进入正常运行状态。

该控制线路在电动机 M1 的定子绕组 Y - △转换的过程中,要求 KM1 线断电释放,然后 KM2 得电吸合,接着 KM 再得电吸合。其原因是接触器 KM2 的触点容量(40A)比 KM1(75A)小,且线路中用 KM2 的动断辅助触点将电动机 M1 的定子绕组接成 Y,而辅助触点的断流能力又远小于主触点。因此,首先使 KM1 释放,切断电源,使 KM2 在触点没有通过电流的情况下动作,将电动机定子绕组接成三角形,再使 KM1 动作,重新接通电动机电源。如果 KM1 不先断电释放而直接使 KM2 动作,则 KM2 的辅助触点要断开大电流,这可能会将触点烧坏。更严重的是,由于再断开大电流是要产生强烈的电弧,而辅助触点的灭弧能力又差,到 KM2 的主触点闭合时,它的辅助触点间的电弧可能尚未熄灭,从而将产生电源短路事故。

停车时,按下停止按钮 SB4(20 区),接触器 KM1、KM2 和时间继电器 KT 断电释放,砂轮电动机 M1 失电停转。

(3)工作台转动电动机 M2 的控制。工作台转动电动机 M2 由转换开关 SA1 控制,有高速和低速两种旋转速度。将 SA1 扳到低速位置,接触器 KM3 得电吸合,M2 定子绕组接成三角形低速运转,带动工作台低速运转。将 SA1 扳到高速位置,接触器 KM4 得电吸合,M2 定子绕组接成双星形,带动工作台高速转动。将 SA1 扳到中间位置,KM3 和 KM4 均失电,M2 停止运转。

(4)工作台移动电动机 M3 的控制。工作台移动电动机采用点动控制,分别由按钮 SB5(26 区)、SB6(27 区)控制其正反转。按下按钮 SB5,KM5 吸合,M3 正转,带动工作台向左移动;按下 SB6,KM6 吸合,M3 反转带动工作台右移动。工作台的左移和右移分别用限位开关 SQ1 和 SQ2 作限位保护。当工作台移动到极限位置时,压动位置开关 SQ1 或 SQ2,断开 KM5 或 KM6 线圈电路,使 M3 失电停转,工作台停止移动。

(5)磨头升降电动机 M4 的控制。磨头升降电动机也采用了点动控制。按下上升按钮 SB7(28 区),接触器 KM7 吸合,M4 得电正转,拖动磨头向上运动。按下下降按钮 SB8(29 区),接触器 KM8 吸合,M4 反转,拖动磨头向下运动。磨头的上升限位保护由位置开关 SQ3 实现。

在磨头的下降过程中,不允许工作台转动,否则将发生机械事故。因此,在工作台转动控制线路中,串接磨头下降,接触器 KM8 的动断辅助触点(24 区),当 KM8 吸合磨头下降时，切断工作台控制电路。在工作台转动时，不允许磨头下降，因此，在工作台转动控制线路中，串接磨头下降接触器 KM3 和 KM4 的动断触点（29 区），使工作台转动时切断磨头下降的控制电路，实现电器连锁。

（6）冷却泵电动机 M5 的控制。冷却泵电动机 M5 由接插器 X（12 区）和接触器 KM9 控制。当加工过程中需要冷却液时，将接插器插好，然后将开关 SA2（30 区）接通，KM9 通电吸合，M5 启动运转，断开 SA2，KM9 断电释放，M5 停转。

6.6 M7120 型卧轴矩台平面磨床

6.6.1 M7120 型平面磨床的结构与型号

1. M7120 型平面磨床的结构

M7120 型平面磨床是卧轴矩形工作台式，主要由床身、工作台、电磁吸盘、砂轮架（又称磨头）、滑座和立柱等部分组成。

2. M7120 型平面磨床的型号

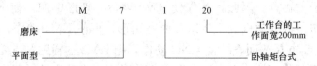

6.6.2 M7120 型平面磨床的电路

M7120 型平面磨床的电气控制原理图如图 6-6 所示。

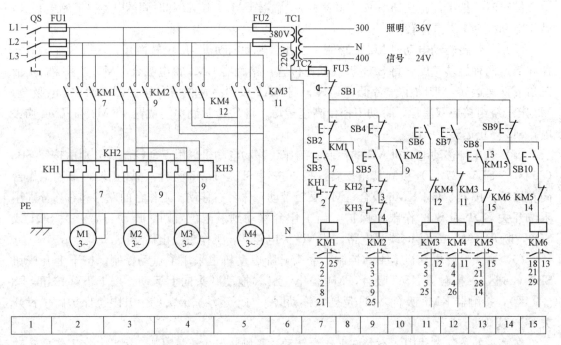

图 6-6 M7120 型平面磨床的电气控制原理图（一）

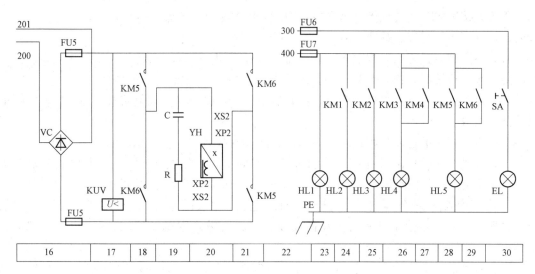

图 6-6　M7120 型平面磨床的电气控制原理图（二）

6.6.3　M7120 型平面磨床的控制线路工作原理

1. 电源电路分析

电源电路位于磨床电气控制线路图的上方，三相交流电由组合开关 QS 引入，作为各个电动机的电源；控制电路的电源经控制变压器降压后供给各个接触器（110V）、照明灯（24V）以及信号灯（6V）。

2. 主电路分析

主电路中共有 4 台电动机。其中 M1 为液压泵电动机，用来拖动工作台和砂轮的往复运动，由 KM1 主触点控制；M2 为砂轮电动机，用来带动砂轮做高速旋转；M3 为冷却泵电动机，用以供给砂轮和磨削工件冷却液，同时带走磨削屑，保证磨削环境，同由 KM2 的主触点控制；M4 为砂轮箱升降电动机，控制砂轮做上下垂直运动，由 KM3、KM4 的主触点分别控制。FU1 对 4 台电动机和控制电路进行短路保护，KH1、KH2、KH3 分别对 M1、M2、M3 进行过载保护。砂轮升降电动机因运转时间很短，所以不设置过载保护。

3. 控制电路分析

当电源正常时，合上电源总开关 QS1，电压继电器 KV 的动合触点闭合，可进行操作。

（1）液压泵电动机 M1 控制。其控制电路位于 7、8 区，如果电源电压正常，欠电压继电器 KA 的线圈吸合，KA 的动合触点闭合。按下启动 SB3，接触器 KM1 得电，电动机 M1 启动运行。按下停止 SB2，接触器 KM1 失电，电动机 M1 停止运行。

（2）砂轮电动机 M2 的控制。其控制电路位于 9 区、10 区，按下启动 SB5，交流接触器 KM2 得电，M2 启动运行。按下停止 SB4，交流接触器 KM2 失电，M2 停止运行。

（3）冷却泵电动机 M3 控制。冷却泵电动机 M3 通过接触器 KM2 控制，因此 M3 与砂轮电动机 M2 是联动控制。按下 SB5 时 M3 与 M2 同时启动，按下 SB4 时 M3 与 M2 同时停止。KH2 与 KH3 的动断触点串联在 KM2 线圈回路中。M2、M3 中任一台过载时，相应的热继电器动作，都将使 KM2 线圈失电，M2、M3 同时停止。

（4）砂轮升降电动机控制。其控制电路位于 11 区、12 区，采用点动控制。砂轮上升控制过程为，按下 SB6，交流接触器 KM3 得电，电动机 M4 启动正转。当砂轮上升到预定位置时，松开 SB6，交流接触器 KM3 失电，电动机 M4 停止运行。

砂轮下降控制过程为，按下 SB7，交流接触器 KM4 得电，电动机 M4 启动反转。当砂轮下降到预定位置时，松开 SB7，交流接触器 KM4 失电，电动机 M4 停转。

（5）电磁吸盘电路。电磁吸盘电路由整流电路、电磁吸盘控制电路及电磁吸盘的保护电路等部分组成。

电磁吸盘充磁的控制过程：按下 SB9，交流接触器 KM5 得电（自锁），YC 充磁。

电磁吸盘退磁的控制过程：工件加工完毕需取下时，先按下 SB8，切断电磁吸盘的电源，由于吸盘和工件都有剩磁，所以必须对吸盘和工件退磁。退磁过程为：按下 SB8、SB10，交流接触器 KM6 得电，YC 退磁，此时电磁吸盘线圈通入反向的电流，以消除剩磁。由于去磁时间太长会使工件和吸盘反向磁化，因此去磁采用点动控制。松开 SB10 则去磁结束。

电磁吸盘是一个比较大的电感，当线圈断电瞬间，将会在线圈中产生较大的自感电动势。为防止自感电动势太高而破坏线圈的绝缘，在线圈两端接有 RC 组成的放电回路，用来吸收线圈断电瞬间释放的磁场能量。

当电源电压不足或整流变压器发生故障时，吸盘的吸力不足，这样在加工过程中，会使工件高速飞离而造成事故。为防止这种情况，在线路中设置了欠电压继电器 KV，其线圈并联在电磁吸盘电路中，其动合触点串联在控制线路中。当电源电压不足或为零时，KV 动合触点断开，使 KM1、KM2 断电，液压泵电动机和砂轮电动机停转，确保安全生产。

（6）辅助电路分析。辅助电路主要是信号指示和局部照明电路。其中，HL6 为局部照明灯，由变压器 TC 供电，工作电压为 24V，由手动开关 QS2 控制。其信号灯也由 TC 供电，工作电压为 6V。HL1 为电源指示灯；HL2 为 M1 运转指示灯；HL3 为 M2 运转指示灯；HL4 为 M4 运转指示灯；HL5 为电磁吸盘工作指示灯。

6.7　Z35 型摇臂钻床控制线路应用

6.7.1　Z35 型摇臂钻床的结构与型号

1. Z35 型摇臂钻床的结构

Z35 型摇臂钻床主要由底座、内立柱、外立柱、摇臂、升降丝杠、主轴箱、工作台等部分组成。

2. Z35 型摇臂钻床的型号

6.7.2　Z35 型摇臂钻床电路图

Z35 型摇臂钻床的电气控制原理图如图 6-7 所示。

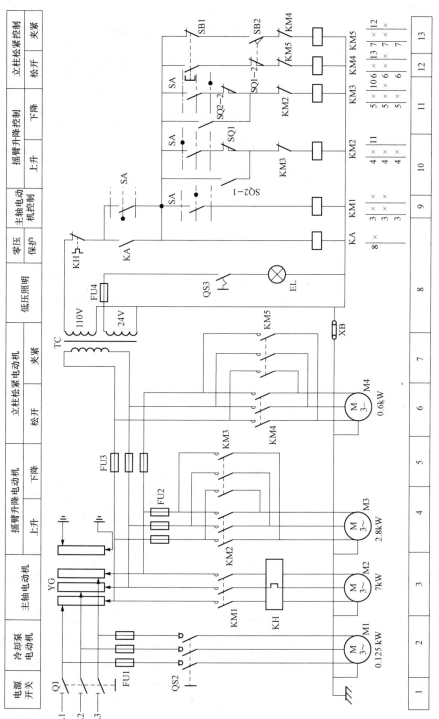

图 6 - 7　Z35 型摇臂钻床的电气控制原理图

6.7.3　Z35型摇臂钻床工作原理

1. 主电路分析

Z35型摇臂钻床有四台电动机。即主轴电动机 M2、摇臂升降电动机 M3、立柱夹紧与松开电动机 M4 及冷却泵电动机 M1。

主轴电动机 M2 只能正转。为满足攻螺纹工序，主轴采用摩擦离合器实现正反转控制。

摇臂升降电动机 M3 能正反转控制，当摇臂上升（或下降）到达预定的位置时，摇臂能在电气和机械夹紧装置的控制下，自动夹紧在外立柱上。

立柱夹紧与放松电动机 M4 结合液压装置完成外立柱的夹紧、放松控制。使得摇臂与外立柱可以一起相对内立柱做360°的回转运动。

冷却泵电动机 M1 供给钻削时所需的冷却液。

2. 控制电路分析

（1）主轴电动机 M2 的控制。将十字开关 SA 扳在左边的位置，这时 SA 仅有左面的触点闭合，使零压继电器 KA 的线圈得电吸合，KA 的动断触点闭合自锁。再将十字开关 SA 扳到右边位置，仅使 SA 右面的触点闭合，接触器 KM1 的线圈得电吸合，KM1 主触点闭合，主轴电动机 M2 通电运转，钻床主轴的旋转方向由主轴箱上的摩擦离合器手柄所扳的位置决定。

将十字开关 SA 的手柄扳回中间位置，触点全部断开，接触器 KM1 线圈失电释放，主轴停止转动。

（2）摇臂升降电动机 M3 的控制。当钻头与工件的相对高低位置不适合时，可通过摇臂的升高或降低来调整，摇臂的升降是由电气和机械传动联合控制的，能自动完成从松开摇臂到摇臂上升（或下降）再到夹紧摇臂的过程。

（3）立柱夹紧与松开电动机 M4 的控制。当需要摇臂绕内立柱转动时，应先按下 SB1，使接触器 KM4 线圈得电吸合，电动机 M4 启动运转，并通过齿式离合器带动齿式液压泵旋转，送出高压油，经油路系统和机械传动机构将外立柱松开；然后松开按钮 SB1，接触器 KM4 线圈失电释放，电动机 M4 断电停转。此时可用人力推动摇臂和外立柱绕内立柱作所需的转动；当转到预定的位置时，再按下按钮 SB2，接触器 KM5 线圈得电吸合，KM5 主触点闭合，电动机 M4 启动反转，在液压系统的推动下，将外立柱夹紧；然后松开 SB2，接触器 KM5 线圈失电释放，电动机 M4 断电停转，整个摇臂放松—绕外立柱转动—夹紧过程结束。

线路中零压继电器 KA 的作用是当供电线路断电时，KA 线圈失电释放，KA 的动合触点断开，使整个控制电路断电；当电路恢复供电时，控制电路仍然断开，必须再次将十字开关 SA 扳至"左"的位置，使 KA 线圈重新得电，KA 动合触点闭合，然后才能操作控制电路，也就是说零压保护继电器的动合触点起到接触器的自锁触点的作用。

（4）冷却泵电动机 M1 的控制。冷却泵电动机由转换开关 QS2 直接控制。

3. 照明电路

变压器 TC 将 380V 电压降到 110V，供给控制电路，并输出 24V 电压供低压照明灯使用。

6.8 Z3050 型摇臂钻床控制线路应用

6.8.1 Z3050 型摇臂钻床的结构与型号

1. Z3050 型摇臂钻床的结构

Z3050 型摇臂钻床主要由底座、内立柱、外立柱、摇臂、升降丝杠、主轴箱、升降电动机、主轴电动机、工作台等部分组成。

2. Z3050 型摇臂钻床的型号

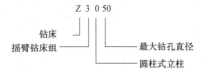

6.8.2 Z3050 型钻床的电路图

Z3050 型钻床的电气控制原理图如图 6-8 所示。

6.8.3 Z3050 型钻床的控制线路工作原理

1. 主电路分析

Z3050 型摇臂钻床共有四台电动机，除冷却泵电动机采用开关直接启动外，其余三台异步电动机均采用接触器直接启动。

M1：主轴电动机，由交流接触器 KM1 控制，只要求单方向旋转，主轴的正反转由机械手柄操作。M1 装在主轴箱顶部，带动主轴及进给传动系统，热继电器 KH 是过载保护元件。

M2：摇臂升降电动机，装于主轴顶部，用接触器 KM2 和 KM3 控制正反转。因为该电动机短时间工作，故不设过载保护电器。

M3：液压油泵电动机，可以做正向转动和反向转动。正向旋转和反向旋转的启动与停止由接触器 KM4 和 KM5 控制。热继电器 KH2 是液压油泵电动机的过载保护电器。该电动机的主要作用是供给夹紧装置压力油、实现摇臂和立柱的夹紧与松开。

M4：冷却泵电动机，功率很小，由开关直接启动和停止。

2. 控制电路的分析

（1）主轴电动机 M1 的控制。按下启动按钮 SB2，则接触器 KM1 吸合并自锁，使主电动机 M1 启动运行，同时指示灯 HL3 亮。按停止按钮 SB1，则接触器 KM1 释放，使主电动机 M1 停止旋转，同时指示灯 HL3 熄灭。

（2）摇臂升降控制。Z3050 型摇臂钻床摇臂的升降由 M2 拖动，SB3 和 SB4 分别为摇臂升、降的点动按钮，由 SB3、SB4 和 KM2、KM3 组成具有双重互锁的 M2 正反转点动控制电路。因为摇臂平时是夹紧在外立柱上的，所以在摇臂升降之前，先要把摇臂松开，再由 M2 驱动升降；摇臂升降到位后，再重新将其夹紧。

（3）摇臂升降控制。摇臂的松、紧是由液压系统完成的。在电磁阀 YV 线圈通电吸合的条件下，液压泵电动机 M3 正转，正向供出压力油进入摇臂的松开油腔，推动松开机构使摇臂松

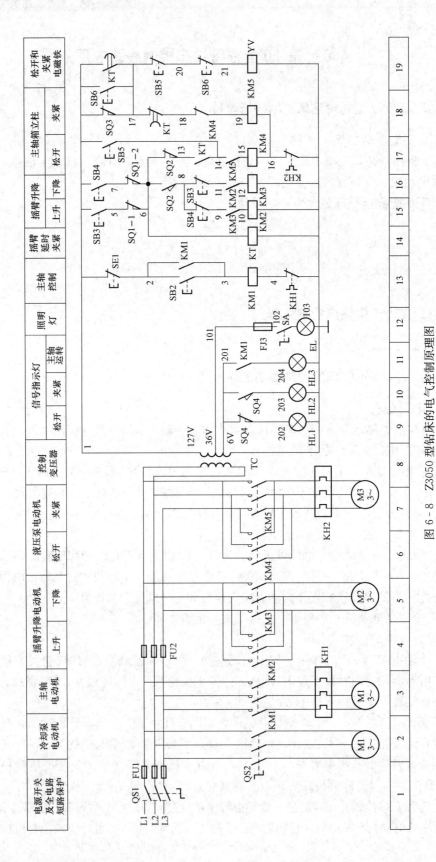

图 6-8　Z3050 型钻床的电气控制原理图

开，摇臂松开后，行程开关 SQ2 动作、SQ3 复位；若 M3 反转，则反向供出压力油进入摇臂的夹紧油腔，推动夹紧机构使摇臂夹紧，摇臂夹紧后，行程开关 SQ3 动作、SQ2 复位。由此可见，摇臂升降的电气控制是松紧机构液压与机械系统（M3 与 YV）的控制配合进行的。

（4）主轴箱和立柱的松紧控制。主轴箱和立柱的松、紧是同时进行的，SB5 和 SB6 分别为松开与夹紧控制按钮，由它们点动控制 KM4、KM5→控制 M3 的正、反转，由于 SB5、SB6 的动断触点（17—20—21）串联在 YV 线圈支路中，操作 SB5、SB6 使 M3 点动作的过程中，电磁阀 YV 线圈不吸合，液压泵供出的压力油进入主轴箱和立柱的松开、夹紧油腔，推动松、紧机构实现主轴箱和立柱的松开、夹紧。

同时，由行程开关 SQ4 控制指示灯发出信号：主轴箱和立柱夹紧时，SQ4 的动断触点（201—202）断开而动合触点（201—203）闭合，指示灯 HL1 灭，HL2 亮；反之，在松开时 SQ4 复位，HL1 亮而 HL2 灭。

6.9 Z3040 型立式摇臂钻床控制线路应用

6.9.1 Z3040 型立式摇臂钻床主要结构与型号

1. Z3040 型立式摇臂钻床的结构

Z3040 型立式摇臂钻主要由底座、内立柱、外立柱、摇臂、升降丝杠、主轴箱、工作台等部分组成。

2. Z3040 型立式摇臂钻床的型号

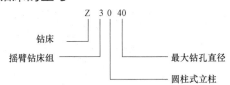

6.9.2 Z3040 型立式摇臂钻床电路图

Z3040 型立式摇臂钻床的电气控制原理图如图 6-9 所示。

6.9.3 Z3040 型立式摇臂钻床工作原理

1. 主电路分析

Z3040 型立式摇臂钻床设有四台电动机，即主轴电动机 M1、摇臂升降电动机 M2、液压电动机 M3 及冷却泵电动机 M4。

主轴电动机 M1 控制主轴的旋转运动和进给运动，它只有一个旋转方向，正反转运动是通过机械变换实现的。

摇臂升降电动机 M2 可以做正反向运行。可以控制摇臂的上升和下降。

液压电动机 M3 可以正反向运行，主要是供给加紧装置，实现摇臂和立柱的夹紧和放松。摇臂的上升、下降由一台交流异步电动机拖动，立柱的夹紧和放松由另一台交流电动机拖动。

冷却泵电动机 M4 做单方向运转，冷却泵电动机对加工的刀具进行冷却。

2. 控制电路分析

（1）主轴电动机 M1 的控制。按下主轴启动按钮 SB2，接触器 KM1 得电吸合且自保持，

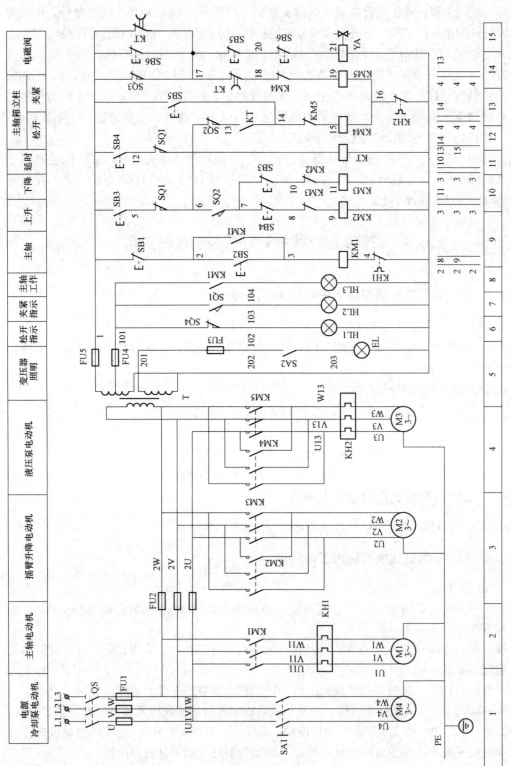

图 6 - 9　Z3040 型立式摇臂钻床的电气控制原理图

主轴电动机 M1 运转。按下停止按钮 SB1，主轴电动机停止。

（2）摇臂升降电动机 M2 的控制。按下摇臂上升按钮 SB3，时间继电器 KT 得电，其瞬动动合触点和瞬时闭合延时断开的动合触点使接触器 KM4 和电磁阀 YA 动作，液压泵电动机 M3 启动，液压油进入摇臂装置的油缸，使摇臂松开。待完全松开后，行程开关 SQ2 动作，其动断触点断开使接触器 KM4 断电释放，液压泵电动机 M3 停止运转，其动合触点接通使接触器 KM2 得电吸合，摇臂升降电动机 M2 正向启动，带动摇臂上升。

上升到所需要的位置后，松开上升按钮 SB3，时间继电器 KT、接触器 KM2 断电释放，摇臂升降电动机 M2 停止运转，摇臂停止上升。延时 1～3s 后，时间继电器 KT 的动断触点闭合，动合触点断开，但由于夹紧到位行程开关 SQ3 动断触点处于导通状态，故 YA 继续处于吸合状态，接触器 KM5 吸合，液压泵电动机 M3 反向启动，向夹紧装置油缸中反向注油，使夹紧装置动作。夹紧完毕后，行程开关 SQ3 动作，接触器 KM5 断电释放液压泵电动机 M3 停止运转，电磁阀 YA 断电。

时间继电器 KT 的作用是适应 SB3 松开到摇臂停止上升之间的惯性时间，避免摇臂惯性上升中突然夹紧。

（3）液压泵电动机。立柱和主轴箱同时松开和同时夹紧：按下立柱和主轴箱松开按钮 SB5，接触器 KM4 得电吸合，液压电动机 M3 正向启动，由于电磁阀 YA 没有得电，处于释放状态，所以液压油经 2 位 6 通阀分配至立柱和主轴箱松开油缸，立柱和主轴箱夹紧装置松开；按下立柱和主轴箱夹紧按钮 SB6，接触器 KM5 得电吸合，M3 反向启动，液压油分配至立柱和主轴箱夹紧油缸，立柱和主轴箱装置夹紧。

（4）摇臂升降限位保护。该动作时靠上下限位开关 SQ1U 和 SQ1D 实现的。上升到极限位置后，SQ1U 动断触点断开，摇臂自动夹紧，同松开上升按钮 SB3 动作相同；下降到极限位置后，SQ1D 动断触点断开，摇臂自动夹紧，同松开下降按钮 SB4 动作相同。

3. 冷却液泵电动机

冷却液泵电动机 M4 由转换开关 QS2 直接控制。

6.10　Z37 型摇臂钻床控制线路应用

6.10.1　Z37 型摇臂钻床的结构与型号

1. Z37 型摇臂钻床的结构

Z37 型摇臂钻床主要由底座、内立柱、外立柱、摇臂、主轴箱、工作台等部分组成。

2. Z37 型摇臂钻床的型号

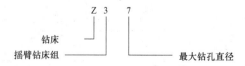

6.10.2　Z37 型摇臂钻床的电路图

Z37 型摇臂钻床的电气控制原理图如图 6-10 所示。

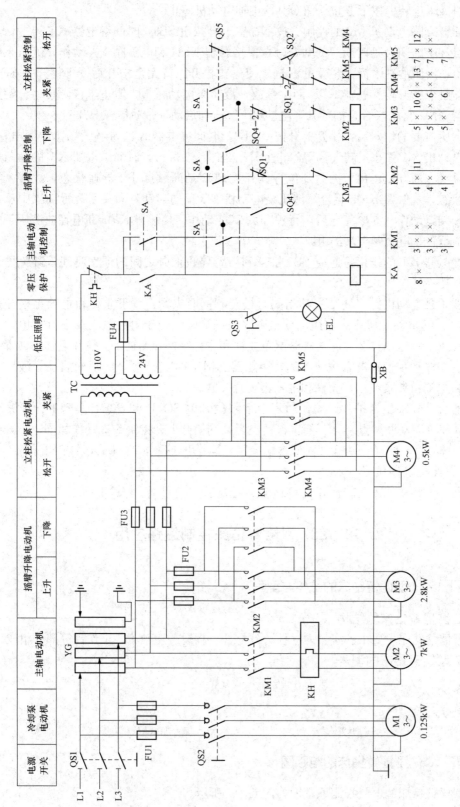

图 6-10 Z37 型摇臂钻床的电气控制原理图

6.10.3　Z37 型摇臂钻床工作原理

1. 主电路分析

Z37 型摇臂钻床共有四台三相异步电动机,其中主轴电动机 M2 由接触器 KM1 控制,热继电器 KH 作过载保护,主轴的正、反向控制是由双向片式摩擦离合器来实现的。摇臂升降电动机 M3 由接触器 KM2、KM3 控制,FU2 作短路保护。立柱松紧电动机 M4 由接触器 KM4 和 KM5 控制,FU3 作短路保护。冷却泵电动机 M1 是由组合开关 QS2 控制的,FU1 作短路保护。摇臂上的电气设备电源,通过转换开关 QS1 及汇流环 YG 引入。

2. 控制电路分析

合上电源开关 QS1,控制电路的电源由控制变压器 TC 提供 110V 电压。Z37 摇臂钻床控制电路采用十字开关 SA 操作,它有集中控制和操作方便等优点。十字开关由十字手柄和四个微动开关组成。根据工作需要,可将操作手柄分别扳在孔槽内五个不同位置上,即左、右、上、下和中间位置。为防止突然停电又恢复供电而造成的危险,电路设有零压保护环节。零压保护是由中间继电器 KA 和十字开关 SA 来实现的。

3. 照明电路分析

照明电路的电源也是由变压器 TC 将 380V 的交流电压降为 24V 安全电压来提供。照明灯 EL 由开关 QS3 控制,由熔断器 FU4 作短路保护。

6.11　Z3025 型摇臂钻床控制线路应用

Z3025 型摇臂钻床是具有广泛用途的万能性铣床。适用于机械制造部门加工中小型零件。可以进行钻孔、扩孔、铰孔、攻螺纹等工艺。

6.11.1　Z3025 型摇臂钻床的结构与型号

1. Z3025 型摇臂钻床的结构

Z3025 型摇臂钻床主要由主轴箱、进给箱、溜板箱、卡盘、方刀架、尾座、挂轮架、光杠、丝杠、大溜板、中溜板、小溜板、床身、左床座和右床座等组成。

2. Z3025 型摇臂钻床的型号

6.11.2　Z3025 型摇臂钻床电路图

Z3025 型摇臂钻床的电气控制原理图如图 6-11 所示。

6.11.3　Z3025 型摇臂钻床工作原理

1. 主电路分析

本机床使用 380V,50Hz 三相交流电源供电,由 M1 主电动机、M2 冷却泵电动机、M3

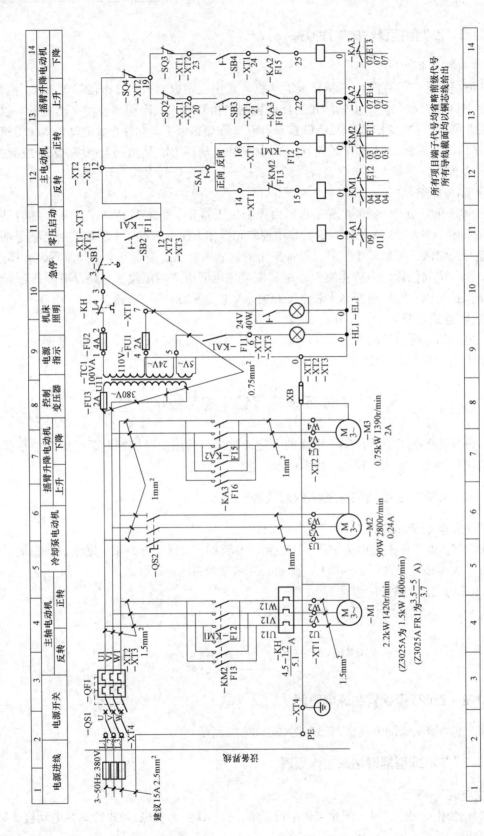

图 6 - 11　Z3025 型摇臂钻床的电气控制原理图

所有项目端子代号均省略前级代号
所有导线截面均以调芯线给出

134

摇臂升降电动机三台电动机控制。接触器照明电路和指示灯均由控制变压器降压供电，电压分别为 110V、24V 和 6V 电压。

2. 控制电路分析

旋钮开关 QS1 为机床总电源开关，QS2 为冷却泵开关。

（1）开车前的准备及零压启动。开启开关 QS1，按下零压起动按钮 SB2，零压启动继电器 KA1 沿 1—2—3—11—12—0 保护供电，同时零压启动指示灯 HL1 亮。当电压消失或降低过多时，KA1 释放，其动合触点（11—12）断开，控制电路断电，当电压重新恢复时，KA1 仍不能得到供电，欲使电动机重新工作，需再将零压启动按钮 SB2 按下，使 KA1 吸合，而保证控制电路供电。

（2）开动冷却泵。将转换开关 QS2 闭合，冷却泵即转动。

（3）主电动机旋转。将 SA1 扳向"正转"，接触器 KM1 沿 1—2—3—11—12—14—15—0 接通主电动机正转。将 SA1 扳向"反转"，接触器 KM2 沿 1—2—3—11—12—16—17—0 接通主电动机反转。当欲停止主轴电机时，可将 SA1 扳至中间停止位置即可。

（4）摇臂的升降。按下按钮 SB3，摇臂上升继电器 KA2 沿 1—2—3—11—12—19—20—21—22—0 接通，摇臂上升。当按下按钮 SB4 时，摇臂下降继电器 KA3 沿 1—2—3—11—12—19—23—24—25—0 接通，摇臂下降。松开按钮 SB3（SB4）就可以使摇臂升降运动停止。利用微动开关 SQ2 限制摇臂上升的极限位置；利用微动开关 SQ3 限制摇臂下降的极限位置。

（5）摇臂的夹紧。摇臂夹紧是手动的，在摇臂夹紧时，手柄会同时按下连锁按钮 SQ1，把电路 12—19 点断开，摇臂上升或下降的控制电路都被断开，起着互锁作用。只有等摇臂松开后，连锁按钮恢复原来位置，把电路 12—19 接通，才有可能操纵摇臂上升或下降。

（6）机床的紧急停止。当机床的任意部分在工作状态时发生意外，或者因其他原因需要紧急停止所有工作时，按下急停按钮 SB1；此时，按钮 SB1 断开触点 3—11，即断开了所有控制电源。

3. 照明的开闭

操作机床照明灯 EL1 灯头座上的开关即可。

4. 机床的保护

机床的主电路、控制电路、照明电路分别设有短路保护和过载保护，通过热继电器 KH1、保险 FU2、FU3 来实现。

6.12　Z3063 型摇臂钻床控制线路应用

Z6063 型摇臂钻床广泛应用于单件和中小批生产中，加工体积和重量较大的工件的孔。摇臂钻床加工范围广，可用来钻削大型工件的各种螺钉孔、螺纹底孔和油孔等。

6.12.1　Z3063 型摇臂钻床的结构与型号

1. Z3063 型摇臂钻床的结构

Z3063 型摇臂钻床主要由底座、内立柱、外立柱、摇臂升降丝杠、摇臂、主轴箱、主轴、工作台组成。

2. Z3063 型摇臂钻床的型号

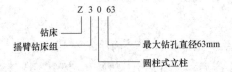

```
          Z 3 0 63
钻床 ──────┘ │ │ │ │
摇臂钻床组 ───┘ │ │ └──── 最大钻孔直径63mm
              │ └──── 圆柱式立柱
```

6.12.2 Z3063 型摇臂钻床电路图

Z3063 型摇臂钻床的电气控制原理图如图 6-12 所示。

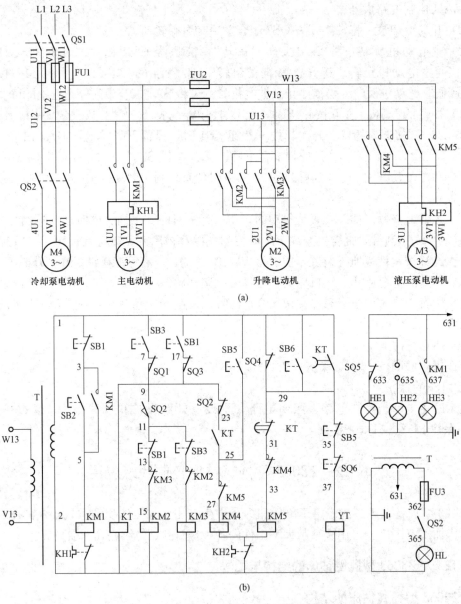

图 6-12 Z3063 型摇臂钻床的电气控制原理图

（a）主电路图；（b）控制与照明电路图

6.12.3　Z3063 型摇臂钻床控制线路工作原理

1. 主电路分析

本机床线路由主电动机 M1、摇臂升降电动机 M2、液压泵电动机 M3、冷却泵电动机 M4 四台电动机控制。

主电动机 M1 和冷却泵电机 M4 都只需单方向旋转，所以用接触器 KM1 和 QS2 分别控制。立柱夹紧松开电动机（液压泵电动机）M3 和摇臂升降电动机 M2 都需要正反转，所以各用两只接触器控制。KM4 和 KM5 控制立柱的夹紧和松开（液压泵电动机 M3）；KM2 和 KM3 控制摇臂的升降。Z3063 型摇臂钻床的四台电动机只用了两套熔断器作短路保护。主轴电动机 M1 和立柱的夹紧和松开（液压泵电动机）M3 具有过载保护。因摇臂升降电动机 M2 都是短时工作，故不需要用热继电器来作过载保护。

在安装机床电气设备时，应当注意三相交流电源的相序。接通机床电源，使接触器 KM 动作，将电源引入机床。然后按压立柱夹紧或放松按钮 SB1 和 SB2。如果夹紧和松开动作与标牌的指示相符合，就表示三相电源的相序是正确的。如果夹紧与松开动作与标牌的指示相反，三相电源的相序一定是接错了。把三相电源线中的任意两根电线对调位置接好，就可以保证相序正确。

2. 控制电路分析

（1）冷却泵电动机 M4 的控制。按下按钮 SB2，接触器 KM1 吸合并自锁，把机床的三相电源接通。按 SB1，KM1 断电释放，机床电源即被断开。KM1 吸合后，再转动 QS2，使其接通，冷却泵电动机即旋转。

（2）主轴电动机 M1 和摇臂升降电动机 M2 的控制。本机床采用十字开关进行控制。十字开关的手柄有五个位置，当手柄处在中间位置，所有的触点都不通；手柄向右，接通主轴电动机接触器 KM1；手柄向上，接通摇臂上升接触器 KM3；手柄向下，接通摇臂下降接触器 KM2。手柄向左的位置，未加利用。十字开关的使用使操作形象化，不容易误操作。十字开关操作时，一次只能占有一个位置，KM1、KM2、KM3 三个接触器就不会同时通电，这就有利于防止主轴电动机和摇臂升降电动机同时启动运行，也减少了接触器 KM4 与 KM5 的主触点同时闭合而造成短路事故的机会。但是单靠十字开关还不能完全防止 KM1、KM4 和 KM5 三个接触器的主触点同时闭合的事故。因为接触器的主触点由于通电发热和火花的影响，有时会焊住而不能释放。特别是在运作很频繁的情况下，更容易发生这种事故。这样，就可能在开关手柄改变位置的时候，一个接触器未释放，而另一个接触器又吸合，从而发生事故。所以，在控制线路上，KM1、KM4、KM5 三个接触器之间都有动断触点进行连锁，使线路的动作更为安全可靠。

（3）摇臂升降和夹紧工作的自动循环。摇臂钻床正常工作时，摇臂应夹紧在立柱上。因此，在摇臂上升或下降之时，必须先松开夹紧装置。当摇臂上升或下降到指定位置时，夹紧装置又须将摇臂夹紧。本机床摇臂的松开，升（或降）、夹紧这个过程能够自动完成。将十字开关扳到上升位置（即向上），接触器 KM4 吸合，摇臂升降电动机启动正转。这时候，摇臂还不会移动，电动机通过传动机构，先使一个辅助螺母在丝杆上旋转上升，辅助螺母带动夹紧装置使之松开。当夹紧装置松开的时候，带动行程开关 SQ2，其触点 SQ2 闭合，为接通接触器 KM5 做好准备。摇臂松开后，辅助螺母继续上升，带动一个主螺母沿着丝杆上升，主螺母则推动摇臂上升。摇臂升到预定高度，将十字开关扳到中间位置，接触器 KM4

断电释放。电动机停转，摇臂停止上升。由于行程开关 SQ 仍旧闭合着，所以在 KM4 释放后，接触器 KM5 即通电吸合，摇臂升降电动机即反转，这时电动机只是通过辅助螺母使夹紧装置将摇臂夹紧。摇臂并不下降。当摇臂完全夹紧时，行程开关 SQ2 即断开，接触器 KM5 就断电释放，电动机 M4 停转。

摇臂下降的过程与上述情况相同。

SQ1 是组合行程开关，它的两对动断触点分别作为摇臂升降的极限位置控制，起终端保护作用。当摇臂上升或下降到极限位置时，由撞块使 SQ1（10—11）或（14—15）断开，切断接触器 KM4 和 KM5 的通路，使电动机停转，从而起到了保护作用。

SQ1 为自动复位的组合行程开关，SQ2 为不能自动复位的组合行程开关。

摇臂升降机构除了电气限位保护以外，还有机械极限保护装置，在电气保护装置失灵时，机械极限保护装置可以起保护作用。

（4）立柱和主轴箱的夹紧控制。本机床的立柱分内外两层，外立柱可以围绕内立柱作 360°的旋转。内外立柱之间有夹紧装置。立柱的夹紧和放松由液压装置进行，电动机拖动一台齿轮泵。电动机正转时，齿轮泵送出压力油使立柱夹紧，电动机反转时，齿轮泵送出压力油使立柱放松。

立柱夹紧和松开电动机用按钮 SB1 和 SB5 及接触器 KM4 和 KM5 控制，其控制为点动控制。按下按钮 SB1 或 SB5，KM4 或 KM5 就通电吸合，使电动机正转或反转，将立柱夹紧或放松。松开按钮，KM2 或 KM3 就断电释放，电动机即停止。

立柱的夹紧松开与主轴箱的夹紧松开有电气上的连锁。立柱松开，主轴箱也松开，立柱夹紧，主轴箱也夹紧，当按 SB5 接触器 KM4 吸合，立柱松开，KM4 闭合，中间继电器 KA 通电吸合并自保。KA 的一个动合触点接通电磁阀 YV，使液压装置将主轴箱松开。在立柱放松的整个时期内，中间继电器 KA 和电磁阀 YV 始终保持工作状态。按下按钮 SB1，接触器 KM2 通电吸合，立柱被夹紧。KM2 的动断辅助触点（22—23）断开，KA 断电释放，电磁阀 YV 断电，液压装置将主轴箱夹紧。

在该控制线路里，我们不能用接触器 KM2 和 KM3 来直接控制电磁阀 YV。因为电磁阀必须保持通电状态，主轴箱才能松开。一旦 YV 断电，液压装置立即将主轴箱夹紧。KM2 和 KM3 均是点动工作方式，当按下 SB2 使立柱松开后放开按钮，KM3 断电释放，立柱不会再夹紧，这样为了使放开 SB2 后，YV 仍能始终通电就不能用 KM3 来直接控制 YV，而必须用一只中间继电器 KA，在 KM3 断电释放后，KA 仍能保持吸合，使电磁阀 YV 始终通电，从而使主轴箱始终松开。只有当按下 SB1，使 KM2 吸合，立柱夹紧，KA 才会释放，YV 才断电，主轴箱也被夹紧。

6.13 T68 型卧式镗床的控制线路应用

T68 型卧式镗床是一种精密加工机床，主要用于加工精度要求较高的孔和孔与孔之间距离要求精确的工件。

6.13.1 T68 型卧式镗床的结构与型号

1. T68 型卧式镗床的结构

T68 型卧式镗床主要由床身、上溜板、下溜板、主轴箱、前立柱、后立柱、尾架和工作台等部分组成。

2. T68 型卧式镗床的型号

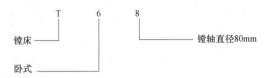

6.13.2　T68 型卧式镗床电路图

T68 型卧式镗床的电气控制原理图如图 6-13 所示。

6.13.3　T68 型卧式镗床的控制线路工作原理

1. 主电路分析

轴电动机 M1 是一台双速电动机，用来驱动主轴旋转运动以及进给运动。接触器 KM1、KM2 分别实现正、反转控制。接触器 KM3 实现制动电阻 R 的切换。

KM4 实现低速控制和制动控制，使电动机定子绕组接成三角形（三角形），此时的电动机转速 $n=1440r/min$。

KM5 实现高速控制，使电动机 M1 定子绕组接成双星形（YY 形），此时的电动机转速 $n=2880r/min$。

熔断器 FU1 作为短路保护，热继电器 KH 作为过载保护。

快速进给电动机 M2 用来驱动主轴箱、工作台等部件快速移动，它由接触器 KM6、KM7 分别控制实现正、反转，由于短时工作，故不需要过载保护，熔断器 FU2 作为短路保护。

2. 控制电路分析

控制电路由控制变压器 TC 提供 110V 电压作为电源，熔断器 FU3 作为短路保护。主轴电动机 M1 的控制包括正反转控制、制动控制、高低速控制、点动控制以及变速冲动控制。T68 型卧式镗床在工作过程中，各个位置开关处于相应的通、断状态。

（1）主轴电动机 M1 正反转高速控制。按下按钮 SB2，中间继电器 KA1 线圈得电吸合，KA1 动合触点（9—14）闭合，接触器 KM3 线圈得电（此时，SQ3、SQ4 被操作手柄压合），KM3 主触点闭合，将制动电阻 R 短接，KM3 动合触点（6—20）闭合，接触器 KM1 线圈得电，KM1 主触点闭合，电动机 M1 电源接通，KM1 动合触点（5—16）闭合，KM4 线圈得电，KM4 主触点闭合，电动机接成三角形正向启动。

反转时按下 SB3，中间继电器 KA2 和接触器 KM3、KM2、KM4 先后得电吸合，电动机接成三角形反向启动。

高速控制时，将变速机构转至“高速”位置，压下位置开关 SQ7，其动合触点 SQ7（11—12）闭合。

（2）主轴电动机 M1 制动控制。T68 型镗床主轴电动机停车制动采用由速度继电器 KS、串电阻的双向低速反接制动，若主轴电动机 M1 为高速运行时，则先转为低速然后再进入反接制动。

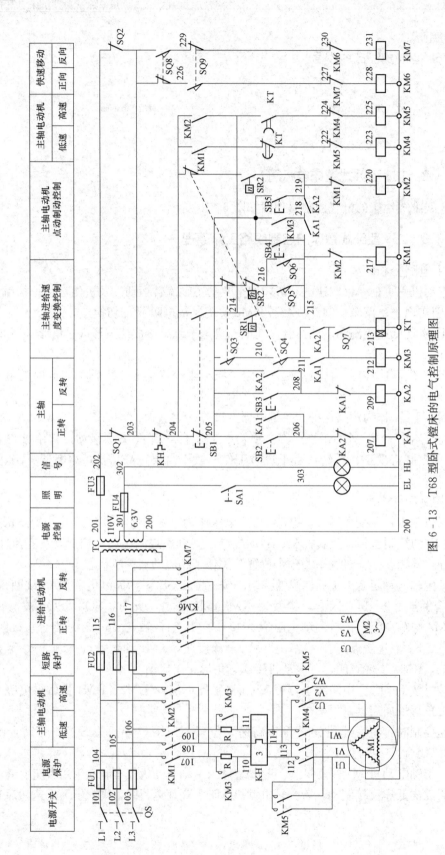

图 6-13 T68 型卧式镗床的电气控制原理图

140

1) 主轴电动机 M1 低速正转反接制动控制。主轴电动机 M1 低速正转运行时，速度继电器 KS 动合触点（13—18）已经闭合，为主轴停车反接制动做好准备。

停车时按下停止按钮 SB1，SB1 动断触点（3—4）先分断，中间继电器 KA1 线圈失电，KA1 动合触点（10—11）恢复断开，接触器 KM3 线圈失电，KM3 主触点分断，主电路串入制动电阻 R，KM3 动合触点（4—17）恢复断开，接触器 KM1 线圈失电，KM1 动合触点（3—13）恢复断开，接触器 KM4 线圈失电，KM1 连锁触点（18—19）恢复闭合，解除对接触器 KM2 的连锁；SB1 动合触点（3—13）后闭合，接触器 KM2 线圈得电，KM2 动合触点（3—13）闭合，接触器 KM4 线圈得电，主轴电动机 M1 因接入反接电源而进入低速反接制动，当 M1 的转速接近零时（低于 120r/min），速度继电器 KS 的动合触点（13—18）恢复断开，接触器 KM2、KM4 随即失电，反接制动结束。

2) 主轴电动机 M1 高速正转反接制动控制。主轴电动机 M1 高速运行时，位置开关 SQ7 动合触点（11—12）闭合，KA1、KM3、KM1、KT、KM5 等线圈均已得电动作，KS 动合触点（13—18）闭合，为停车时的反接制动做好准备。

停车时按下停止按钮 SB1，反接制动工作原理自行分析。

（3）主轴电动机 M1 变速冲动控制。当主轴在运转过程中，如果要变速，可以不按停止按钮直接进行变速。设主轴在正转低速运行状态，此时速度继电器 KS 的动合触点（13—18）处于闭合状态。将主轴变速操作手柄拉出，受主轴变速操作手柄压合的位置开关 SQ3 复位，SQ3 动合触点（4—9）断开，SQ3 动断触点（3—13）闭合，主轴电动机 M1 进入停车制动。

如果齿轮没有啮合好，主轴变速手柄就推不进。此时，SQ3 仍没有被压合，而主轴变速冲动位置开关 SQ5 被压合，主轴进入变速冲动控制。

（4）快速进给电动机 M2 的控制。T68 型镗床各部件的快速移动，由快速移动选择手柄控制，快速移动电动机 M2 拖动，运动部件的运动方向由快速移动操作手柄操纵。快速操作手柄有"正向""反向""停止"三个位置。

首先扳动进给选择手柄，接通相关离合器，挂上相关方向的丝杠，然后再扳动快速进给操纵手柄，选择进给部件的进给方向，同时由快速进给操纵手柄压动位置开关 SQ8 或 SQ9，控制接触器 KM6 或 KM7 线圈动作，使快速移动电机 M2 正转或反转，拖动相关部件作快速移动。

控制过程如下：

1) 将快速进给手柄扳到"正向"位置，压动 SQ9，SQ9 动断触点断开，实现对 KM7 的连锁，SQ9 动合触点（24—25）闭合，KM6 线圈经 1—2—24—25—26—0 得电动作，快速移动电动机 M2 正向转动。

2) 将快速进给手柄扳到中间位置，SQ9 复位，KM6 线圈失电释放，M2 停转。

3) 将快速进给手柄扳到"反向"位置，压动 SQ8，SQ8 动断触点断开，实现对 KM6 的连锁，SQ8 动合触点（2—27）闭合，KM7 线圈经 1—2—27—28—29—0 得电动作，快速移动电动机 M2 反向转动。

（5）主轴箱、工作台和主轴进给连锁。为防止工作台、主轴箱与主轴同时进给，损坏镗床或刀具，在电气线路上采取了相互连锁措施。连锁是通过两个并联的限位开关 SQ1 和 SQ2 来实现的。

当工作台或主轴箱的操作手柄扳在机动进给时，压动 SQ1，SQ1 动断触点（1—2）分断；此时如果将主轴或花盘刀架操作手柄板在机动进给时，压动 SQ2，SQ2 动断触点（1—2）分断。两个限位开关的动断触点都分断，切断了整个控制电路的电源，于是 M1 和 M2 都不能运转。

3. 辅助控制线路（照明、指示电路）

控制变压器 TC 的二次侧分别输出 24V 和 6V 电压，作为镗床照明灯和指示灯的电源。EL 为镗床的低压照明灯，由开关 SA 控制，FU4 作短路保护；HL 为电源指示灯，当镗床电源接通后，指示灯 HL 亮，表示机床可以工作。

6.14 T610型卧式镗床的控制线路应用

镗床主要用于加工精确的孔和孔间距离要求较为精确的零件。镗床可分为卧式镗床、立式镗床、坐标镗床和专用镗床。生产中应用较广泛的是卧式镗床，它的镗刀主轴水平放置，是一种多用途的金属切削机床，不但能完成钻孔、镗孔等孔加工，而且能切削端面、内圆、外圆及铣平面等。

6.14.1 T610型卧式镗床的结构与型号

1. T610型卧式镗床的结构

T610 型卧式镗床主要由前立柱、床身、镗头架、镗轴、平旋盘、工作台、下滑座、上滑座组成。

2. T610型卧式镗床的型号

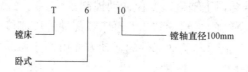

6.14.2 T610型卧式镗床电路图

T610 型卧式镗床的电气控制原理图如图 6-14 所示。

6.14.3 T610型卧式镗床工作原理

1. 主电路分析

T610 镗床的主轴旋转、平旋盘旋转、工作台转动及尾架的升降用电动机拖动。主轴和平旋盘刀架进给、镗头架进给、工作台的纵向和横向进给都用液压拖动，各进给部件的夹紧也采用液压装置。液压系统采用电磁阀控制。所以镗床的控制电路可分为两大部分：一部分用继电器、接触器控制电动机的启动、停止和制动；另一部分用继电器和电磁铁控制进给机构的液压装置。

主轴电动机需要正反转并采用 Y-△降压启动。主轴和平旋盘用机械方法调速。主轴有三挡转速，用电动机 M6 拖动钢球无级变速器作无级调速。当调速达到变速器的上下速度极限时，电动机 M6 能自动停车。平旋盘只有两挡速度，如果误操作到第三挡，电动机不能启动。

主轴电动机必须在液压泵和润滑泵电动机启动后才能启动运行。

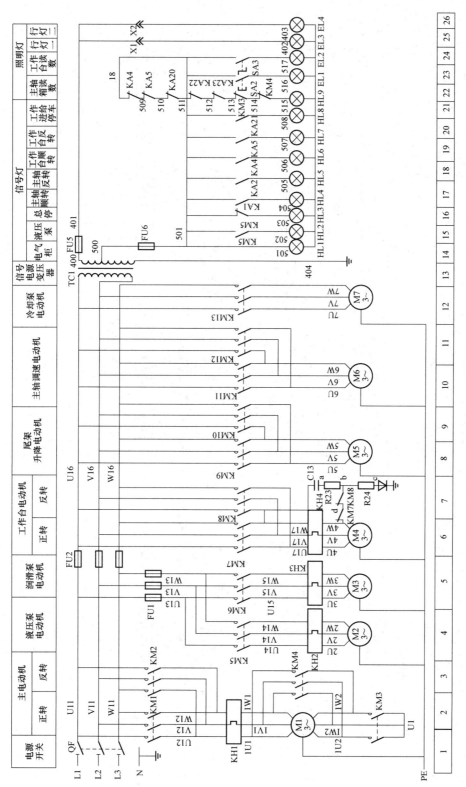

图 6 - 14　T610 型卧式镗床的电气控制原理图（一）

143

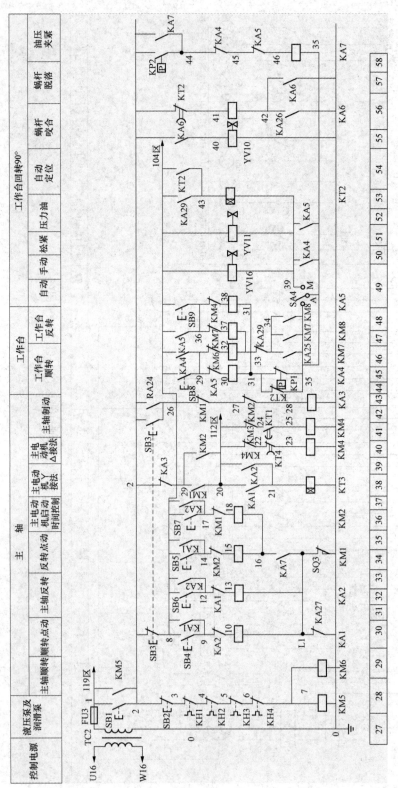

图6-14 T610型卧式镗床的电气控制原理图(二)

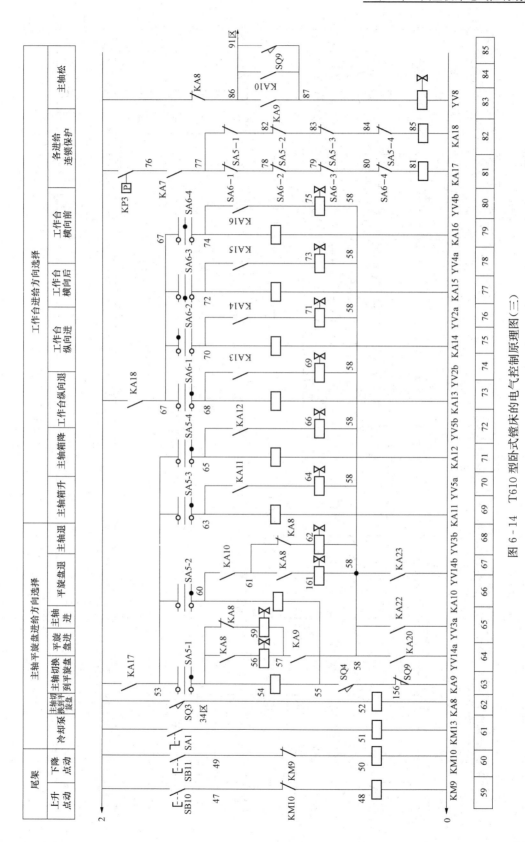

图 6-14 T610 型卧式镗床的电气控制原理图(三)

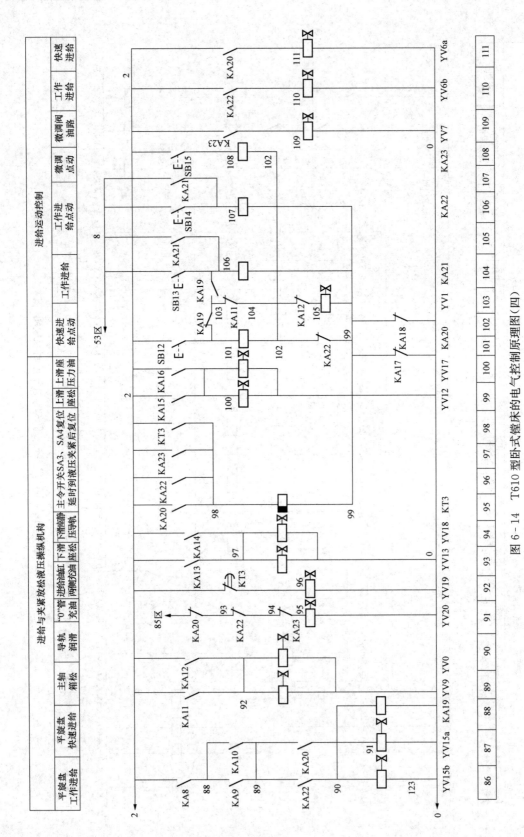

图 6－14 T610 型卧式镗床的电气控制原理图（四）

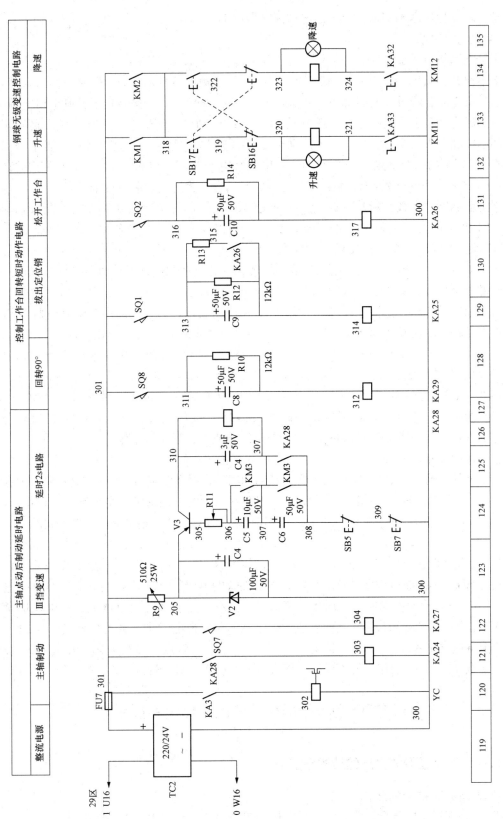

图 6 - 14　T610 型卧式镗床的电气控制原理图(五)

主轴要求能快速准确制动，故采用电磁离合器制动。

2．控制电路分析

在主轴电动机启动前，应做好下列准备工作：

合上电源开关 QF，按下启动按钮 SB1（28 区），接触器 KM5、KM6 得电动作并自锁，液压泵电动机 M2 和润滑泵电动机 M3 启动运转。同时 KM5 的自锁触点接通控制电路电源。当压力油的压力达到正常值时，压力继电器 KP2 和 KP3 动作，KP2 的动合触点（57 区）闭合，中间继电器 KA7 得电动作，KA7 的动合触点（34 区）闭合，为主轴点动控制做好准备；KP3 和 KA7 的动合触点（81 区）闭合，中间继电器 KA17 和 KA18 动作，KA17 的动合触点（63 区）与 KA18 的动合触点（73 区）同时闭合，为进给控制做好准备。

将平旋盘通断手柄放在断开位置，位置开关 SQ3 复位，其动合触点（62 区）断开，动断触点（34 区）闭合。主轴选速手柄放在需要的一挡速度上，位置开关 SQ5（116 区）、SQ6（117 区）、SQ7（122 区）中的一只动作。

主轴电动机 M1 的控制，主轴电动机能正反转，并有点动和连续运转两种控制方式。停车时由电磁离合器 YC（120 区）对主轴进行制动。

（1）主轴启动控制。主轴电动机 M1 采用 Y-△降压启动，启动时间由时间继电器 KT1 控制。按下主轴正转启动按钮 SB4（30 区），中间继电器 KA1（30 区）吸合并自锁，其动合触点（35 区）闭合，KM1 得电动作，KM1 的主触点（2 区）闭合接通电动机的三相电源；KM1 的动合辅助触点（38 区）闭合，接触器 KM3 和时间继电器 KT1 的线圈（40 区、38 区）通电，KM3 的主触点（2 区）闭合，电动机 M1 的定子绕组接成星形降压启动。经过一段时间的延时，KT1 延时断开的动断触点（40 区）断开，KM3 释放，KT1 延时间合的动合触点（41 区）闭合，KM4 动作，电动机 M1 接成三角形正常工作。

主轴反转由按钮 SB6（32 区）控制，动作过程与正转相似。

（2）主轴的点动、制动控制。主轴在调整或对刀时，需要点动控制，由于点动控制一般在空载下进行，工作时间短且可能连续启动多次，因此在点动时电动机定子绕组始终接成星形，这样既可减小启动电流，缓和机械冲击，满足转矩要求，又能减少一些电器的动作次数。

按下 SB5，M1 作星形启动。同时 SB5 的动断触点（124 区）断开晶体管延时电路电源，而 KM3 的动合辅助触点（125 与 126 区）闭合，使电容 C5、C6（124 区）放电而消除残余电压。松开 SB5，M1 断电作惯性运转，同时 SB5 的动断触点（124 区）接通晶体管延时电路电源，KM3 的动合触点断开，此时电容 C5、C6 上有一个较大的充电电流，该电流即是晶体管 V3 的基极电流，所以 V3 立即导通，继电器 KA28 得电动作。其动合触点（121 区）闭合使直流继电器 KA24（121 区）得电动作，KA24 的动合触点（43 区）闭合接通 KA3 线圈（42 区）电路，KA3 动作，使电磁离合器 YC 得电动作，对主轴制动。

6.15　T617 型单轴坐标镗床的控制线路应用

6.15.1　T617 型卧式镗床的结构与型号

1. T617 型卧式镗床的结构

T617 型卧式镗床由床身、前立柱、后立柱、主轴箱和工作台等五大部件组成。

2. T617 型卧式镗床的型号

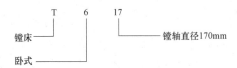

6.15.2　T617 型卧式镗床电路图

T617 型卧式镗床的电气控制原理图如图 6 - 15 所示。

6.15.3　T617 型卧式镗床工作原理

1. 主电路分析

本机床控制线路由主电动机 M1、快速移动电动机 M2、两台电动机控制。

2. 控制电路的分析

(1) M1 主电动机的点动控制。由主电动机正反转接触器 KM1、KM2、正反转电动按钮 SB3、SB4 组成 M1 电动机正反转控制电路。

点动时，M1 三相绕组接成三角形且串入电阻 R 实现低速点动。以正向点动为例，合上电源开关 QS，按下 SB3 按钮，KM1 线圈通电，主触点接通三相正相序电源，KM1（4—14）闭合，KM6 线圈通电，电动机 M1 三相绕组接成三角形，串入电阻 R 低速启动。由于KM1、KM6 此时都不能自锁故为点动，当松开 SB3 按钮时，KM1、KM6 相继断电，M1 断电而停车。反向点动，由 SB4、KM2 和 KM6 控制。其原理与正向点的相似。

(2) M1 电动机正反转控制。M1 电动机正反转由正反转启动按钮 SB1、SB2 操作，由中间继电器 KA1、KA2 及正反转接触器 KM1、KM2，并配合接触器 KM3、KM6、KM7、KM8 来完成 M1 电动机的可逆运行控制。

M1 电动机启动前主轴变速，进给变速均已完成，即主轴与进给变速手柄置于推合位置，此时行程开关 SQ1、SQ3 被压下，触点 SQ1（10—11），SQ3（5—10）闭合。当选择M1 低速运转时，将主轴速度选择手柄置于"低速"挡位，此时经速度选择手柄联动机构使高低速行程开关 SQ 处于释放状态，其触点 SQ（12—13）断开。按下 SB1、KA1 通电并自锁，触点 KA1（11—12）闭合，使 KM3 通电吸合；触点 KM3（5—18）闭合与 KA1（15—18）闭合，使 KM1 线圈通电吸合，触点 KM1（4—14）闭合又使 KM6 线圈通电。于是，M1 电动机定子绕组接成三角形，接入正相序三相交流电源全压启动低速正向运行。反向低速启动运行是由 SB2、KA2、KM3、KM2 和 KM6 控制的，其控制过程与正向低速运行相类似，此处不再复述。

(3) M1 电动机高低速的转换控制。行程开关 SQ 是高低速的转换开关，即 SQ 的状态决定 M1 是在三角形接线下运行还是在双星形接线下运行。SQ 的状态由主轴孔盘变速机构机械控制，高速时 SQ 被压动，低速时 SQ 不被压动。以正向高速启动为例，来说明高低速转换控制过程。将主轴速度选择手柄置于"高速"挡，SQ 被压动，触点 SQ（12—13）闭合。按下 SB1 按钮，KA1 线圈通电并自锁，相继使 KM3、KM1 和 KM6 通电吸合，控制M1 电动机低速正向启动运行；在 KM3 线圈断电的同时 KT 线圈通电吸合，待 KT 延时时间到，触点 KT（14—21）断开使 KM6 线圈断电释放，触点 KT（14—23）。

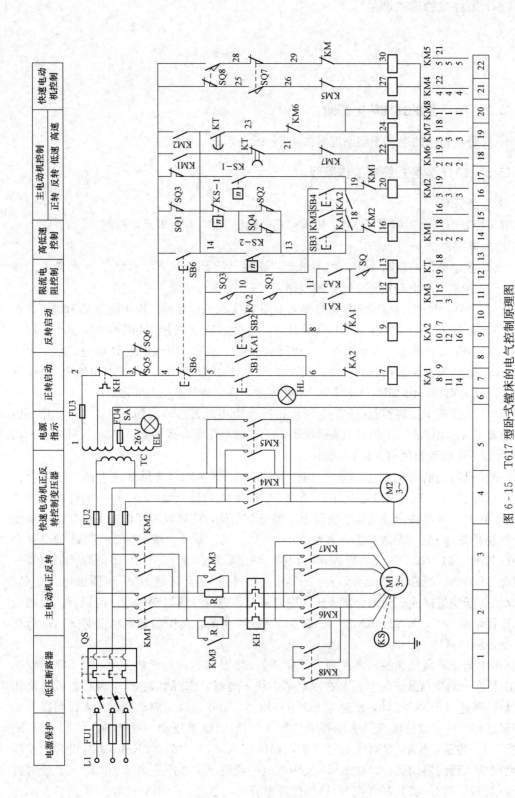

图 6 - 15　T617 型卧式镗床的电气控制原理图

闭合使 KM7、KM8 线圈通电吸合，这样，使 M1 定子绕组由三角形接法自动换接成双星形接线，M1 自动由低速变为高速运行。由此可知，主电动机在高速挡为两级启动控制，以减少电动机高速挡启动时的冲击电流。反向高速挡启动运行，是由 SB2、KA2、KM3、KT、KM2、KM6 和 KM7、KM8 控制的，其控制过程与正向高速启动运行相类似。

（4）M1 电动机的停车的制动控制。由 SB6 停止按钮、KS 速度继电器、KM1 和 KM2 组成了正反向反接制动控制电路。下面仍以 M1 电动机正反运行时的停车反接制动为例加以说明。

若 M1 为正反低速运行，即由按钮 SB1 操作，由 KA1、KM3、KM1 和 KM6 控制使 M1 运转。欲停车时，按下停止按钮 SB6，使 KM1、KM3、KM1 和 KM6 相继断电释放。由于电动机 M1 正转时速度继电器 KS-1（14—19）触点闭合，所以按下 SB6 后，使 KM2 线圈通电并自锁，并使 KM6 线圈仍通电吸合。此时 M1 定子绕组仍接成三角形，并串入限流电阻 R 进行反接制动，当速度降至 KS 复位转速时 KS-1（14—19）断开，使 KM2 和 KM6 断电释放，反接制动结束。若 M1 为正向高速运行，即由 KA1、KM3、KM1、KM7、KM8 控制下使 M1 运转。欲停车时，按下 SB6 按钮，使 KA1、KM3、KM1、KM7、KM8 线圈相继断电，于是 KM2 和 KM6 通电吸合，此时 M1 定子绕组接成三角形，并串入不对称电阻 R 反接制动。M1 电动机的反向高速或低速运行时的反接制动，与正向的类似。都使 M1 定子绕组接成三角形接法，串入限流电阻 R 进行，由速度继电器控制。

（5）停车变速。由 SQ1-SQ4、KT、KM1、KM2 和 KM6 组成主轴和进给变速时的低速脉动控制，以便齿轮顺利齿合。因为进给运动未进行变速，进给变速手柄处于推回状态，进给变速开关 SQ3、SQ4 均为受压状态，触点 SQ3（4—14）断开，SQ4（17—15）断开。主轴变速时，拉出主轴变速手柄，主轴变速行程开关 SQ1、SQ2 不受压，此时触点 SQ1（4—14），SQ2（17—15）由断开状态变为接通状态，使 KM1 通电并自锁，同时也使 KM6 通电吸合，则 M1 串入电阻 R 低速正向启动。当电动机转速达到 140r/min 左右时，KS-1（14—17）动断触点断开，KS-1（14—19）动合触点闭合，使 KM1 线圈断电释放，而 KM2 通电吸合，且 KM6 仍通电吸合。于是，M1 进行反接制动，当转速降到 100r/min 时，速度继电器 KS 释放，触点复原 KS-1（14—17）动断触点由断开变为接通，KS-1（14—19）动合触点由接通变为断开，使 KM2 断电释放，KM1 通电吸合，KM6 仍通电吸合，M1 又向低速启动。

（6）运行中变速控制。主轴或进给变速可以在停车状态下运行，也可在运行中进行。

下面以 M1 电动机正向高速运行中的主轴变速为例，说明运行中变速的控制过程。M1 电动机在 KA1、KM3、KT、KM1 和 KM7、KM8 控制下高速运行。此时要进行主轴变速，欲拉出主轴变速手柄，主轴变速开关 SQ1、SQ2 不再受压，此时 SQ1（10—11）触点由接通变为断开，SQ1（4—14）、SQ2（17—15）触点由断开变为接通，则 KM3、KT 线圈断电释放，KM1 断电释放，KM2 通电吸合，KM7、KM8 断电释放，KM6 通电吸合。于是 M1 定子绕组接为三角形，串入限流电阻 R 进行正向低速反接制动，使 M1 转速迅速下降，当转速下降到速度继电器 KS 释放转速时，又由 KS 控制 M1 进行正向低速脉动转动，以利齿轮啮合。待推回主轴变速手柄时，SQ1、SQ2 行程开关压下，SQ1 动合触点由断开变为接通状态。此时 KM3、KT 和 KM1、KM6 通电吸合，M1 先正向低速（三角形连接）启动，后在时间继电器 KT 控制下，自动转为高速运行。由上述可知，所谓运行中变速是指机床拖动系统在运行中，可拉出变速手柄进行变速，而机床电气控制系统可使电动机接入电气制动，制动后又控制电动机低速脉动旋转，以利齿轮啮合。待变速完成后，推回变速手柄又能自动启动运转。

（7）快速移动控制。主轴箱、工作台或主轴的快速移动，由快速手柄操纵并联动 SQ7、SQ8 行程开关，控制接触器 KM4 或 KM5，进而控制快速移动电动机 M2 正反转来实现快速移动。将快速手柄扳到反向位置，SQ7、SQ8 均不被压动，M2 电动机停转。若将快速手柄扳到正向位置，SQ7 压下，KM4 线圈通电吸合，M2 正转，使相应部件正向快速移动。反之，若将快速手柄扳到反向位置，则 SQ8 压下，KM5 线圈通电吸合，M2 反转，相应部件获得反向快速移动。

3. 连锁保护环节分析

（1）主轴箱或工作台与主轴机进给连锁。为了防止在工作台或主轴箱机动进给时出现将主轴或平旋盘刀具溜板也扳到机动进给的误操作，安装与工作台、主轴箱进给操纵手柄有机械联动的行程开关 SQ5，在主轴箱上安装与主轴进给手柄、平旋盘刀具溜板进给手柄有机械联动的行程开关 SQ6。若工作台或主轴箱的操作手柄扳在机动进给时，压下 SQ5，其动断触点 SQ5（3—4）断开；若主轴或平旋盘刀具溜板进给操纵手柄在机动进给时，压下 SQ6，其动断触点 SQ6（3—4）断开，所以，当这两个进给操作手柄中的任一个扳在机动进给位置时，电动机 M1 和 M2 都可启动运行。但若两个进给操作手柄同时扳在机动进给位置时，SQ5、SQ6 动断触点都断开，切断控制电路电源，电动机 M1、M2 无法启动，也就避免了误操作造成事故的危险，实现了连锁保护作用。

（2）M1 电动机正反转控制、高低速控制、M2 电动机的正反转控制均设有互锁控制环节。

（3）熔断器 FU1～FU4 实现短路保护；热继电器 KH 实现 M1 过载保护；电路采用按钮、接触器或继电器构成的自锁环节具有欠电压与零电压保护作用。

4. 辅助电路分析

T617 卧式镗床设有 36V 安全电压局部照明灯 EL，由开关 SA 手动控制。电路还设有 6.3V 电源指示灯 HL。

6.16 X6132 型卧式铣床控制线路应用

6.16.1 X6132 型卧式铣床的结构与型号

1. X6132 型卧式铣床的结构

X6132 型卧式铣床主要由床身、悬梁及刀杆支架、工作台、溜板和升降台等几部分组成。

2. X6132 型卧式铣床的型号

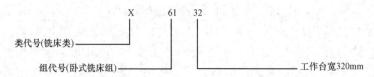

6.16.2 X6132 型卧式铣床电路图

X6132 型卧式铣床的电气控制原理图如图 6-16 所示。

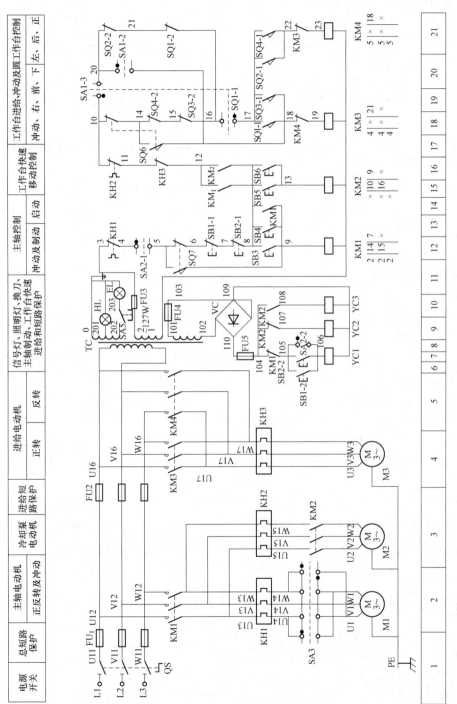

图 6-16　X6132 型卧式铣床的电气控制原理图

6.16.3　X6132型卧式铣床工作原理

1. 主轴电动机控制线路分析

（1）主轴的启动过程。换向开关 SA3 旋转到所需要的旋转方向→按下启动按钮 SB3 或 SB4→接触器 KM1 线圈通电→动合辅助触点 KM1（8—9）闭合进行自锁，同时动合主触点闭合→主轴电动机 M1 旋转。

在主轴启动的控制电路中串联有热继电器 KH1 和 KH2 的动断触点（3—4）和（10—11）。这样，当电动机 M1 和 M2 中有任一台电动机过载时，热继电器动断触点的动作将使两台电动机都停止。

主轴启动的控制回路为：1→SA2-1→SQ7→SB1-1→SB2-1→SB3（或 SB4）→KM1 线圈。

（2）主轴的停车制动过程。按下停止按钮 SB1 或 SB2→或当 KH1 动断触点（3—4）断开→接触器 KM1 因断电而释放，但主轴电动机等因惯性仍然在旋转。按下停止按钮（应按到底）→整流桥 VC 接通电路（109—110）→主轴制动离合器 YC1 因线圈通电而吸合→主轴制动，迅速停止旋转。

（3）主轴的变速冲动过程。主轴变速时，首先将变速操纵盘上的变速操作手柄拉出，然后转动变速盘，选好速度后再将变速操作手柄推回。当把变速手柄推回原来位置的过程中，通过机械装置使冲动开关 SQ7 动合触点闭合，SQ7 动断触点断开。SQ7 断开→KM1 接触器断电；SQ6-1 瞬时闭合→时间继电器 KT 通电→其动合触点（5—7）瞬时闭合→接触器 KM1 瞬时通电→主轴电动机作瞬时转动，以利于变速齿轮进入啮合位置；同时，延时继电器 KT 线圈通电→其动断触点（25—22）延时断开→KM1 接触器断电，以防止由于操作者延长推回手柄的时间而导致电动机冲动时间过长，变速齿轮转速高而发生打坏轮齿的现象。

主轴正在旋转，主轴变速时不必先按停止按钮再变速。这是因为当变速手柄推回原来位置的过程中，通过机械装置使 SQ7 动合触点断开，使接触器 KM1 因线圈断电而释放，电动机 M1 停止转动。

（4）主轴换刀时的制动过程。为了使主轴在换刀时不随意转动，换刀前应将主轴制动。将转换开关 SA2 扳到换刀位置（接通）→其触点（1—2）断开控制电路的电源，以保证人身安全；另外，当 VC 整流桥（109—110）接通主轴制动电磁离合器 YC1，使主轴不能转动。换刀后再将转换开关 SA2 扳回工作位置（断开）→触点 SA2-1（1—2）闭合，触点 SA2-2（109—110）断开→主轴制动离合器 YC1 断电，接通控制电路电源。

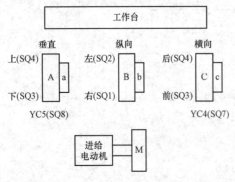

图 6-17　进给电动机拖动工作台六个方向运动示意图

2. 进给电动机控制线路分析

（1）1台进给电动机拖动工作台六个方向运动示意图如图 6-17 所示。

（2）工作原理。如图 6-16 所示，将电源开关 QS 合上，启动主轴电动机 M1，接触器 KM1

吸合自锁，进给控制电路有电压，就可以启动进给电动机 M3。

1）工作台纵向（左，右）进给运动的控制。先将圆形工作台的转换开关 SA1 扳在"断开"位置，这时，转换开关 SA1 上的各触点的通断情况见表 6 - 1。

表 6 - 1　　　　　　　　　　转换开关 SA1 上的各触点的通断情况

触点	圆工作台位置	
	接通	断开
SA1 - 1（13—16）	—	+
SA1 - 2（10—14）	+	—
SA1 - 3（9—10）	—	+

由于 SA1 - 1（13—16）闭合，SA1 - 2（10—14）断开，SA1 - 3（9—10）闭合，所以这时工作台的纵向、横向和垂直进给控制如下。

• 向右运动步骤：

工作台纵向运动手柄扳到右边位置，一方面进给电动机的传动链和工作台纵向移动机构相连接，另一方面压下向右进给的微动开关 SQ1→动断触点 SQ1 - 2（13—15）断开，同时动合触点 SQ1 - 1（14—16）闭合→接触器 KM2 因线圈通电→进给电动机 M3 正向旋转，拖动工作台向右移动。

向右进给的控制回路：

9→SQ5 - 2→SQ4 - 2→SQ3 - 2→SA1 - 1→SQ1 - 1→KM2 线圈→KM3→21。

• 向左运动步骤：

将纵向进给手柄向左，一方面进给电动机的传动链和工作台纵向移动机构相连接，另一方面压下向左进给的微动开关 SQ2→动断触点 SQ2 - 2（10—15）断开，同时动合触点 SQ2 - 1（16—19）闭合→接触器 KM3 因线圈通电→进给电动机 M3 反向转动→拖动工作台向左移动。

• 向左进给的控制回路：

9→SQ5 - 2→11→SQ4 - 2→12→SQ3 - 2→13→SA1 - 1→16→SQ2 - 1→19→KM3 线圈→20→KM2→21。

当将纵向进给手柄扳回到中间位置（或称零位）时，一方面纵向运动的机械机构脱开，另一方面微动开关 SQ1 和 SQ2 都复位，其动合触点断开，接触器 KM2 和 KM3 释放，进给电动机 M3 停止，工作台也停止。

终端限位保护的实现：在工作台的两端各有一块挡铁，当工作台移动到挡铁碰动纵向进给手柄位置时，会使纵向进给手柄回到中间位置，实现自动停车。这就是终端限位保护。调整挡铁在工作台上的位置，可以改变停车的终端位置。

2）工作台横向（前，后）和垂直（上，下）进给运动的控制。条件：圆工作台转换开关 SA1 扳到"断开"位置，这时的控制线路分析如下。

操作手柄：操纵工作台横向联合向进给运动和垂直进给运动的手柄为十字手柄。它有两个，分别装在工作台左侧的前、后方。它们之间有机构连接，只需操纵其中的任意一个即可。手柄有上、下、前、后和零位共五个位置。进给也是由进给电动机 M3 拖动。

向下或向前控制步骤：

条件：KM1 得电，即主轴电动机启动，同时 SA1 在"断开"位置。

向下控制：手柄在"下"位置，SQ8 被压，SQ8 - 1 闭合→YC5 得电→电动机的传动机构和垂直方向的传动机构相连，同时 SQ3 被压→KM2 得电→M3 正转→工作台下移。

向上控制：手柄在"上"位置，SQ8 被压，SQ8 - 1 闭合→YC5 得电→电动机的传动机构和垂直方向的传动机构相连，同时 SQ4 被压→KM3 得电→M3 反转→工作台上移。

向前控制：手柄在"前"位置，SQ7 被压，SQ7 - 1 闭合→YC4 得电→电动机的传动机构和横向传动机构相连，同时 SQ3 被压→KM2 得电→M3 正转→工作台前移。

向后控制：手柄在"后"位置，SQ7 被压，SQ7 - 1 闭合→YC4 得电→电动机的传动机构和横向传动机构相连，同时 SQ4 被压→KM3 得电→M3 反转→工作台后移。

向下、向前控制回路：

6→KM1→9→SA1 - 3→10→SQ2 - 2→15→SQ1 - 2→13→SA1 - 1→16→SQ3 - 1→KM2 线圈→18→KM3→21。

向上、向后控制回路：

6→KM1→9→SA1 - 3→10→SQ2 - 2→15→SQ1 - 2→13→SA1 - 1→16→SQ4 - 1→19→KM3 线圈→20→KM2→21。

当手柄回到中间位置时，机械机构都已脱开，各开关也都已复位，接触器 KM2 和 KM3 都已释放，所以进给电动机 M3 停止，工作台也停止。

总结：

向上、下进给时，SQ8 闭合→YC5 得电，电动机的传动机构与垂直方向传动机构相连。

向前、后进给时，SQ7 闭合→YC4 得电，电动机的传动机构与横向传动机构相连。

向下、前进给时，SQ3 闭合→KM2 得电→M3 得电正转。

向上、后进给时，SQ4 闭合→KM3 得电→M3 得电反转。

3）工作台的快速移动。工作台的快速移动，为了缩短对刀时间。主轴启动以后，将操纵工作台进给的手柄扳到所需的运动方向，工作台就按操纵手柄指定的方向作进给运动（进给电动机的传动链 M 与 A 或 B 或 C 相连）。这时如按下快速移动按钮 SB5 或 SB6→接触器 KM4 线圈通电→KM4 动断触点（102—108）断开→进给电磁离合器 YC2 失电。同时 KM4 动合触点（102—107）闭合→电磁离合器 YC3 通电，接通快速移动传动链（进给电动机的传动链 M 与 A 或 B 或 C 相连）。工作台按原操作手柄指定的方向快速移动。当松开快速移动按钮 SB5 或 SB6→接触器 KM4 因线圈断电→快速移动电磁离合器 YC3 断电，进给电磁离合器 YC2 得电，工作台以原进给的速度和方向继续移动。

4）进给变速冲动。进给变速冲动可使进给变速时齿轮容易啮合。

变速过程分析：

条件：先启动主轴电动机 M1，使接触器 KM1 吸合，它在进给变速冲动控制电路中的动合触点（6—9）闭合。

过程分析：变速时将变速盘往外拉到极限位置，再把它转到所需的速度，最后将变速盘往里推。在推的过程中挡块压一下微动开关 SQ5，其动断触点 SQ5 - 2（9—11）断开一下，同时，其动合触点 SQ5 - 1（11—14）闭合一下，接触器 KM2 短时吸合，进给电动机 M3 就转动一下。当变速盘推到原位时，变速后的齿轮已顺利啮合。

变速冲动的控制回路：

6→KM1→9→SA1 - 3→10→SQ2 - 2→15→SQ1 - 2→13→SQ3 - 2→12→SQ4 - 2→11→

SQ5 - 1→14→KM2 线圈→18→KM3→21。

　　5）圆工作台时的控制。圆工作台有铣削圆弧和凸轮等曲线的作用。圆工作台由进给电动机 M3 经纵向传动机构拖动。圆工作台的控制电路如图 6 - 16 所示。

　　条件 1：圆工作台转换开关 SA1 转到"接通"位置，SA1 的触点 SA1 - 2（13—16）断开，SA1 - 2（10—14）闭合，SA1 - 3（9—10）断开。

　　条件 2：工作台的进给操作手柄都扳到中间位置。按下主轴启动按钮 SB3 或 SB4→接触器 KM1 吸合并自锁→KM1 的动合辅助触点（6—9）也同时闭合→接触器 KM2 也紧接着吸合→进给电动机 M3 正向转动，拖动圆工作台转动。因为只能接触器 KM2 吸合，KM3 不能吸合，所以圆工作台只能沿一个方向转动。

　　圆工作台的控制回路：

　　6→KM1→9→SQ5 - 2→11→SQ4 - 2→12→SQ3 - 2→13→SQ1 - 2→15→SQ2 - 2→10→SA1 - 2→14→KM2 线圈→18→KM3→21。

　　6）进给的连锁。

　　a. 主轴电动机与进给电动机之间的连锁。

　　防止在主轴不转时，工件与铣刀相撞而损坏机床。

　　连锁的实现方法：在接触器 KM2 或 KM3 线圈回路中串联 KM1 动合辅助触点（6—9）。

　　b. 工作台不能几个方向同时移动。

　　工作台两个以上方向同进给容易造成事故。

　　连锁的实现方法：由于工作台的左右移动是由一个纵向进给手柄控制，同一时间内不会又向左又向右。工作台的上、下、前、后是由同一个十字手柄控制，同一时间内这四个方向也只能一个方向进给。所以只要保证两个操纵手柄都不在零位时，工作台不会沿两个方向同时进给即可。

　　将纵向进给手柄可能压下的微动开关 SQ1 和 SQ2 的动断触点 SQ1 - 2（13—15）和 SQ2 - 2（10—15）串联在一起，再将垂直进给和横向进给的十字手柄可能压下的微动开关 SQ3 和 SQ4 的动断触点 SQ3 - 2（12—13）和 SQ14 - 2（11—12）串联在一起，并将这两个串联电路并联起来，以控制接触器 KM2 和 KM3 的线圈通路。如果两个操作手柄都不在零位，则有不同的支路的两个微动开关被压下，其动断触点的断开使两条并联的支路都断开，进给电动机 M3 因接触器 KM2 和 KM3 的线圈都不能通电而不能转动。

　　c. 进给变速时两个进给操纵手柄都必须在零位。

　　为了安全起见，进给变速冲动时不能有进给移动。

　　连锁的实现方法：SQ1 或 SQ2，SQ3 或 SQ4 的四个动断触点 SQ1 - 2，SQ2 - 2，SQ3 - 2 和 SQ4 - 2 串联在 KM2 线圈回路。当进给变速冲动时，短时间压下微动开关 SQ5，其动断触点 SQ5 - 2（9—11）断开，其动合触点 SQ5 - 1（11—14）闭合，如果有一个进给操纵手柄不在零位，则因微动开关动断触点的断开而接触器 KM2 不能吸合，进给电动机 M3 也就不能转动，防止了进给变速冲动时工作台的移动。

　　d. 圆工作台的转动与工作台的进给运动不能同时进行。

　　连锁的实现方法：SQ1 或 SQ2，SQ3 或 SQ4 的四个动断触点 SQ1 - 2，SQ2 - 2，SQ3 - 2 或 SQ4 - 2 串联在 KM2 线圈的回路中。

　　当圆工作台的转换开关 SA1 转到"接通"位置时，两个进给手柄可能压下微动开关

SQ1 或 SQ2，SQ3 或 SQ4 的四个动断触点 SQ1 - 2，SQ2 - 2，SQ3 - 2 或 SQ4 - 2。如果有一个进给操纵手柄不在零位，则因开关动断触点的断开而接触器 KM2 不能吸合，进给电动机 M3 不能转动，圆工作台也就不能转动。只有两个操纵手柄恢复到零位，进给电动机 M3 方可旋转，圆工作台方可转动。

3. 照明电路

照明变压器 T 将 380V 的交流电压降到 36V 的安全电压，供照明用。照明电路由开关 SA4，SA5 分别控制灯泡 EL1，EL2。熔断器 FU3 用作照明电路的短路保护。

整流变压器 TC2 输出低压交流电，经桥式整流电路供给五个电磁离合器以 36V 直流电源。控制变压器 TC1 输出 127V 交流控制电压。

6.17 X5032 型立式铣床控制线路应用

6.17.1 X5032 型立式铣床的结构

X5032 型立式铣床由底座、机身、工作台、中滑座、升降滑座、主轴箱等结构组成。

6.17.2 X5032 型立式铣床电路图

X5032 型立式铣床控制电路图如图 6 - 18 所示。

6.17.3 X5032 型立式铣床工作原理分析

1. 主电路分析

本机床线路由主轴电动机 M1、圆形工作台电动机 M2、进给电动机 M3 等组成。

2. 控制电路分析

控制电路由控制变压器 TC1 提供 110V 的工作电压，FU4 用于控制电路的短路保护。该电路的主轴制动、工作台常速进给和快速进给分别由控制电磁离合器 YC1、YC2、YC3 来完成，电磁离合器需要的直流工作电压是由整流变压器 TC2 及整流器 VC 来提供的，FU2、FU3 分别用于交、直流电源的短路保护。

（1）主轴电动机 M1 的控制。M1 由交流接触器 KM1 控制，在机床的两个不同位置各安装了一套启动和停止按钮：SB2 和 SB6 装在床身上，SB1 和 SB5 装在升降台上。对 M1 的控制包括主轴的启动、制动、换刀制动和变速冲动。

1）启动：在启动前先按照顺铣或逆铣的工艺要求，用组合开关 SA3 预定 M1 的转向。

按一下 SB1 或 SB2→KM1 线圈通电并自锁→主轴电动机 M1 启动运行，触点 KM1（10—13）闭合→确保在 M1 启动后 M2 才能启动运行。

2）停机与制动：按下 SB5 或 SB6→KM1 线圈断电，电磁铁 YC1 通电→主轴电动机 M1 停止并制动。制动电磁离合器 YC1 装在主轴传动系统与 M1 转轴相连的传动轴上，当 YC1 通电吸合时，将摩擦片压紧，对 M1 进行制动。停转时，应按住 SB5 或 SB6 直至主轴停转才能松开，一般主轴的制动时间不超过 0.5s。

3）主轴的变速冲动：主轴的变速是通过改变齿轮的传动比实现的。在需要变速时，将变速手柄拉出，转动变速盘调节所需的转速，然后再将变速柄复位。手柄复位时，瞬间压动

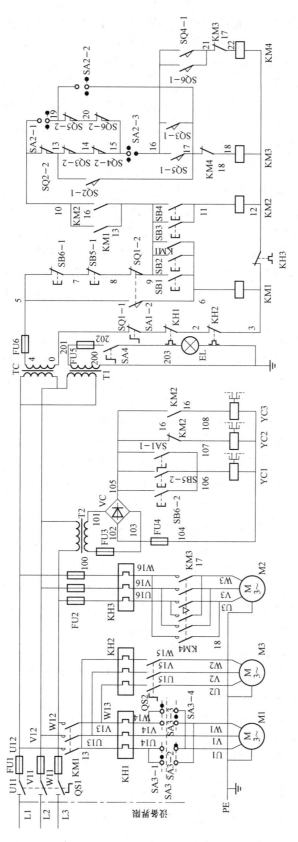

图 6-18　X5032 型立式铣床控制电路图

行程开关 SQ1，手柄复位后，SQ1 也随之复位。在 SQ1 动作瞬间，SQ1 的动合触点先断开其他支路，然后其动合触点闭合，相当于点动控制 KM1→M1，使得齿轮转动一下以利于啮合；如果点动一次齿轮还不能啮合，可以重复进行上述动作。

4）主轴换刀控制：在上刀或换刀时，主轴应处于制动状态，以避免发生事故。此时只要将换刀制动开关 SA1 扳至"接通"位置，其动断触点 SA1-2（4—6）断开控制电路，保证在换刀时机床没有任何动作；其动合触点 SA1-1（105—107）接通制动电磁铁 YC1，使主轴处于制动状态。换刀结束后，要将换刀制动开关 SA1 扳回至"断开"位置。

（2）进给运动控制。工作台的进给运动分为工作进给和快速进给，工作进给必须在 M1 启动运行后才能进行，而快速进给因属于辅助运动，可以在 M1 不启动的情况下进行。工作台在 6 个方向上的进给运动是由机械操作手柄运动带动相关的行程开关 SQ3～SQ6，并通过接触器 KM3、KM4 动作来实现控制进给电动机 M2 正反转的。行程开关 SQ5 和 SQ6 分别控制工作台的向右和向左运动，而 SQ3 和 SQ4 则分别控制工作台的向前、向下和向后、向上运动。进给拖动系统使用的两个电磁离合器 YC2 和 YC3 都安装在进给传动链中的传动轴上。当 YC2 吸合而 YC3 断开时，为工作进给；当 YC3 吸合而 YC2 断开时，为快速进给。

1）工作台的纵向进给运动：将纵向进给操作手柄扳向右边→行程开关 SQ5 动作→其动断触点 SQ5-2（27—29）先断开，动合触点 SQ5-1（21—23）后闭合→KM3 线圈通过 13—15—17—19—21—23—25 路径通电→M2 正转→工作台向右运动。若将纵向进给操作手柄扳向左边，则 SQ6 动作→KM4 线圈通电→M2 反转→工作台向左运动。SA2 为圆工作台控制开关，此时应处于"断开"位置，其 3 组触点状态为：SA2-1、SA2-3 接通，SA2-2 断开。

2）工作台的垂直与横向进给运动：工作台垂直与横向进给运动由一个十字形手柄操纵，十字形手柄有上、下、前、后和中间 5 个位置：将手柄扳至"向下"或"向上"位置时，分别压动行程开关 SQ3 和 SQ4，控制 M2 正转和反转，并通过机械传动结构使工作台分别向下或向上运动；而当手柄扳至"向前"或"向后"位置时，虽然同样是压动行程开关 SQ3 和 SQ4，但此时机械传动机构则使工作台分别向前或向后运动。当手柄在中间位置时，SQ3 和 SQ4 均不动作。下面就以向上运动的操作为例分析电路的工作情况。将十字形手柄扳至"向上"位置→SQ4 的动断触点 SQ4-2 先断开，动合触点 SQ4-1 后闭合 KM4 线圈经 13—27—29—19—21—31—33 路径通电→M2 反转→工作台向上运动。

3）进给变速运动：与主轴变速时一样，进给变速时也需要使 M2 瞬间点动一下，使齿轮易于啮合。进给变速冲动由行程开关 SQ2 控制，在操纵进给变速手柄和变速盘时，瞬间压动了行程开关 SQ2，在 SQ2 通电的瞬间，其动断触点 SQ2-1（13—15）先断开，而动合触点 SQ2-2（15—23）后闭合，使 KM3 线圈经 13—27—29—19—17—15—23—25 路径通电，点动 M2 正转。由 KM3 的通电路径可见，只有在进给操作手柄均处于零位，即 SQ2～SQ6 均不动作时，才能进行进给的变速冲动。

4）工作台快速进给的操作：要使工作台在 6 个方向上快速进给，在按工作进给的操作方法操纵进给的控制手柄的同时，还要按下快速进给按钮开关 SB3 或 SB4，使得 KM2 线圈通电，其动断触点（105—109）切断 YC2 线圈支路，动合触点（105—111）接通 YC3 线圈支路，使机械传动机构改变传动比，实现快速进给。由于在 KM1 的动合触点（7—13）上并联了 KM2 的一个动合触点，所以在 M1 不启动的情况下，也可以进行快速进给。

（3）圆工作台的控制。在需要加工弧形槽、弧形面和螺旋槽时，可以在工作台上加装圆工作台，圆工作台的回转运动也是由进给电动机 M2 来拖动的。在使用圆工作台时，将控制开关 SA2 扳至"接通"的位置，此时 SA2 - 2 接通而 SA2 - 1、SA2 - 3 断开。在主轴电动机 M1 启动的同时，KM3 线圈经 13—15—17—19—29—27—23—25 的路径通电，使 M2 正转，带动圆工作台单向旋转运动。由 KM3 线圈的通电路径可见，只要扳动工作台进给操作的任何一个手柄，SQ3～SQ6 其中一个行程开关的动断触点就会断开，都会切断 KM3 线圈支路，使得工作台停止运动，从而保证工作台的进给运动和圆形工作台的旋转运动不会同时进行。

（4）照明电路。照明灯 EL 由照明变压器 YC3 提供 24V 的工作电压，SA4 为灯开关，FU5 提供短路保护。

6.18　X8120W 型万能工具铣床控制线路应用

X8120W 型万能工具铣床，能完成镗、铣、钻、插等切削加工，适用于加工各种刀具、夹具、冲模、压模等中小型模具及其他复杂零件，借助多种特殊附件能完成圆弧、齿条、齿轮、花键等类零件的加工。

6.18.1　X8120W 型万能工具铣床的结构

X8120W 型万能铣床由床身、主轴、刀杆挂脚、工作台、回转盘、横溜板、纵溜板、升降台和底座等部分组成。

6.18.2　X8120W 型万能工具铣床的电路图

X8120W 型万能工具铣床控制电路图如图 6 - 19 所示。

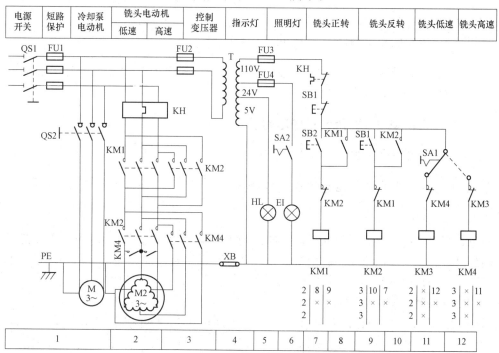

图 6 - 19　X8120W 型万能工具铣床控制电路图

6.18.3 X8120W 型万能工具铣床的工作原理

1. 主电路分析

主电路由冷却泵电动机 M1 和铣头电动机 M2 组成。

冷却泵电动机由 QS2 控制，铣头电动机 M2 的正反转控制由接触器 KM1 和 KM2 控制，M2 是一台双速电动机，低速时采用三角形连接，M2 的双速由双速开关 SA1 和接触器 KM3 及 KM4 控制。

2. 控制电路分析

(1) 铣头电动机 M2 的控制。

1) 铣头电动机 M2 的低速正转控制：先把双速开关 SA1 扳到低速位置，并按下正转启动按钮 SB2，接触器 KM1 和 KM3 线圈获得吸合，电动机接 M2 成三角形低速运转。

2) 铣头电动机 M2 的高速正转控制：把双速开关 SA1 扳到高速位置，同时按下正转启动按钮 SB2，接触器 KM1 和 KM4 线圈获得吸合，电动机接 M2 成双星形高速正转。

加工时如需反转控制，只需要按下反转启动按钮 SB3，反转控制接触器 KM2 线圈获电吸合，电动机 M2 便接成三角形或双星形反转。

(2) 冷却泵电动机 M1 的控制。合上组合开关 QS2 即可使冷却泵电动机开启。

6.19 X52K 型立式升降台铣床控制线路应用

X52K 型立式升降台铣床是一种强力金属切削机床。适于加工各种零件的平面、斜面、沟槽、孔等，是机械制造、模具、仪器、仪表、汽车、摩托车等行业的理想加工设备。

6.19.1 X52K 型立式升降台铣床的结构与型号

X52K 型为立式升降台铣床，其主轴轴线垂直于工作台面，主要由床身、立铣头、主轴、工作台、升降台、底座等组成。

6.19.2 X52K 型立式升降台铣床电路图

X52K 型立式升降台铣床控制电路图如图 6-20 所示。

6.19.3 X52K 型立式升降台铣床工作原理分析

1. 主电路分析

主电路有三台电动机，M1 为主轴电动机，M2 为冷却泵电动机，M3 为工作台进给电动机。转换开关控制 M1 的正反转，由桥式整流器 VC 供给直流能耗制动，由接触器 KM4 和 KM5 控制 M3 的正反转，由机械传动得到前后，上下，左右六个反向的运动。

2. 主轴电动机 M1 的控制

按钮 SB1 或者 SB2 可以两地操作启动主轴电动机 M1。按下按钮 SB1 或者 SB2，接触器 KM2 吸合并自锁，M1 启动，方向由 SA5 选定。同时接触器 KM2 的动合触点闭合，接通工作台控制电路。按下按钮 SB3 或者 SB4，接触器 KM2 释放，KM1 吸合，单相桥式

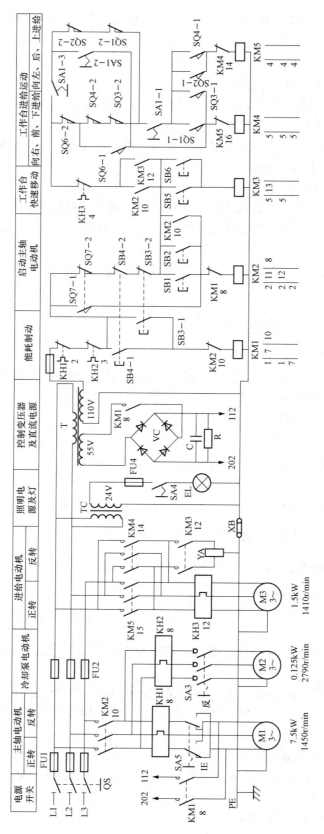

图 6-20 X52K 型立式升降台铣床控制电路图

整流器 VC 供给直流电，M1 进行能耗制动。松开按钮 SB3 或 SB4 时，接触器 KM1 释放，主轴电动机 M1 的制动结束，M1 停止转动。变速时，接通行程开关 SQ5，使主轴电动机冲动。

3. 工作台进给电动机 M3 的控制

加工过程中，接触器 KM4 吸合，工作台进给电动机 M3 正方向运转，工作台可向右、前、下进给。接触器 KM5 吸合时，M3 反向运转，工作台可向左、后、上进给。接触器 KM3 和电磁铁 YA 吸合时，工作台作快速移动由 SB5 和 SB6 操纵。工作台纵向进给由操纵手柄压合行程开关 SQ3 和 SQ4 获得。

4. 冷却泵电动机 M2 的控制

接通转换开关 SA3，接触器 KM2 吸合时，主轴电动机 M1 和冷却泵电动机 M2 同时起转，M2 通过冷却泵和管道供给切削时的冷却液，进行加工冷却。

6.20 X62W 型万能铣床控制线路应用

6.20.1 X62W 型万能铣床的结构与型号

1. X62W 型万能铣床的结构

X62W 型万能铣床主要由床身、主轴、悬梁、刀杆挂脚、工作台、回转盘、横溜板、纵溜板、升降台和底座等部分组成。

2. X62W 型万能铣床的型号

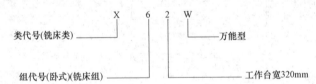

6.20.2 X62W 型铣床控制电路图

X62W 型铣床控制电路图如图 6-21 所示。

6.20.3 X62W 型铣床工作原理

1. 主电路分析

该机床线路由主轴电动机 M1、进给电动机 M2、冷却泵电动机 M3 三台电动机控制。

（1）主轴电动机 M1 通过换相开关 SA5 与接触器 KM1 配合，能进行正反转控制，而与接触器 KM2、制动电阻器 R 及速度继电器的配合，能实现串电阻瞬时冲动和正反转反接制动控制，并能通过机械进行变速。

（2）进给电动机 M2 能进行正反转控制，通过接触器 KM3、KM4 与行程开关及 KM5、牵引电磁铁 YA 配合，能实现进给变速时的瞬时冲动、六个方向的常速进给和快速进给控制。

（3）冷却泵电动机 M3 只能正转。

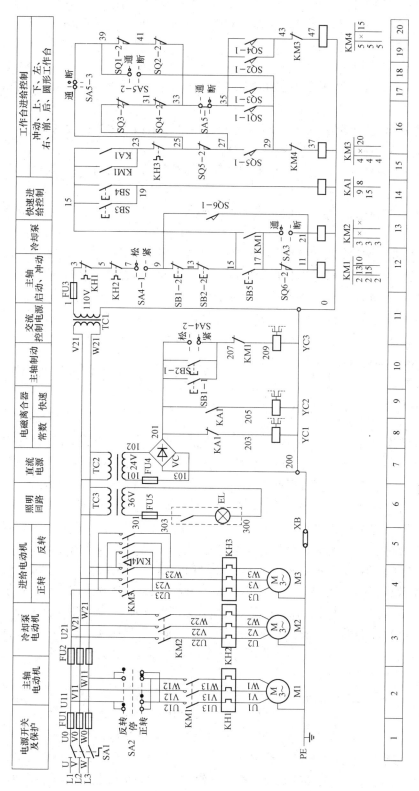

图 6 - 21　X62W 型铣床控制电路图

(4) 熔断器 FU1 作机床总短路保护，作为 M1、M2、M3 及控制变压器 TC、照明灯 EL 的短路保护；热继电器 KH1、KH2、KH3 分别作为 M1、M2、M3 的过载保护。

2. 控制电路分析

(1) 主轴电动机 M1 的控制。

1) SB1、SB3 与 SB2、SB4 是分别装在机床两边的停止（制动）和启动按钮，实现两地控制，方便操作。

2) KM1 是主轴电动机启动接触器，KM2 是反接制动和主轴变速冲动接触器。

3) SQ7 是与主轴变速手柄联动的瞬时动作行程开关。

4) 主轴电动机需启动时，要先将 SA5 扳到主轴电动机所需要的旋转方向，然后再按启动按钮 SB3 或 SB4 来启动电动机 M1。

5) M1 启动后，速度继电器 KV 的一对动合触点闭合，为主轴电动机的停转制动做好准备。

6) 停车时，按停止按钮 SB1 或 SB2 切断 KM1 电路，接通 KM2 电路，改变 M1 的电源相序进行串电阻反接制动。当 M1 的转速低于 120 转/min 时，速度继电器 KV 的一对动合触点恢复断开，切断 KM2 电路，M1 停转，制动结束。

据以上分析可写出主轴电机转动（即按 SB3 或 SB4）时控制线路的通路：205—208—211—212—213—214—KM1 线圈—201；主轴停止与反接制动（即按 SB1 或 SB2）时的通路：205—208—209—207—210—KM2 线圈—201。

7) 主轴电动机变速时的瞬动（冲动）控制，是利用变速手柄与冲动行程开关 SQ7 通过机械上联动机构进行控制的。

变速时，先下压变速手柄，然后拉到前面，当快要落到第二道槽时，转动变速盘，选择需要的转速。此时凸轮压下弹簧杆，使冲动行程 SQ7 的动断触点先断开，切断 KM1 线圈的电路，电动机 M1 断电；同时 SQ7 的动合触点后接通，KM2 线圈得电动作，M1 被反接制动。当手柄拉到第二道槽时，SQ7 不受凸轮控制而复位，M1 停转。

接着把手柄从第二道槽推回原始位置时，凸轮又瞬时压动行程开关 SQ7，使 M1 反向瞬时冲动一下，以利于变速后的齿轮啮合。但要注意，不论是开车还是停车时，都应以较快的速度把手柄推回原始位置，以免通电时间过长，引起 M1 转速过高而打坏齿轮。

(2) 工作台进给电动机 M2 的控制。工作台的纵向、横向和垂直运动都由进给电动机 M2 驱动，接触器 KM3 和 KM4 使 M2 实现正反转，用以改变进给运动方向。它的控制电路采用了与纵向运动机械操作手柄联动的行程开关 SQ1、SQ2 和横向及垂直运动机械操作手柄联动的行程开关 SQ3、SQ4、组成复合连锁控制。即在选择三种运动形式的六个方向移动时，只能进行其中一个方向的移动，以确保操作安全，当这两个机械操作手柄都在中间位置时，各行程开关都处于未压的原始状态。

由原理图可知：M2 电机在主轴电动机 M1 启动后才能进行工作。在机床接通电源后，将控制圆形工作台的组合开关 SA1-2（222—220）扳到断开状态，使触点 SA1-1（215—222）和 SA1-3（218—219）闭合，然后按下 SB3 或 SB4，这时接触器 KM1 吸合，使 KM1（212—215）闭合，就可进行工作台的进给控制。

1) 工作台纵向（左右）运动的控制。工作台的纵向运动由进给电动机 M2 驱动，由纵向操纵手柄来控制。此手柄是复式的，一个安装在工作台底座的顶面中央部位，另一个安装在工作台底座的左下方。手柄有三个选择：向左、向右、零位。当手柄扳到向右或向左运动方向时，手柄的联动机构压下行程 SQ2 或 SQ1，使接触器 KM4 或 KM3 动作，控制进给电动机 M2 的转向。工作台左右运动的行程，可通过调整安装在工作台两端的撞铁位置来实现。当工作台纵向运动到极限位置时，撞铁撞动纵向操纵手柄，使它回到零位，M2 停转，工作台停止运动，从而实现了纵向终端保护。

工作台向左运动：在 M1 启动后，将纵向操作手柄扳至向右位置，一方面机械接通纵向离合器，同时在电气上压下 SQ2，使 SQ2-2 断，SQ2-1 通，而其他控制进给运动的行程开关都处于原始位置，此时使 KM4 吸合，M2 反转，工作台向右进给运动。其控制电路的通路为：215—216—217—218—219—224—225—KM4 线圈—201。

工作台向右运动：当纵向操纵手柄扳至向左位置时，机械上仍然接通纵向进给离合器，但却压动了行程开关 SQ1，使 SQ1-2 断，SQ1-1 通，使 KM3 吸合，M2 正转，工作台向右进给运动，其通路为：215—216—217—218—219—220—221—KM3 线圈—201。

2) 工作台垂直（上下）和横向（前后）运动的控制。工作台的垂直和横向运动，由垂直和横向进给手柄操纵。此手柄也是复式的，有两个完全相同的手柄分别装在工作台左侧的前、后方。手柄的联动机械一方面压下行程开关 SQ3 或 SQ4，同时能接通垂直或横向进给离合器。操纵手柄有五个位置（上、下、前、后、中间），五个位置是连锁的，工作台的上下和前后的终端保护是利用装在床身导轨旁与工作台座上的撞铁，将操纵十字手柄撞到中间位置，使 M2 断电停转。

工作台向后（或者向上）运动的控制：将十字操纵手柄扳至向后（或者向上）位置时，机械上接通横向进给（或者垂直进给）离合器，同时压下 SQ3，使 SQ3-2 断，SQ3-1 通，使 KM3 吸合，M2 正转，工作台向后（或者向上）运动。其通路为：215—222—223—218—219—220—221—KM3 线圈—201。

工作台向前（或者向下）运动的控制：将十字操纵手柄扳至向前（或者向下）位置时，机械上接通横向进给（或者垂直进给）离合器，同时压下 SQ4，使 SQ4-2 断，SQ4-1 通，使 KM4 吸合，M2 反转，工作台向前（或者向下）运动。其通路为：215—222—223—218—219—224—225—KM4 线圈—201。

3) 进给电动机变速时的瞬动（冲动）控制。变速时，为使齿轮易于啮合，进给变速与主轴变速一样，设有变速冲动环节。当需要进行进给变速时，应将转速盘的蘑菇形手轮向外拉出并转动转速盘，把所需进给量的标尺数字对准箭头，然后再把蘑菇形手轮用力向外拉到极限位置并随即推向原位，就在一次操纵手轮的同时，其连杆机构二次瞬时压下行程开关 SQ6，使 KM3 瞬时吸合，M2 作正向瞬动。

其通路为：215—222—223—218—217—216—220—221—KM3 线圈—201，由于进给变速瞬时冲动的通电回路要经过 SQ1～SQ4 四个行程开关的动断触点，因此只有当进给运动的操作手柄都在中间（停止）位置时，才能实现进给变速冲动控制，以保证操作时的安全。同时，与主轴变速时冲动控制一样，电动机的通电时间不能太长，以防止转速过高，在变速时打坏齿轮。

4) 工作台的快速进给控制。为提高劳动生产率，要求铣床在不作铣切加工时，工作台能快速移动。

工作台快速进给也由进给电动机 M2 来驱动，在纵向、横向和垂直三种运动形式六个方向上都可以实现快速进给控制。

　　主轴电动机启动后，将进给操纵手柄扳到所需位置，工作台按照选定的速度和方向作常速进给移动时，再按下快速进给按钮 SB5（或 SB6），使接触器 KM5 通电吸合，接通牵引电磁铁 YA，电磁铁通过杠杆使摩擦离合器合上，减少中间传动装置，使工作台按运动方向做快速进给运动。当松开快速进给按钮时，电磁铁 YA 断电，摩擦离合器断开，快速进给运动停止，工作台仍按原常速进给时的速度继续运动。

　　（3）圆形工作台运动的控制。铣床如需铣切螺旋槽、弧形槽等曲线时，可在工作台上安装圆形工作台及其传动机械，圆形工作台的回转运动也是由进给电动机 M2 传动机构驱动的。

　　圆形工作台工作时，应先将进给操作手柄都扳到中间（停止）位置，然后将圆形工作台组合开关 SA1 扳到圆形工作台接通位置。此时 SA1-1 断，SA1-3 断，SA1-2 通。准备就绪后，按下主轴启动按钮 SB3 或 SB4，则接触器 KM1 与 KM3 相继吸合。主轴电动机 M1 与进给电动机 M2 相继启动并运转，而进给电动机仅以正转方向带动圆形工作台做定向回转运动。其通路为：215—216—217—218—223—222—220—221—KM3 线圈—201，由上可知，圆形工作台与工作台进给有互锁，即当圆形工作台工作时，不允许工作台在纵向、横向、垂直方向上有任何运动。若误操作而扳动进给运动操纵手柄（即压下 SQ1～SQ4、SQ6 中任一个），M2 即停转。

　　（4）冷却泵电动机 M3 的控制。主轴电动机启动后，扳动组合开关 SA2 可控制冷去泵电动机 M3。

6.21　20/5t 型桥式起重机控制线路应用

6.21.1　20/5t 型桥式起重机的结构与型号

1. 20/5t 型桥式起重机的结构

20/5t 桥式起重机主要由主钩（20t）、副钩（5t）、大车和小车等四部分组成。包括驾驶室、辅助滑线架、交流磁力控制器、电阻箱、起重小车、大车拖动电动机、端梁、主滑线、主梁等结构。

2. 20/5t 型桥式起重机的型号

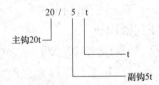

6.21.2　20/5t 型桥式起重机的电路图

20/5t 型桥式起重机的电路图如图 6-22 所示，大车凸轮、主令、小车凸轮和副钩凸轮控制器的触点通断情况见表 6-2～表 6-5。

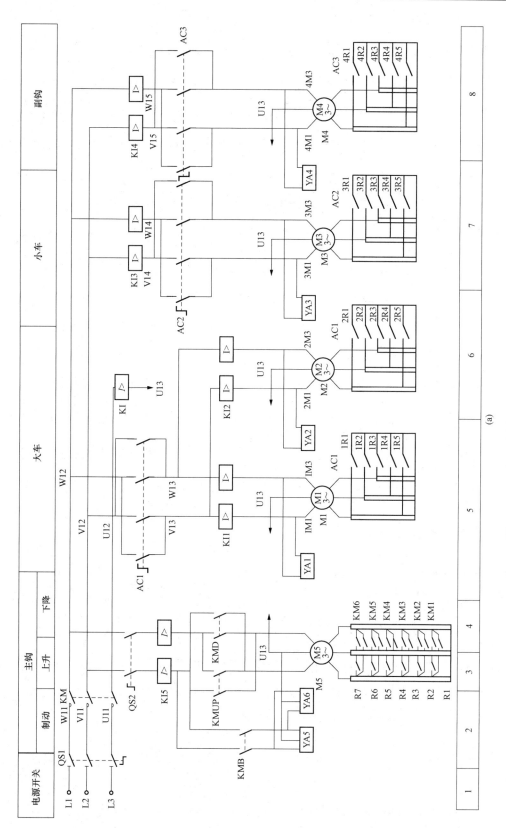

图 6 - 22　20/5t 型桥式起重机的电路图(一)

(a)20/5t 交流桥式起重机的大车、小车、副钩凸轮控制器图

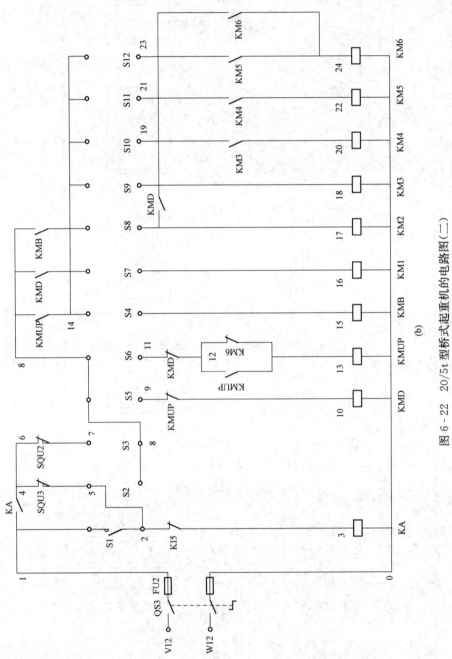

(b)

图6-22　20/5t型桥式起重机的电路图(二)

(b)20/5t交流桥式起重机的主令控制器原理图

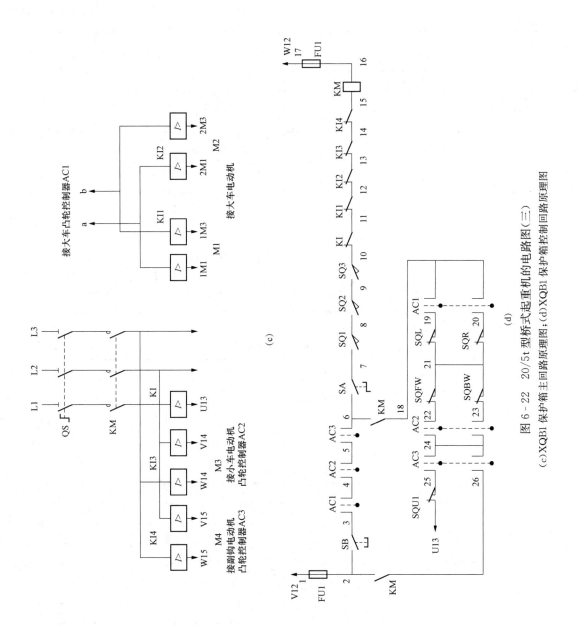

图 6 - 22 20/5t 型桥式起重机的电路图(三)

(c)XQB1 保护箱主回路原理图;(d)XQB1 保护箱控制回路原理图

表 6-2 　　　　　　　　　　大车凸轮控制器触点通断表

AC1	向右					0	向左				
	5	4	3	2	1	0	1	2	3	4	5
V12 W13							+	+	+	+	+
V12 V13	+	+	+	+	+						
W12 V13							+	+	+	+	+
W12 W13	+	+	+	+	+						
1R5	+	+	+	+				+	+	+	+
1R4	+	+	+						+	+	+
1R3	+	+								+	+
1R2	+										+
1R1	+										+
2R5	+	+	+	+				+	+	+	+
2R4	+	+	+						+	+	+
2R3	+	+								+	+
2R2	+										+
2R1	+										+
18 19						+	+	+	+	+	+
18 20	+	+	+	+	+	+					
3 4						+					

注　该表中的 18、19；18、20；3、4 的标识参见图 6-22（d）。

表 6-3 　　　　　　　　　　主令控制器触点通断表

AC4		下降						零位	上升					
		强力			制动									
		5	4	3	2	1	C	0	1	2	3	4	5	6
S1								+						
S2		+	+	+										
S3					+	+	+		+	+	+	+	+	+
S4	KMB	+	+	+					+	+	+	+	+	+
S5	KMD	+	+	+										
S6	KMUP				+	+			+	+	+	+	+	+
S7	KM1	+	+	+		+	+		+	+	+	+	+	+
S8	KM2	+	+	+			+		+	+	+	+	+	+
S9	KM3	+									+	+	+	+
S10	KM4	+										+	+	+
S11	KM5	+											+	+
S12	KM6	+												+
	KA	+	+	+	+	+	+		+	+	+	+	+	+

表 6-4　　　　　　　　　　　　　　小车凸轮控制器触点通断表

AC2	向后						向前				
	5	4	3	2	1	0	1	2	3	4	5
V14 3M3							+	+	+	+	+
V14 3M1	+	+	+	+	+						
W14 3M1							+	+	+	+	+
W14 3M3	+	+	+	+	+						
3R5	+	+	+	+				+	+	+	+
3R4	+	+	+						+	+	+
3R3	+	+								+	+
3R2	+										+
3R1											+
24 23						+	+	+	+	+	+
24 22	+	+	+	+	+	+					
4 5						+					

注　该表中的 24、22；24、23；4、5 的标识参见图 6-22 (d)。

表 6-5　　　　　　　　　　　　　　副钩凸轮控制器触点通断表

AC3	向下						向上				
	5	4	3	2	1	0	1	2	3	4	5
V15 4M3							+	+	+	+	+
V15 4M1	+	+	+	+	+						
W15 4M1							+	+	+	+	+
W15 4M3	+	+	+	+	+						
4R5	+	+	+	+				+	+	+	+
4R4	+	+	+						+	+	+
4R3	+	+								+	+
4R2	+										+
4R1	+										+
24 25						+	+	+	+	+	+
24 26	+	+	+	+	+	+					
5 6						+					

注　该表中的 24、25；24、26；5、6 的标识参见图 6-22 (d)。

6.21.3　20/5t 型桥式起重机的控制线路工作原理

1. 主电路分析

桥式起重机的工作原理：

大车由两台规格相同的电动机 M1 和 M2 拖动，用一台凸轮控制器 AC1 控制，电动机的定子绕组并联在同一电源上；YA1 和 YA2 为交流电磁制动器，行程开关 SQR 和 SQL 作为大车前后两个方向的终端保护。小车移动机构由一台电动机 M3 拖动，用一台凸轮控制器 AC2 控制，YA3 为交流电磁制动器，行程开关 SQBW 和 SQFW 作为小车前、后两个方向的终端保护。副钩提升由电动机 M4 拖动，由凸轮控制器 AC3 来控制，YA4 为交流电磁制动器，SQU1 为副钩提升的限位开关。主钩提升由电动机 M5 拖动，由主令控制器 SA 和一台磁力控制屏控制，YA5、YA6 为交流电磁制动器，提升限位开关为 SQU2，下降限位开关 SQU3。

总电源由电源隔离开关 QS1 控制，整个起重机电路和各控制电路均用熔断器作为短路保护，起重机的导轨应当可靠地接零。在起重机上，每台电动机均由各自的过电流继电器作为过载保护。过电流继电器是双线圈式的，其中任一线圈的电流超过允许值时，都能使过电流继电器动作，分断常闭触点，切断电动机电源；过电流继电器的整定值一般整定在被保护电动机额定电流的 2.25～2.5 倍。总电流过载保护的过电流继电器 KI 是串联在公用线的一相中，它的线圈电流将是流过所有电动机定子电流的和，它的整定值不应超过全部电动机额定电流总和的 1.5 倍。

过载时，都能使继电器动作，分断动断触点，切断电动机为了保障维修人员的安全，在驾驶室舱口门及横梁栏杆门上分别装有安全行程开关 SQ1、SQ2 和 SQ3，其动合触点与过电流继电器的切断触点相串联，若有人由驾驶室舱口或从大车轨道跨入桥架时，安全开关将随门的开启而分断触点，使主接触器 KM 因线圈断电而释放，切断电源；同时主钩电路的接触器也因控制电源断电而全部释放，这样起重机的全部电动机都不能启动运行，从而保证了人身的安全。起重机还设置了零位连锁，所有控制器的手柄都必须扳回零位后，按下启动按钮 SB，起重机才能启动运行；连锁的目的是为了防止电动机在电阻切除的情况下直接启动，否则会产生很大的冲击电流而造成事故。在驾驶室的保护控制盘上还装有一个单刀单投的紧急开关 SA，串联在主接触器 KM 的线圈电路中。正常时是闭合的，当发生紧急情况时，驾驶员可立即拉开此开关，切断电源，防止事故发生。

电源总开关、熔断器、主接触器 KM 以及过电流继电器都安装在保护控制盘上；保护控制盘、凸轮控制器及主令控制器均安装在驾驶室内，便于司机操作；电动机转子的串联电阻及磁力控制屏则安装在大车桥架上。

供给起重机使用的三相交流电流（380V）由集电器从滑触线引接到驾驶室的保护控制盘上，再从保护控制盘引出两组电源送至凸轮控制器、主令控制器、磁力控制屏及各电动机。另一相，称为电源的公用相，则直接从保护控制盘接到各电动机的定子绕组接线端上。所有安装在小车上的电动机、交流电磁制动器和行程开关的电源都是从滑触线上引接的。

2. 控制电路分析

（1）主接触器 KM 的控制。在起重机投入运行前，应当将所有凸轮控制器手柄扳到"零位"，则凸轮控制器 AC1、AC2、AC3 在主接触器 KM 控制线路的动断触点都处于闭合状态，然后按下保护控制盘上的起动按钮 SB，KM 得电吸合，KM 主触点闭合，使各电动机三相电源进线有电；同时，接触器 KM 的动合辅助触点闭合自锁，主接触器 KM 线圈便从另一条通路得电。但由于各凸轮控制器的手柄都扳到零位，只有 L3 相电源送入电动机定子中，而 L1 和 L2 两相电源没有送到电动机的定子绕组中，故电动机还不会运转，必须通过凸轮控制器才能使电动机运转。

（2）凸轮控制器的控制。20/5t 交流桥式起重机的大车、小车和副钩都是由凸轮控制器来控制的。

现以小车为例来分析凸轮控制器 AC2 的工作情况，小车凸轮控制器触点通断表参见表 6-4。起重机投入运行前，把小车凸轮控制器的手柄扳到"零位"，此时大车和副钩的凸轮控制器也都放在"零位"。然后按下启动按钮 SB，主接触器 KM 得电吸合，KM 主触点闭合，总电源被接通。当手柄扳到向前位置的任一挡时，凸轮控制器 AC2 的主触点闭合。分别将 V14、3M3 和 W14、3M1 接通，电动机 M3 正转，小车向前移动；反之将手柄扳到向后位置时，凸轮控制器 AC2 的主触点闭合，分别将 V14、3M1 和 W14、3M3 接通，电动机 M3 反转，小车向后移动。

当将凸轮控制器 AC2 的手柄扳到第一挡时，五对动合触点（4 列）全部断开，小车电动机 M3 的转子绕组串入全部电阻器，此时电动机转速较慢；当凸轮控制器 AC2 的手柄扳到第二挡时，最下面一对动合触点闭合，切除一般电阻器，电动机 M3 加速。这样，凸轮控制器手柄从一挡循序转到下一挡的过程中，触点逐个闭合，依次切除转子电路中的起动电阻器，直至电动机 M3 达到预定的转速下运转。

大车的凸轮控制器，其工作情况与小车的基本类似。但由于大车的一台凸轮控制器 AC1 要同时控制 M1 和 M2 两台电动机，因此多了五对动合触点，以供切除第二台电动机的转子绕组串联电阻器用，大车凸轮控制器触点通断表参见表 6-2。

副钩的凸轮控制器 AC3 的工作情况与小车相似，副钩凸轮控制器触点通断表参见表 6-5，但副钩带有重负载，并考虑到负载的重力作用，在下降负载时，应把手柄逐级扳到"下降"的最后一挡，然后根据速度要求逐级退回升速，以免引起快速下降而造成事故。

当运转中的电动机需做反方向运转时，应将凸轮控制器的手柄先扳到"零位"，并略为停顿一下再做反向操作，以减少反向时的冲击电流，同时也使传动机构获得较平衡的反向过程。

（3）主令控制器的控制。由于主钩电动机 M5 的容量较大，应使其在转子电阻对称情况下工作，使三相转子电流平衡，采用图 6-22（b）的主令控制器 AC4 来控制。

20/5t 交流桥式起重机控制主钩升降的主令控制器有 12 对触点（1~12），控制 12 条回路。主钩上升时，主令控制器 AC4 的控制与凸轮控制器的动作基本相似，但它是通过接触器来控制的。当接触器线圈 KMUP 和 KMB 得电吸合时，主钩即上升。主钩的下降有 6 挡位置"C""1""2"挡为制动下降位置，可使重负载能低速下降，形成反接制动状态；"3""4""5"挡为强力下降位置，主要用作轻载或空钩快速下降。主令控制器触点通断表参见表 6-3。

先合上电源开关 QS3，并将主令控制器 AC4 的手柄扳到"0"位置后，触头 SA1 闭合，欠电压继电器 KA 线圈得电而吸合，其动合触点闭合自锁，为主钩电动机 M5 工作做好准备。

1）提升重物线路工作情况。提升时主令控制器的手柄有 6 个位置。

当主令控制器 AC4 的手柄扳到"上 1"位置时，触点 S3、S4、S6、S7 闭合。

S3 闭合，将提升限位开关 SQU2 串联在提升控制电路中，实现提升极限位保护。

S4 闭合，制动接触器 KMB 通电吸合，接触电磁制动器 YB5、YB6，松开电磁抱闸。

S6 闭合，上升接触器 KMUP 通电吸合，电动机定子接上正向电源，正转提升，线路串入 KMD 动断触点为互锁触点，与自锁触点 KMUP 并联的动断触点为互锁触点，与自锁触点 KMUP 并联的动断连锁触点 KM6 用来防止接触器 KMUP 在转子中完全切除起动电阻时通电。KM6 动断辅助触点的作用是互锁，防止当 KMUP 通电，转子中启动电阻全部切除时，KMUP 通电，电动机直接启动。

S7 闭合，反接制动接触器 KM1 通电吸合，切除转子电阻 R1。此时，电动机启动转矩较小，一般吊不起重物，只作为张紧钢丝绳，消除吊钩传动系统齿轮间隙的预备启动级。

当主令控制器手柄扳到"2"位置时，除"1"位置已闭合的触点仍然闭合外，S8 闭合，反接制动接触器 KM2 通电吸合，切除转子电阻 R2，转矩略有增加，电动机加速。

同样，将主令控制器手柄从提升"2"位依次扳到 3、4、5、6 位置时，接触器 KM3、KM4、KM5、KM6 依次通电吸合，逐级短接转子电阻，其通电顺序由上述各接触器线圈电路中的动合触点 KM3、KM4、KM5、KM6 得以保证。由此可知，提升时电动机均工作在电动状态，得 5 种提升速度。

2）下降过程。下降重物时，主令控制器也有 6 个位置，但根据重物的重量，可使电动机工作在不同的状态。

a. 扳到制动下降"C"时。

主令控制器 AC4 的 S3、S6、S7、S8 闭合，行程开关 SQU2 也闭合，接触器线圈 KMUP、KM1、KM2 得电吸合。由于触头 SA4 分断，故制动接触器 KMB 不得电，制动器抱闸没松开。尽管上升接触器线圈 KMUP 已得电吸合，并且电动机 M5 产生了提升方向的转矩，但在制动器的抱闸和载重的重力作用下，迫使电动机 M5 不能启动旋转。此时，短接转子电路电阻器中的 R1 和 R2，已为启动做好准备。

b. 扳到制动下降"1"时。

当主令控制器 AC4 的触头 S3、S4、S6、S7 闭合时，制动接触器线圈 KMB 得电吸合，电磁制动器 YB5、YB6 的抱闸松开；同时接触器线圈 KMUP、KM1 得电吸合。由于触头 S8 断开，使接触器线圈 KM2 失电而释放，转子电路电阻器 R2 重新串入，同时使电动机 M5 产生的提升方向的电磁转矩减少；若此时载重足够大，则在负载重力的作用下，电动机开始做反向（重物下降）运转，电磁转矩成为反接制动转矩，重负载低速下降。

c. 扳到制动下降"2"时。

当主令控制器 S 的触头 S3、S4、S6 闭合时，S7 断开，接触器线圈 KM1 失电释放，使转子电路电阻器 R1 也重新串入，此时转子电阻器全部被接入，使电动机向提升方向的转矩进一步减小，重负载下降速度比"1"位置的增大。这样可以根据重负载情况选择位置或第三挡位置，作为重负载适宜的下降速度。

d. 扳到强力下降"3"时。

当主令控制器 AC4 的 S2、S4、S5、S7 和 S8 闭合。S2 闭合同时，S3 断开，把上升行程开关 SQU2 从控制回路中切除，接入下降限位开关 SQU3。S6 断开，上升接触器线圈 KMUP 失电释放；S4 闭合制动接触器线圈 KMB 通电，松开电磁抱闸，允许电动机运行。S5 闭合，下降接触器线圈 KMD 得电吸合，电动机接入反向相序，产生下降电磁力矩；S7、S8 闭合，接触器线圈 KM1，KM2 得电吸合，使转子电路中切除 R1、R2 电阻器，制动接触器 KMB 通过 KMUP 的动合触点闭合自锁。若保证在接触器 KMD 与 KMUP 的切换过程中保持通电松闸，就不会产生机械冲击。这时，负载在电动机 M5 反转矩（下降方向）的作用下开始强力下降。如果负载较重，则下降速度将超过电动机同步转速，从而进入发电制动状态，形成高速下降，这时应将手柄转到下一挡。

e. 扳到强力下降"4"时。

当主令控制器 AC4 的触点 S2、S4、S5、S7、S8 和 S9 闭合时，接触器 KM3 得电吸合，又切除一段电阻器 R3；电动机 M5 进一步加速运转，使负载进一步加速下降，此时电动机工作在反接电动状态，如果负载较重，则下降速度将超过电动机同步转速，从而进入发电制动状态，形成高速下降，这时应将手柄转到下一挡。

f. 扳到强力下降"5"时。

当主令控制器 AC4 的触点 S2、S4、S5、S7、S8、S9、S10、S11 和 S12 闭合时，接触器线圈 KM3 得电吸合，KM3 动合触点闭合，使得接触器线圈 KM4、KM5、KM6 依次得电吸合，它们的动合触点闭合，电阻器 R4、R5、R6 被逐级切除，最后转子上只保留了一段常接电阻 R7，从而避免产生过大的冲击电流。电动机 M5 以较高速运转，负载加速下降，此时电动机又工作在反接电动状态。在这个位置上，如果负载较重时，负载转矩大于电磁转矩，转子转速大于同步转速，电动机又进入发电制动状态。其转子转速会大于同步转速，但是比"3""4"挡下降速度要小很多。

在磁力控制屏电路中，串联在接触器 KMUP 线圈电路中的 KM6 动断触点与接触器 KMUP 的动合触点并联，只有在接触器 KM6 失电的情况下，接触器 KMUP 才能得电自锁，这就保证了只有在转子电路中保持一定的附加电阻器的前提下才能进行反接制动，以防止反接制动时造成过大的冲击电流。

由此知道主令控制器手柄位于下降"C"位置时为提起重物后稳定地停在空中或吊着移行，或用于重载时准确停车；下降"1"位与"2"位为重载时做低速下降用；下降"3"位与"4"位、"5"位为轻载或空钩低速强迫下降用。

（4）保护箱的工作原理。采用凸轮控制器、凸轮或主令控制器控制的交流桥式起重机，广泛使用保护箱来实现过载、短路、失电压、零位、终端、紧急、舱口栏杆安全等保护。该保护箱是为凸轮控制器操作的控制系统进行保护而设置的。保护箱由刀开关、接触器、过电流继电器、熔断器等组成。

1）保护箱类型。桥式起重机上用的标准型保护箱是 XQB1 系列，其型号及所代表的意义如下：

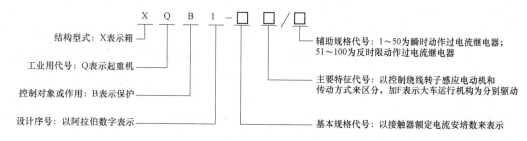

2）主电路分析。图 6-22（c）为 XQB1 系列保护箱的主电路原理图，由它来实现用凸轮控制器控制的大车、小车和副钩电动机的保护。图中，QS 为总电源刀开关，用来在无负荷的情况下接通或者切断电源。KM 为线路接触器，用来接通或分断电源，兼作失电压保护。KI 为凸轮控制器操作的各机构拖动电动机的总过流继电器，用来保护电动机和动力线路的一相过载和短路。KI3、KI4 分别为小车和副钩电动机过电流继电器，KI1、KI2 为大车

电动机的过电流继电器，过电流继电器的电源端接至大车凸轮控制器触点下端，而大车凸轮控制器的电源端接至线路接触器 KM 下面的 V12、W12 端。KI1~KI4 过电流继电器是双线圈式的，分别作为大车、小车、副钩电动机两相过电流保护，其中任何一线圈电流超过允许值都能使继电器动作，并断开它的动断触点，使线路接触器 KM 断电，切断总电源，起到过电流保护作用。主钩电动机使用 PQR10A 系列控制屏，控制屏电源由 V12、W12 端获得，主钩电动机 U 相接至 U13 端。

在实际应用中，当某个机构（小车、大车、副钩等）的电动机使用控制屏控制时，控制屏电源自 U13、V12、W12 获得。XQB1 保护箱主电路的接线情况如下：

a. 大车由两台电动机拖动，将图（c）中的 U13、1M1、1M3 和 U13、2M1、2M3 分别接到两台电动机的定子绕组上。V12、W12 经大车凸轮控制器接至图中的 a、b 端。

b. 将图（c）中的 V14、W14 经小车凸轮控制器 AC2 接至小车电动机定子绕组的两相上，U13 直接接至另一相上。

c. 将图（c）中的 V15、W15 经副钩凸轮控制器 AC3 接至副钩电动机定子绕组的两相上，U13 直接至另一相上。

d. 主钩升降机构的电动机是采用主令控制器和接触器进行控制的。接线时将图（a）中的 V12、W12 经过电流继电器、两个接触器（按电动机正、反转接线）接至电动机的两相绕组上，U13 直接接至另一相绕组上。

3）控制电路分析。如图 6-22（d）所示为 XQB1 保护箱控制电路原理图。图中，SA 为紧急事故开关，在出现紧急情况下切断电源。SQ1~SQ3 为舱口门、横梁门安全开关，任何一个门打开时起重机都不能工作。KI~KI4 为过电流继电器的触点，实现过载和短路保护。AC1、AC2、AC3 分别为大车、小车、副钩凸轮控制器零位闭合触点，每个凸轮控制器采用了三个零位闭合触点，只在零位闭合的触点与按钮 SB 串联；用于自锁回路的两个触点，其中一个为零位和正向位置均闭合，另一个为零位和反向位置均闭合，它们和对应方向的限位开关串联后并联在一起，实现零位保护和自锁功能。SQL、SQR 为大车移行机构的行程限位开关，装在桥梁架上，挡铁装在轨道的两端；SQFW、SQBW 为小车移行机构行程开关，装在桥架上小车轨道的两端，挡铁装在小车上；SQU1 为副钩提升限位开关。这些行程开关实现各自的终端保护作用。KM 为线路接触器线圈，KM 的闭合控制着主钩、副钩、大车、小车的供电。

当三个凸轮控制器都在零位；舱门口、横梁门均关上，SQ1~SQ3 均闭合；紧急开关 SA 闭合；无过电流，KI~KI4 均闭合时按下起动按钮，线路接触器 KM 通电吸合且自锁，其主触点接通主电路，给主、副钩及大车、小车供电。

当起重机工作时，线路接触器 KM 的自锁回路中，并联的两条支路只有一条是通的，例如小车向前时，控制器 AC2 与向后限位开关 SQFW 串联的触点断开，与 SQBW 串联的触点是闭合的，向前限位开关 SQBW 起限位作用等。

当线路接触器 KM 断电切断电源时，整机停车工作。若要重新工作，必须将全部凸轮控制器手柄置于零位，电源才能接通。

第 7 章

PLC 与变频器控制电路

7.1 电动机启停 PLC 控制程序

7.1.1 原理图

单开关控制电动机启停控制电路原理图如图 7‑1 所示。

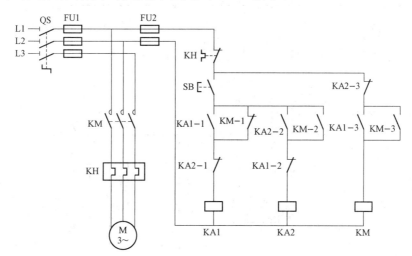

图 7‑1 单开关控制电动机启停控制电路

7.1.2 工作原理分析

在图 7‑1 的控制电路中，合上电源开关 QS：

第一次按下按钮 SB，KA1 线圈得电，KA1‑2 断开对 KA2 连锁，KA1‑1 闭合自锁，KA1‑3 闭合，KM 线圈得电，KM‑1 断开，KM‑2 闭合为 KA2 线圈得电做准备，KM‑3 闭合自锁，KM 主触点闭合，电动机 M 得电运转，松开按钮 SB，KA1 线圈断电，KA1 触点复位。

第二次按下按钮 SB，KA2 线圈得电，KA2‑1 断开对 KA1 连锁，KA2‑2 闭合自锁，KA2‑3 断开，KM 线圈断电，KM‑1 闭合，KM‑2 断开，为 KA1 线圈得电做准备，KM‑3 断开解除自锁，KM 主触点断开，电动机 M 断电停止运转，松开按钮 SB，KA2 线圈断电，KA2 触点复位。

以后再按按钮，重复上述动作。

7.1.3 控制要求

用 PLC 按三相异步电动机单按钮控制启停控制电路进行编程，即第一次按下控制按钮 SB，电动机得电启动运转，第二次按下控制按钮 SB，电动机断电停止运转。

7.1.4 编程

1. I/O 分配表

三相异步电动机单按钮控制启停控制电路 I/O 分配表见表 7-1。

表 7-1　　　　　　　三相异步电动机单按钮控制启停控制电路 I/O 分配表

I			O		
元件代号	作用	软元件	元件代号	作用	软元件
SB	控制按钮	X0	KM	控制电动机	Y0

2. PLC 接线图

三相异步电动机单按钮控制启停控制电路 PLC 接线图如图 7-2 所示。

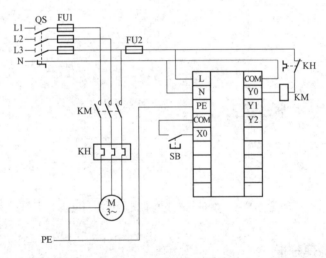

图 7-2　三相异步电动机单开关启停控制 PLC 接线图

3. 梯形图

三相异步电动机单按钮控制启停控制电路 PLC 梯形图如图 7-3 所示。

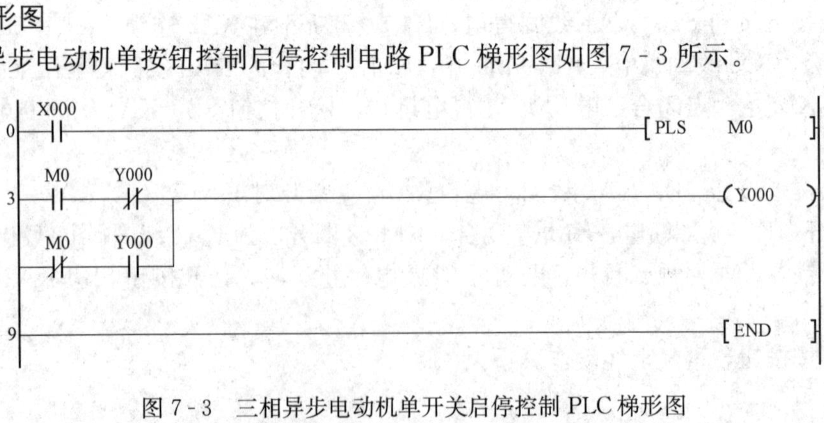

图 7-3　三相异步电动机单开关启停控制 PLC 梯形图

7.2　三相异步电动机顺序控制程序

7.2.1　原理图

三相异步电动机顺序启动控制电路原理图如图 7 - 4 所示。

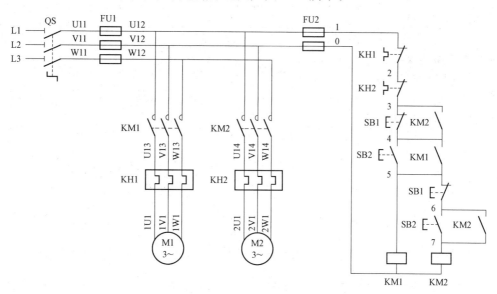

图 7 - 4　三相异步电动机顺序启动控制电路原理图

7.2.2　原理分析

在图 7 - 4 的控制电路中，电动机的启动顺序是 M1 启动后，M2 才能启动；电动机停止的顺序是只有 M2 先停止，M1 再停止。

具体控制如下：启动时，先按下 M1 的启动按钮 SB2，接触器 KM1 线圈得电，KM1 动合触点（4～5）闭合自锁，并给 KM2 控制提供电源；KM1 主触点闭合，电动机 M1 启动运转；再按下 SB4，接触器 KM2 线圈得电，KM2 自锁触点（6～7）闭合自锁；KM2 动合触点（3～4）闭合，将停止按钮短接；KM2 主触点闭合，电动机 M2 启动运转。停止时，先按下停止按钮 SB3，KM2 线圈失电，KM2 触点复位，电动机 M2 失电停止运转；再按下停止按钮 SB1，接触器 KM1 线圈失电，KM1 触点复位，电动机 M1 停止运转。

7.2.3　控制要求

用 PLC 编程，按三相异步电动机顺序启动控制原理控制。

7.2.4　编程

1. I/O 分配表

三相异步电动机顺序启动控制电路 I/O 分配表见表 7 - 2。

表 7 - 2　　　　　　　　　三相异步电动机顺序启动控制电路 I/O 分配表

I			O		
元件代号	作用	软元件	元件代号	作用	软元件
SB1	控制按钮	X0	KM1	控制电动机 M1	Y0
SB2	控制按钮	X1	KM2	控制电动机 M2	Y1
SB3	控制按钮	X2			
SB4	控制按钮	X3			

2. PLC 接线图

三相异步电动机顺序启动控制电路 PLC 接线图如图 7 - 5 所示。

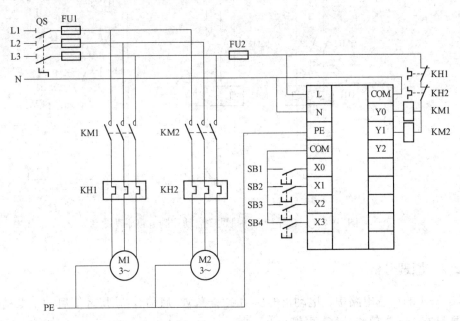

图 7 - 5　三相异步电动机顺序启动控制 PLC 接线图

3. 梯形图

三相异步电动机顺序启动控制电路 PLC 梯形图如图 7 - 6 所示。

图 7 - 6　三相异步电动机顺序启动控制 PLC 梯形图

7.3　三相异步电动机 Y-△降压启动控制程序

7.3.1　原理图

三相异步电动机 Y-△降压启动控制原理图如图 7-7 所示。

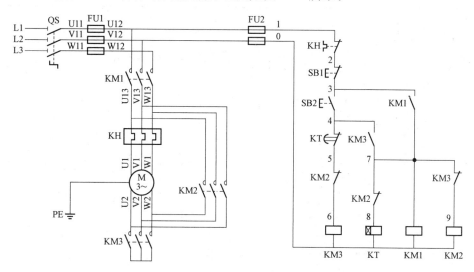

图 7-7　三相异步电动机 Y-△降压启动控制原理图

7.3.2　原理分析

在图 7-7 中，启动时，电动机三相绕组连接成星形接法；运行时，电动机三相绕组连接成三角形接法。

具体控制为：按下启动按钮 SB2，接触器 KM3 线圈得电，KM3 动断触点（7~9）断开对 KM2 连锁；KM3 动合触点（4~7）闭合，KM1 和 KT 线圈得电，KM1 动合触点（3~7）闭合自锁；KM1 主触点闭合，电动机绕组接通电源；KM3 主触点闭合，电动机绕组接成星形进行降压启动；KT 延时动断触点（4~5）断开，KM1 线圈失电，KM1 触点复位；接触器 KM2 线圈得电，KM2 动断触点（5~6）断开对 KM3 连锁；LM2 动断触点（7~8）断开，KT 线圈失电，KT 触点复位为下次启动做准备；KM2 主触点闭合，电动机绕组接成三角形接法进入正常运转。停止时，按下停止按钮 SB1 即可。

7.3.3　控制要求

用 PLC 编程，按三相异步电动机 Y-△降压启动控制原理控制。

7.3.4　编程

1. I/O 分配表

三相异步电动机 Y-△降压启动控制 PLC 的 I/O 分配表见表 7-3。

表7-3 三相异步电动机 Y—△ 降压启动控制 PLC 的 I/O 分配表

I			O		
元件代号	作用	软元件	元件代号	作用	软元件
SB1	控制按钮	X0	KM1	控制电动机电源	Y0
SB2	控制按钮	X1	KM2	控制电动机三角形接法	Y1
—	—	—	KM3	控制电动机星形接法	Y2

2. PLC 接线图

三相异步电动机 Y—△ 降压启动控制 PLC 接线图如图7-8所示。

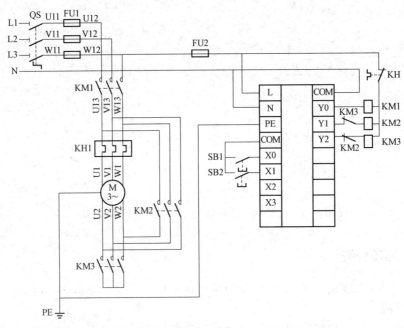

图7-8 三相异步电动机 Y-△ 降压启动控制 PLC 接线图

3. 梯形图

三相异步电动机 Y—△ 降压启动控制 PLC 梯形图如图7-9所示。

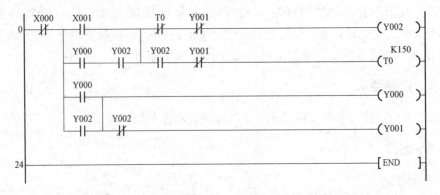

图7-9 三相异步电动机 Y-△ 降压启动控制 PLC 梯形图

7.4　三相异步电动机反接制动 PLC 控制程序

7.4.1　原理图

三相异步电动机正反转带反接制动控制电路原理图如图 7-10 所示。

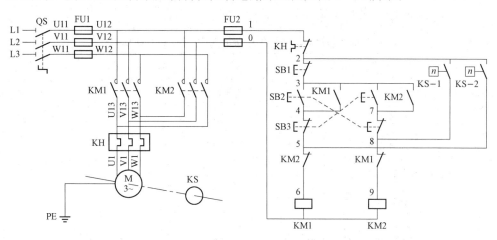

图 7-10　三相异步电动机正反转带反接制动控制电路原理图

7.4.2　原理分析

在图 7-10 中，合上电源开关 QS：

启动时：按下启动按钮 SB2，SB2 动断触点断开对 KM2 连锁；SB2 动合触点闭合，交流接触器 KM1 线圈得电吸合，KM1 动断触点断开对 KM2 连锁；KM1 动合触点闭合自锁；KM1 主触点闭合，电动机 M 得电正向启动运转，当电动机转速上升到 100r/min 以上时，速度继电器 KS-1 闭合，为停止时反接制动做准备。

换向时：按下启动按钮 SB3，SB3 动断触点断开，交流接触器 KM1 线圈失电，KM1 动合触点断开解除自锁；KM1 主触点断开，电动机 M 失电；KM1 动断触点闭合解除对 KM2 连锁；SB3 动合触点闭合，交流接触器 KM2 线圈得电吸合，KM2 动断触点断开对 KM1 连锁；KM2 动合触点闭合自锁；KM2 主触点闭合，电动机 M 得电反向启动运转，当电动机转速上升到 100r/min 以上时，速度继电器 KS-2 闭合为停止时反接制动做准备。

停止时：按下停止按钮 SB1，交流接触器 KM1（或 KM2）线圈失电，KM1（或 KM2）动合触点断开解除自锁；KM1（或 KM2）主触点断开，电动机 M 失电惯性转动；KM1（或 KM2）动断触点闭合，KM2（或 KM1）线圈得电吸合，KM2（或 KM1）主触点闭合，电动机 M 得反相序电源，开始反接制动，当电动机转速下降到 70r/min 以下时，速度继电器 KS-1（或 KS-2）断开，交流接触器 KM2（或 KM1）线圈失电，KM2（或 KM1）主触点断开，电动机 M 失电停止转动。松开停止按钮 SB1，反接制动结束。

7.4.3 控制要求

按以上控制原理用 PLC 控制三相异步电动机正反转带反接制动控制。

7.4.4 编程

1. I/O 分配表

三相异步电动机正反转带反接制动控制 PLC 的 I/O 分配表见表 7-4。

表 7-4　　　三相异步电动机正反转带反接制动控制 PLC 的 I/O 分配表

I			O		
元件代号	作用	软元件	元件代号	作用	软元件
SB1	停止按钮	X0	KM1	控制电动机正转	Y0
SB2	正向启动按钮	X1	KM2	控制电动机反转	Y1
SB3	反向启动按钮	X2			
KS-1	速度继电器	X3			
KS-2	速度继电器	X4			

2. PLC 接线图

三相异步电动机正反转带反接制动控制 PLC 的接线图如图 7-11 所示。

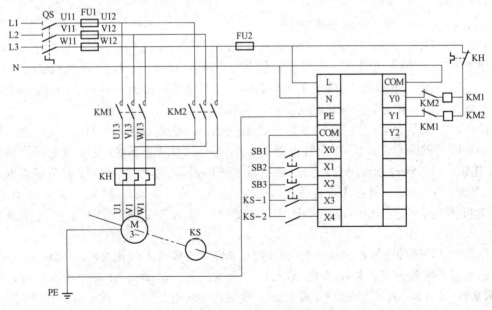

图 7-11　三相异步电动机正反转带反接制动控制 PLC 的接线图

3. 梯形图

三相异步电动机正反转带反接制动控制 PLC 的梯形图如图 7-12 所示。

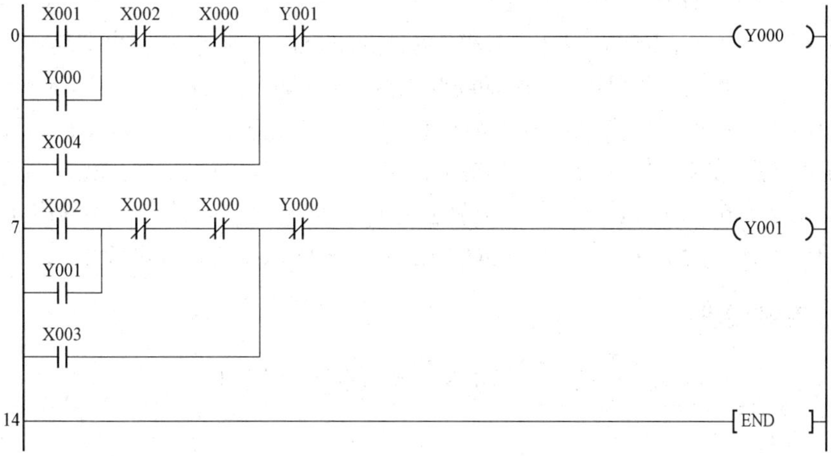

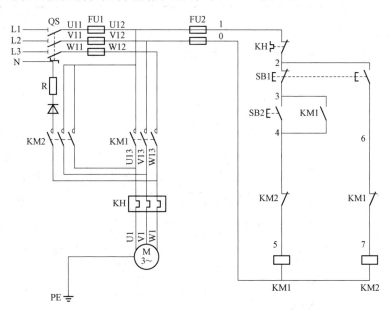

图 7-12　三相异步电动机正反转带反接制动控制 PLC 的梯形图

7.5　PLC 控制程序

7.5.1　原理图

三相异步电动机能耗制动控制电路原理图如图 7-13 所示。

图 7-13　三相异步电动机能耗制动控制电路原理图

7.5.2　原理分析

在图 7-13 中，合上电源开关 QS。

启动时：按下启动按钮 SB2，交流接触器 KM1 线圈得电吸合，KM1 动断触点断开对 KM2 连锁；KM1 动合触点闭合自锁；KM1 主触点闭合，电动机 M 得电运转。

停止时：按下停止按钮 SB1，SB1 动断触点断开，KM1 线圈失电，KM1 动合触点断开解除自锁；KM1 动断触点闭合解除对 KM2 连锁；KM1 主触点断开，电动机 M 失电惯性转动；SB1 动合触点闭合，接触器 KM2 线圈得电吸合，KM2 动断触点断开对 KM1 连锁；KM2 主触点闭合，电动机 M 得到由二极管整流的脉动直流电，进行能耗制动，电动机 M 迅速停转，松开停止按钮 SB1，KM2 线圈失电，KM2 触点复位，能耗制动过程结束。

7.5.3 控制要求

按以上控制原理用 PLC 控制三相异步电动机能耗制动控制。

7.5.4 编程

1. I/O 分配表

三相异步电动机能耗制动控制 PLC 的 I/O 分配表见表 7 - 5。

表 7 - 5　　　　　　　　三相异步电动机能耗制动控制 PLC 的 I/O 分配表

I			O		
元件代号	作用	软元件	元件代号	作用	软元件
SB1	停止按钮	X0	KM1	控制电动机运转	Y0
SB2	启动按钮	X1	KM2	控制电动机能耗制动	Y1

2. PLC 接线图

三相异步电动机能耗制动控制 PLC 的接线图如图 7 - 14 所示。

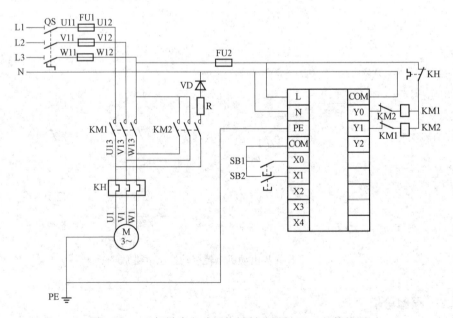

图 7 - 14　三相异步电动机能耗制动控制 PLC 的接线图

3. 梯形图

三相异步电动机能耗制动控制 PLC 的梯形图如图 7-15 所示。

图 7-15　三相异步电动机能耗制动控制 PLC 的梯形图

7.6　多级皮带输送机 PLC 控制程序

7.6.1　控制要求

某皮带输送系统由 3 条皮带输送机组成，分别由 3 台电动机驱动。其控制要求是：

（1）按下启动按钮，3 号皮带输送机先启动；3s 后 2 号皮带输送机自动启动；再过 3s 后 1 号皮带输送机自动启动。

（2）当按下停止按钮，其停止过程与启动过程相反。即 1 号皮带输送机先停止；经过 3s 后，2 号皮带输送机自动停止；再经过 3s 后，3 号皮带输送机自动停止。

（3）当某台皮带输送机发生故障时，该皮带输送机及以前的皮带输送机立即停止；该皮带输送机后面的皮带输送机经过 3s 后自动停止。

7.6.2　编程

1. I/O 分配表

皮带输送系统 PLC 控制 I/O 分配表见表 7-6。

表 7-6　　　　　　　　　　皮带输送系统 PLC 控制 I/O 分配表

I			O		
元件代号	作用	软元件	元件代号	作用	软元件
SB1	停止控制按钮	X0	KM1	控制电动机 M1	Y0
SB2	启动控制按钮	X1	KM2	控制电动机 M2	Y1
KH1	M1 过载保护	X2	KM3	控制电动机 M3	Y2
KH2	M2 过载保护	X3			
KH3	M3 过载保护	X4			

2. PLC 接线图

皮带输送系统 PLC 控制接线图如图 7-16 所示。

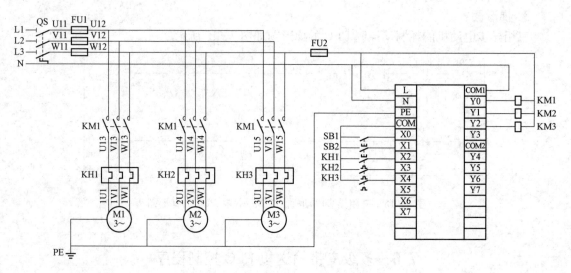

图 7-16　皮带输送系统 PLC 控制接线图

3. 梯形图

皮带输送系统 PLC 控制梯形图如图 7-17 所示。

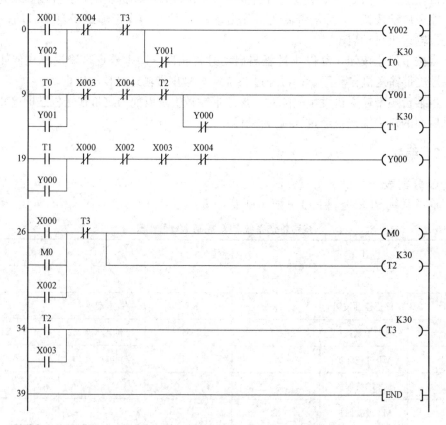

图 7-17　皮带输送系统 PLC 控制梯形图

7.7 运料小车 PLC 控制程序（一）

7.7.1 控制要求

运料小车运行示意图如图 7-18 所示，其一个工作周期的控制要求如下：

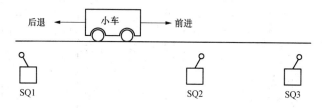

图 7-18 运料小车运行示意图

（1）按下启动按钮 SB1，小车在原位 SQ1 处，电动机正转，小车前进，前进至 SQ2 处，撞击行程开关 SQ2 后，小车电动机反转，小车后退。

（2）小车后退至行程开关 SQ1 处，撞击行程开关 SQ1 后，小车电动机停止转动，小车停止，经过 30s 后，小车第二次前进，前进至行程开关 SQ3 处，撞击行程开关 SQ3，再次后退返回。

（3）当后退至行程开关 SQ1 处时，小车停止。

7.7.2 编程

1. I/O 分配表

运料小车运行 PLC 控制 I/O 分配表见表 7-7。

表 7-7　　　　　　　　　　运料小车运行 PLC 控制 I/O 分配表

I			O		
元件代号	作用	软元件	元件代号	作用	软元件
SB1	启动按钮	X0	KM1	控制电动机正转	Y0
KH1	启动控制按钮	X1	KM2	控制电动机反转	Y1
SQ1	原位	X2			
SQ2	位置一	X3			
SQ3	位置二	X4			

2. PLC 接线图

运料小车运行 PLC 控制接线图如图 7-19 所示。

3. 梯形图

运料小车运行 PLC 控制梯形图如图 7-20 所示。

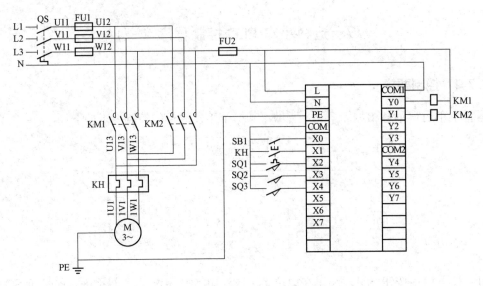

图 7 - 19　运料小车运行 PLC 控制接线图

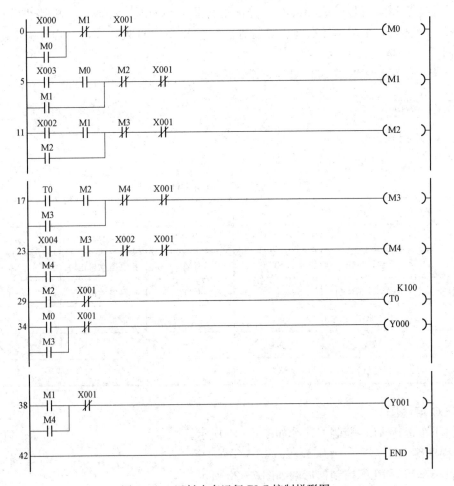

图 7 - 20　运料小车运行 PLC 控制梯形图

7.8　运料小车 PLC 控制程序 (二)

7.8.1　控制要求

运料小车运行示意图如图 7 - 21 所示，图中 SQ1 是 A 地停止限位开关，SQ2 是 B 地停止限位开关，SQ3 是 A 地安全限位开关，SQ4 是 B 地安全限位开关。具体要求如下：

(1) 小车可在 A、B 两地分别启动停止。A 地装料，B 地卸料。

(2) 在自动状态下无论在何地启动均先到 B 地停止，打开底门卸料，20s 后，运行到 A 地停 20s 装料。装料结束后自动运行到 B 地停止，打开底门卸料，20s 后再关闭底门向 A 地运行，如此循环。

(3) 小车允许手动操作控制小车在 A、B 两地间允许。

(4) 任何情况下均可使小车停车。

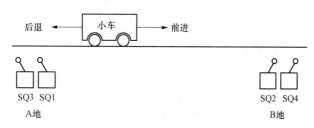

图 7 - 21　运料小车运行示意图

7.8.2　编程

1. I/O 分配表

运料小车 PLC 控制 I/O 分配表见表 7 - 8。

表 7 - 8　运料小车 PLC 控制 I/O 分配表

I			O		
元件代号	作用	软元件	元件代号	作用	软元件
SB1	向 B 地启动按钮	X0	KM1	控制小车前进	Y0
SB2	向 A 地启动按钮	X1	KM2	控制小车后退	Y1
SB3	停止按钮	X2	YV	底门控制电磁铁	Y2
SA	手动/自动转换开关	X3			
SQ1	A 停止地限位开关	X4			
SQ2	B 停止地限位开关	X5			
SQ3	A 地安全限位开关	X6			
SQ4	B 地安全限位开关	X7			

2. PLC 接线图

运料小车 PLC 控制接线图如图 7 - 22 所示。

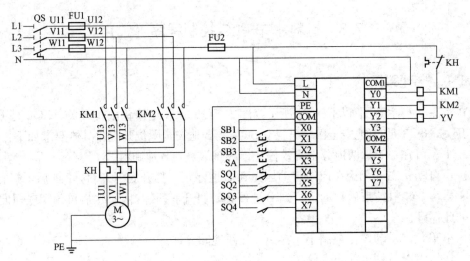

图 7-22 运料小车 PLC 控制接线图

3. 梯形图

运料小车 PLC 控制梯形图如图 7-23 所示。

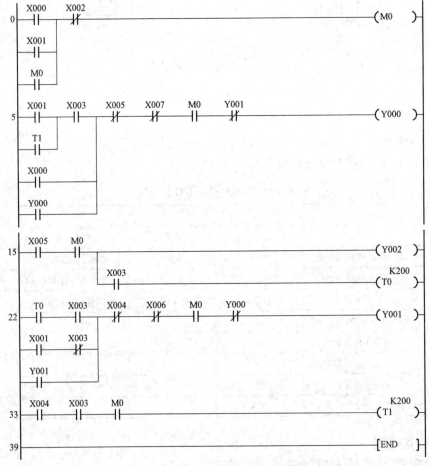

图 7-23 运料小车 PLC 控制梯形图

7.9　运料小车 PLC 控制程序（三）

7.9.1　控制要求

运料小车运行示意图如图 7-24 所示。

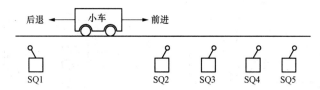

图 7-24　运料小车运行示意图

其控制要求如下：

初始状态时，小车回到原点 SQ1 的位置，且行程开关 SQ1 被压合。

第一次按下按钮 SB 时，小车前进到位置一 SQ2 处停止，5min 后退回到行程开关 SQ1 处停止。

第二次按下按钮 SB 时，小车前进到位置二 SQ3 处停止，8min 后退回到行程开关 SQ1 处停止。

第三次按下按钮 SB 时，小车前进到位置三 SQ4 处停止，10min 后退回到行程开关 SQ1 处停止。

第四次按下按钮 SB 时，小车前进到位置四 SQ5 处停止，6min 后退回到行程开关 SQ1 处停止。

以后再按下按钮 SB 时，重复以上过程。

7.9.2　编程

1. I/O 分配表

运料小车 PLC 控制 I/O 分配表见表 7-9。

表 7-9　　　　　　　　　　　　　运料小车 PLC 控制 I/O 分配表

I			O		
元件代号	作用	软元件	元件代号	作用	软元件
SB	控制按钮	X0	KM1	控制电动机 M 正转	Y0
SQ1	原点	X1	KM2	控制电动机 M 反转	Y1
SQ2	位置一	X2			
SQ3	位置二	X3			
SQ4	位置三	X4			
SQ5	位置四	X5			

2. PLC 接线图

运料小车 PLC 控制接线图如图 7-25 所示。

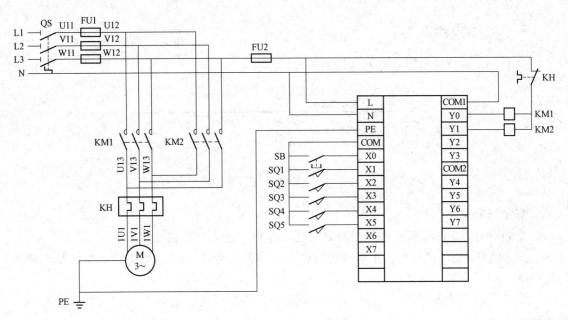

图 7-25 运料小车 PLC 控制接线图

3. 梯形图

运料小车 PLC 控制梯形图如图 7-26 和图 7-27 所示。

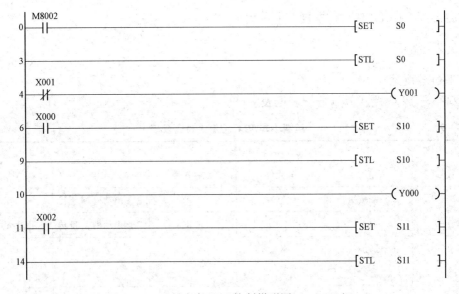

图 7-26 运料小车 PLC 控制梯形图（一）（1/3）

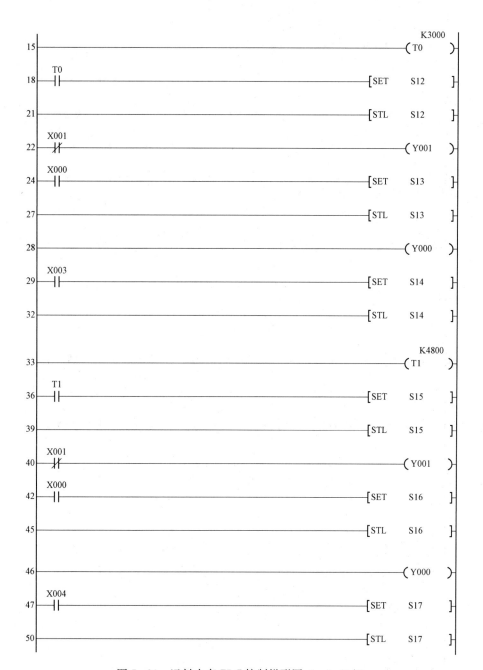

图 7-26　运料小车 PLC 控制梯形图（一）（2/3）

```
                                                              K6000
51 ├─────────────────────────────────────────────────( T2    )

      T2
54 ├──┤├──────────────────────────────────────────────[SET   S18 ]

57 ├─────────────────────────────────────────────────[STL   S18 ]

      X001
58 ├──┤/├─────────────────────────────────────────────( Y001 )

      X000
60 ├──┤├──────────────────────────────────────────────[SET   S19 ]

63 ├─────────────────────────────────────────────────[STL   S19 ]

64 ├─────────────────────────────────────────────────( Y000 )

      X005
65 ├──┤├──────────────────────────────────────────────[SET   S20 ]

68 ├─────────────────────────────────────────────────[STL   S20 ]

                                                              K3600
69 ├─────────────────────────────────────────────────( T3    )

      T3
72 ├──┤├──────────────────────────────────────────────( S0    )

75 ├─────────────────────────────────────────────────[RET ]

76 ├─────────────────────────────────────────────────[END ]
```

图 7 - 26　运料小车 PLC 控制梯形图（一）（3/3）

```
      M8002   M1
 0 ├──┤├────┤/├──────────────────────────────────────( M0   )
      M0
   ├──┤├──┤

      X000   M0   M2
 4 ├──┤├───┤├──┤/├───────────────────────────────────( M1   )
             M12
          ├──┤├──┤
      M1
   ├──┤├──┤

      X002   M1   M3
11 ├──┤├───┤├──┤/├───────────────────────────────────( M2   )
      M2
   ├──┤├──┤
```

图 7 - 27　运料小车 PLC 控制梯形图（二）（1/3）

198

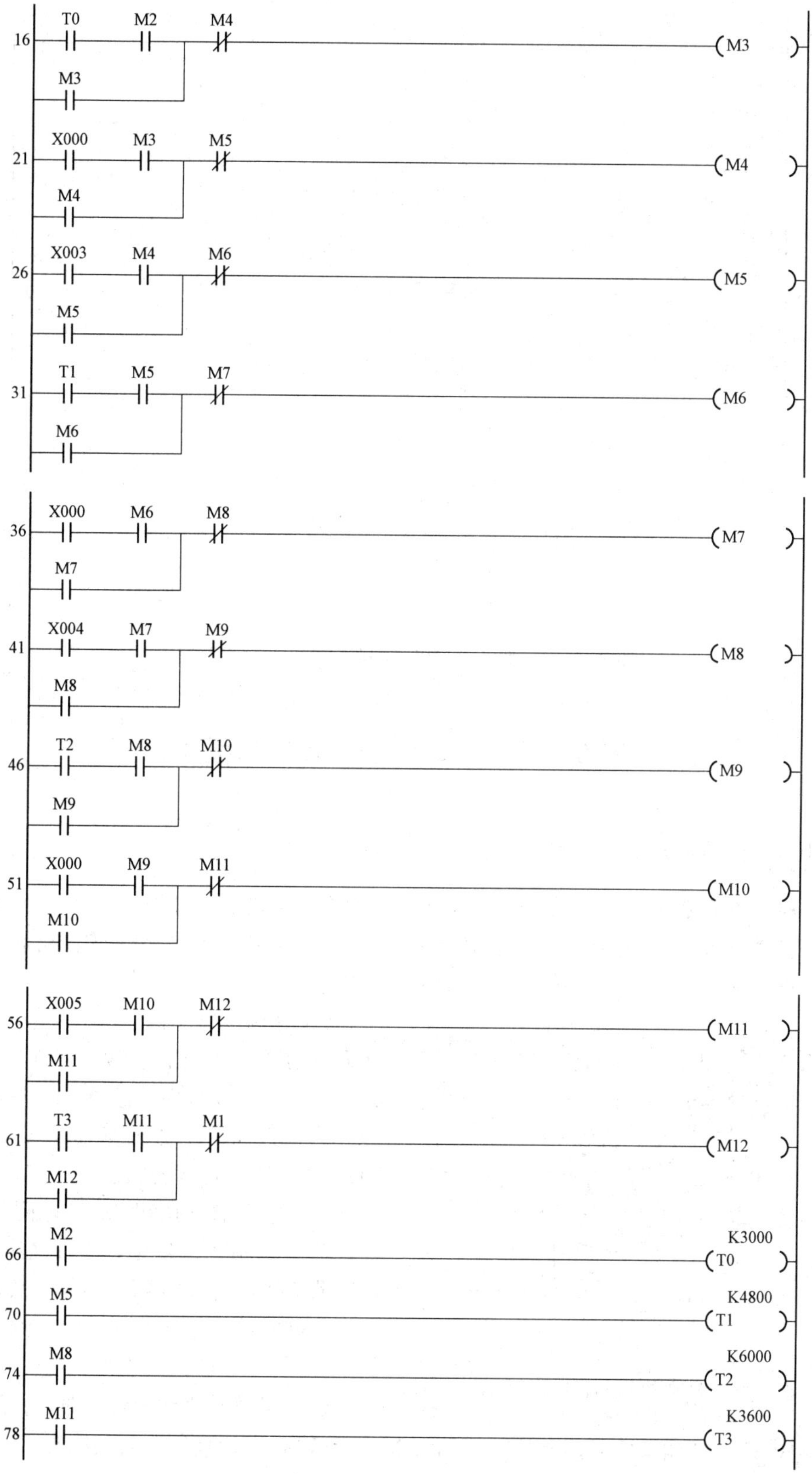

图 7 - 27　运料小车 PLC 控制梯形图（二）（2/3）

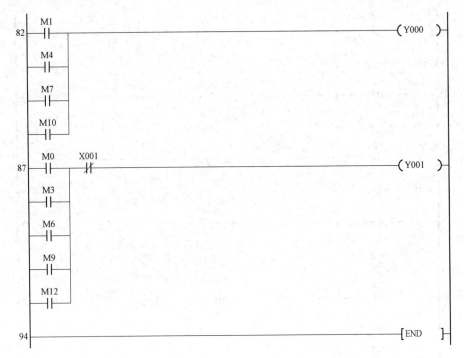

图 7-27　运料小车 PLC 控制梯形图（二）（3/3）

7.10　两种液体混合装置控制程序

7.10.1　控制要求

有两种液体 A 和 B 在容器内按一定比例进行混合，如图 7-28 所示，图中 H 为高液面传感器，M 为中液面传感器，L 为低液面传感器，当液面淹没时分别输出信号。YV1、YV2、YV3 分别为液体 A、液体 B 和混合后液体的电磁阀。具体控制如下：

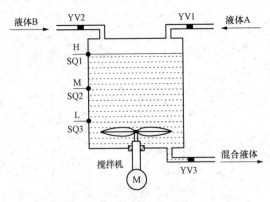

图 7-28　两种液体混合装置示意图

（1）初始状态时，各阀门是关闭的，容器为空容器，电磁阀 YV1、YV2、YV3 均为关闭状态，高液面传感器 H、中液面传感器 M、低液面传感器 L 处于"0"状态，电动机 M 处于停止运转状态。

（2）按下启动按钮 SB1，电磁阀 YV1 打开，液体 A 流入容器中，当液面淹没中液面传感器 M 时，传感器 M 动作，关闭电磁阀 YV1，同时打开电磁阀 YV2，液体 B 流入容器中。

（3）当液面达到高液面时，传感器 H 动作，电磁阀 YV2 关闭，同时启动搅拌电动机 M，对液体进行搅拌。在搅拌过程中，电动机带动搅拌机正转搅拌 5s，再反转搅拌 5s，如此重复，时间为 1min。

200

（4）搅拌完毕后，搅拌电动机 M 停止运转，打开电磁阀 YV3，放出混合液体。

（5）当液面下降到低液面时，传感器 L 为"0"状态，经过 20s 后容器放空，电磁阀 YV3 关闭。完成一个操作周期，并自动进入下一个操作周期。

（6）当按下停止按钮 SB2，不能立即停止，只有当完成当前操作周期后才能停止，系统处于初始状态。

7.10.2　编程

1. I/O 分配表

两种液体混合装置 PLC 控制 I/O 分配表见表 7 - 10。

表 7 - 10　　　　　　　　　两种液体混合装置 PLC 控制 I/O 分配表

I			O		
元件代号	作用	软元件	元件代号	作用	软元件
SB1	启动控制按钮	X0	KM1	控制电动机正转	Y0
SB2	停止控制按钮	X1	KM2	控制电动机反转	Y1
L	低液面传感器	X2	YV1	液体 A 电磁阀	Y4
M	中液面传感器	X3	YV2	液体 B 电磁阀	Y5
H	高液面传感器	X4	YV3	混合液体电磁阀	Y6

2. PLC 接线图

两种液体混合装置 PLC 控制接线图如图 7 - 29。

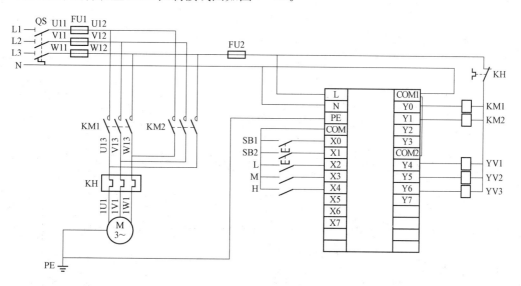

图 7 - 29　两种液体混合装置 PLC 控制接线图

3. 梯形图

两种液体混合装置 PLC 控制梯形图如图 7 - 30 所示。

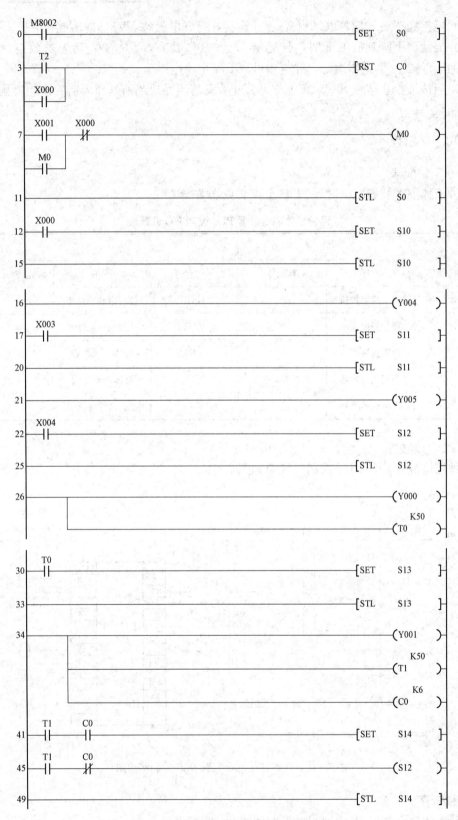

图 7 - 30   两种液体混合装置 PLC 控制梯形图 （1/2）

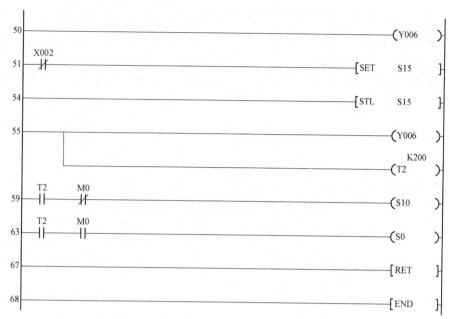

图 7-30　两种液体混合装置 PLC 控制梯形图（2/2）

7.11　多种液体自动混合装置控制程序

7.11.1　控制要求

某化学工业中要求甲、乙、丙 3 种液体按 1：1：0.5 的比例进行混合。混合后的液体送下一工序进行处理。如图 7-31 所示。

在图 7-31 中，H 为高液面信号传感器，M 为中液面传感器，L 为低液面传感器，当液面淹没传感器时，各传感器的控制触点接通，否则为断开状态。电磁阀 YV1、YV2、YV3 分别为控制甲、乙、丙 3 种液体流入的电磁阀，M 为搅拌电动机，YV4 为混合后液体的电磁阀。具体控制如下：

（1）初始状态时，容器为空容器，电磁阀 YV1、YV2、YV3、YV4 均为关闭状态。当接通电源时，电磁阀 YV4 打开 20s，清除容器内残存液体。

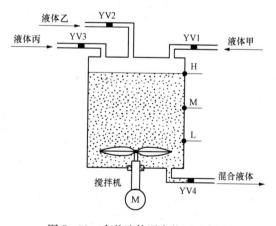

图 7-31　多种液体混合装置示意图

（2）按下启动按钮 SB1，电磁阀 YV1、YV2 同时打开，甲、乙两种液体流入容器中。当液面达到中液面时，中液面传感器 M 动作，电磁阀 YV1、YV2 关闭，同时电磁阀 YV3 打开，丙液体开始流入容器中。

（3）当液面达到高液面时，高液面传感器 H 动作，电磁阀 YV3 关闭，同时搅拌电动机启动运转，对液体进行搅拌操作。

203

（4）经过 1min 后，电动机 M 停止搅拌。电磁阀 YV4 打开，放出混合液体。

（5）当液面下降到低液面时，低液面传感器 L 断开，经过 20s 后，容器中混合液体排除干净，关闭电磁阀 YV4，完成一个工作周期，且自动进入下一个工作周期。

（6）若在生产过程中按下停止按钮 SB2，则要求程序能保证当前一个工作周期的操作全部处理完成后，回到初始状态。

7.11.2 编程

1. I/O 分配表

多种液体混合装置 PLC 控制 I/O 分配表见表 7-11。

表 7-11 多种液体混合装置 PLC 控制 I/O 分配表

I			O		
元件代号	作用	软元件	元件代号	作用	软元件
SB1	启动控制按钮	X0	KM1	控制电动机正转	Y0
SB2	停止控制按钮	X1	KM2	控制电动机反转	Y1
L	低液面传感器	X2	YV1	液体甲电磁阀	Y4
M	中液面传感器	X3	YV2	液体乙电磁阀	Y5
H	高液面传感器	X4	YV3	液体丙电磁阀	Y6
			YV4	混合液体电磁阀	Y7

2. PLC 接线图

多种液体混合装置 PLC 控制接线图如图 7-32 所示。

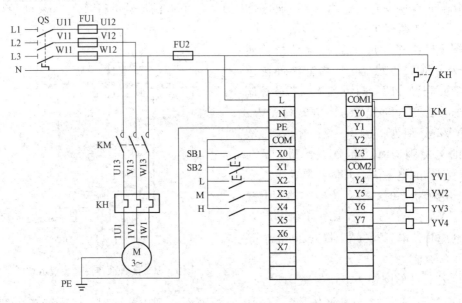

图 7-32 多种液体混合装置 PLC 控制接线图

3. 梯形图

多种液体混合装置 PLC 控制梯形图如图 7-33 所示。

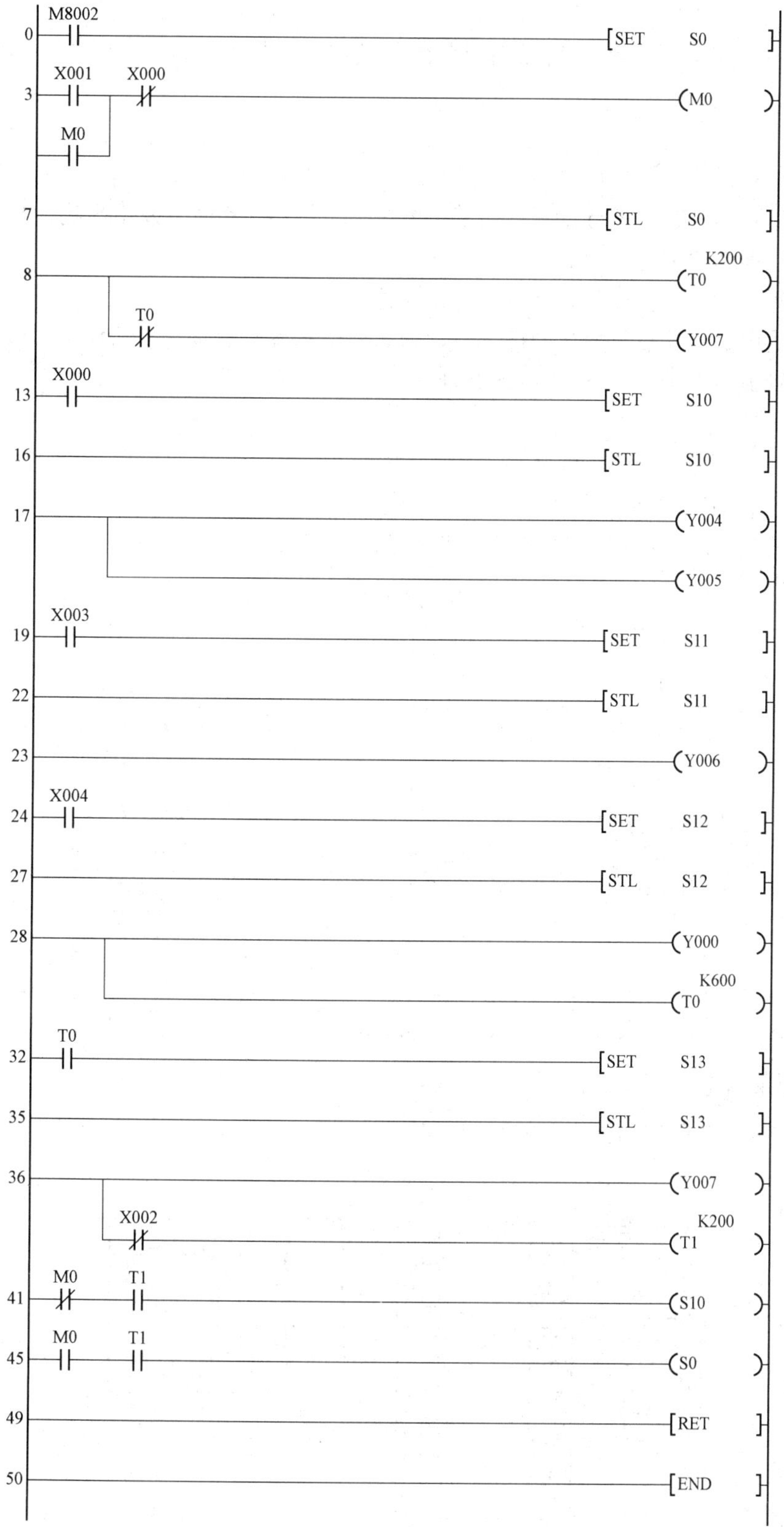

图 7-33　多种液体混合装置 PLC 控制梯形图

7.12 智能抢答器 PLC 控制程序（一）

7.12.1 控制要求

（1）可供 4 个竞赛组进行竞赛，当某一组按下抢答器按钮时，发出声响，同时锁住其他组的抢答器，即其他组抢答无效。

（2）抢答器设有复位开关，复位后可重新抢答。

（3）由数码显示器显示抢答的组号码，即第一组抢答时数码管显示数字"1"，当第二组抢答时数码管显示数字"2"……以此类推。

7.12.2 编程

1. I/O 分配表

智能抢答器 PLC 控制 I/O 分配表见表 7-12。

表 7-12 　智能抢答器 PLC 控制 I/O 分配表

I			O		
元件代号	作用	软元件	元件代号	作用	软元件
SB1	复位控制按钮	X0	A	a 段数码管	Y0
SB2	第一组抢答按钮	X1	B	b 段数码管	Y1
SB3	第二组抢答按钮	X2	C	c 段数码管	Y2
SB4	第三组抢答按钮	X3	D	d 段数码管	Y3
SB5	第四组抢答按钮	X4	E	e 段数码管	Y4
			F	f 段数码管	Y5
			G	g 段数码管	Y6
			BY	蜂鸣器	Y7

2. PLC 接线图

智能抢答器 PLC 控制接线图如图 7-34 所示。

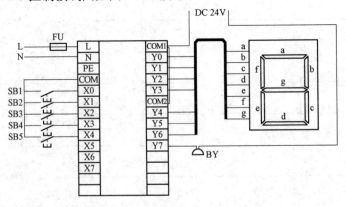

图 7-34 　多智能抢答器 PLC 控制接线图

3. 梯形图

智能抢答器 PLC 控制梯形图如图 7-35 所示。

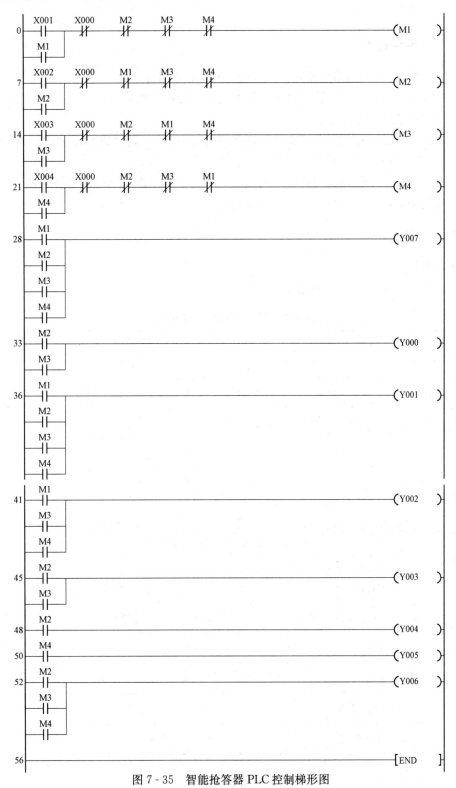

图 7-35　智能抢答器 PLC 控制梯形图

7.13 智能抢答器 PLC 控制程序（二）

7.13.1 控制要求

设计一个可以 10 个组参加竞赛的抢答器。具体控制如下：

（1）参赛者只有在主持人按下开始抢答按钮后才开始抢答有效，否则按抢答按钮或一直按住抢答按钮不放均不起作用。

（2）每道抢答题应在 30s 内完成（包括抢答时间在内）。超时则自动取消答题资格，显示器显示"00"，并报警一声。

（3）在抢答时显示最先抢到的一组的组号，蜂鸣器响一声。其他组均被封锁。

（4）答题完成后，按下复位按钮，显示器数字回到"00"，为下一次抢答做准备。

7.13.2 编程

1. I/O 分配表

智能抢答器 PLC 控制 I/O 分配表见表 7-13。

表 7-13　　　　　智能抢答器 PLC 控制 I/O 分配表

I			O		
元件代号	作用	软元件	元件代号	作用	软元件
SB1	抢答开始按钮	X0	A	个位 a 段数码管	Y0
SB2	复位按钮	X1	B	个位 a 段数码管	Y1
SB3	第 1 组抢答按钮	X2	C	个位 a 段数码管	Y2
SB4	第 2 组抢答按钮	X3	D	个位 a 段数码管	Y3
SB5	第 3 组抢答按钮	X4	E	个位 a 段数码管	Y4
SB6	第 4 组抢答按钮	X5	F	个位 a 段数码管	Y5
SB7	第 5 组抢答按钮	X6	G	个位 a 段数码管	Y6
SB8	第 6 组抢答按钮	X7	BC	十位 bc 段数码管	Y7
SB9	第 7 组抢答按钮	X10	ADEF	十位 adef 段数码管	Y10
SB10	第 8 组抢答按钮	X11	BY	蜂鸣器	Y11
SB11	第 9 组抢答按钮	X12			
SB12	第 10 组抢答按钮	X13			

2. PLC 接线图

智能抢答器 PLC 控制接线图如图 7-36 所示。

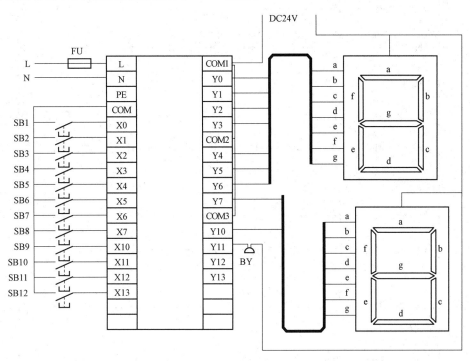

图 7-36　智能抢答器 PLC 控制接线图

3. 梯形图

多种液体混合装置 PLC 控制梯形图如图 7-37 所示。

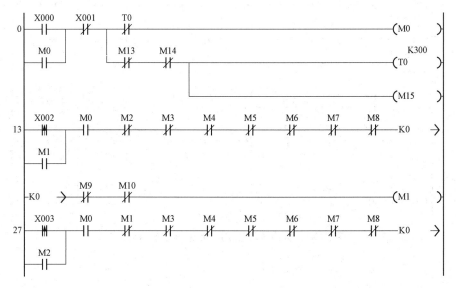

图 7-37　智能抢答器 PLC 控制梯形图（1/6）

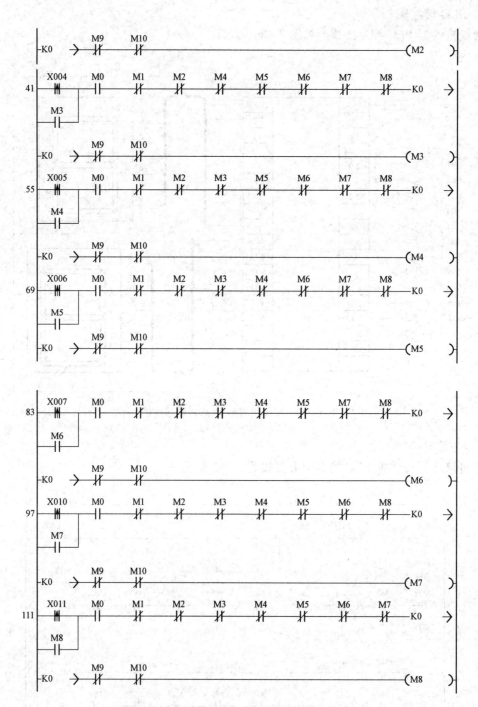

图 7-37　智能抢答器 PLC 控制梯形图（2/6）

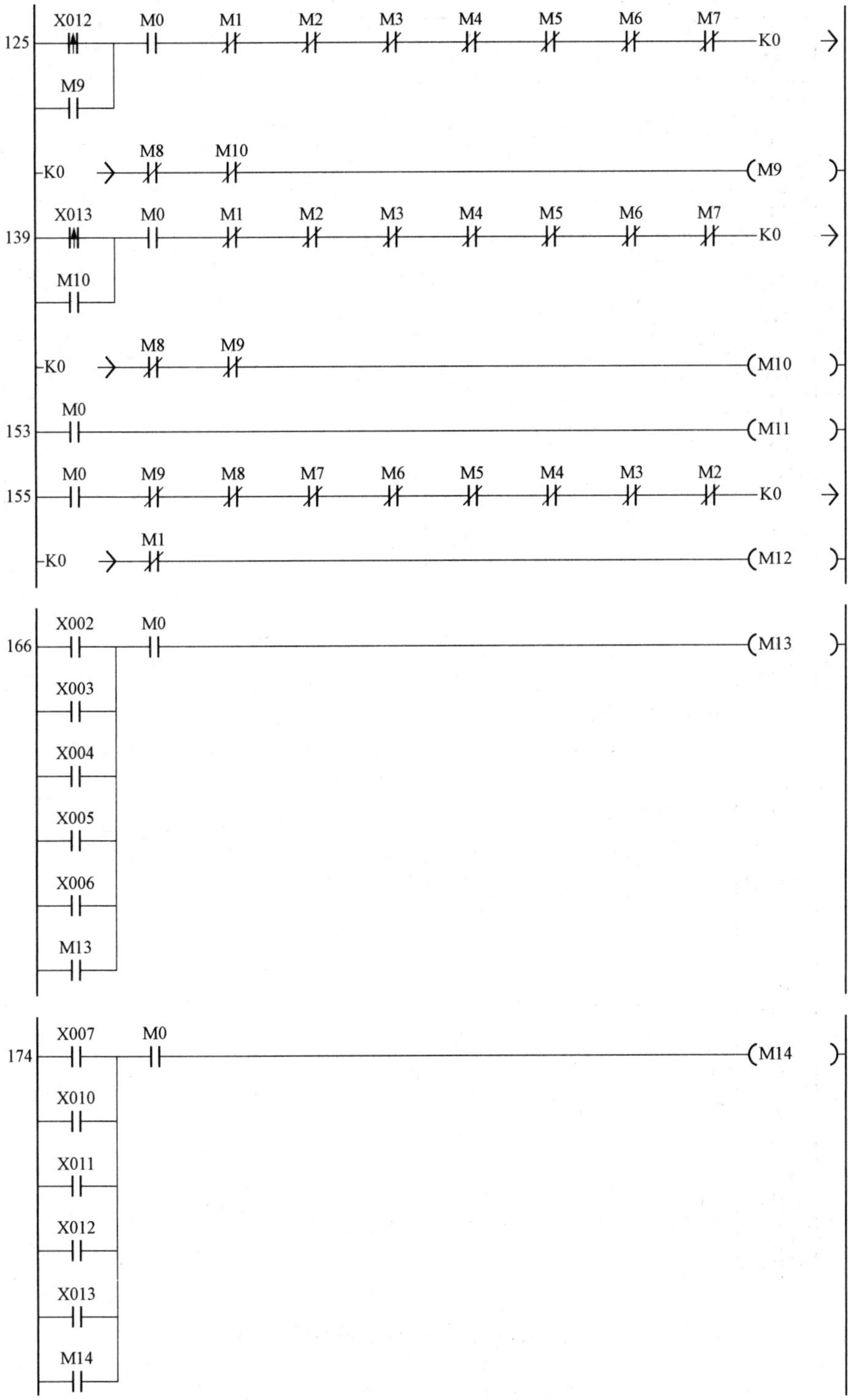

图 7-37　智能抢答器 PLC 控制梯形图 (3/6)

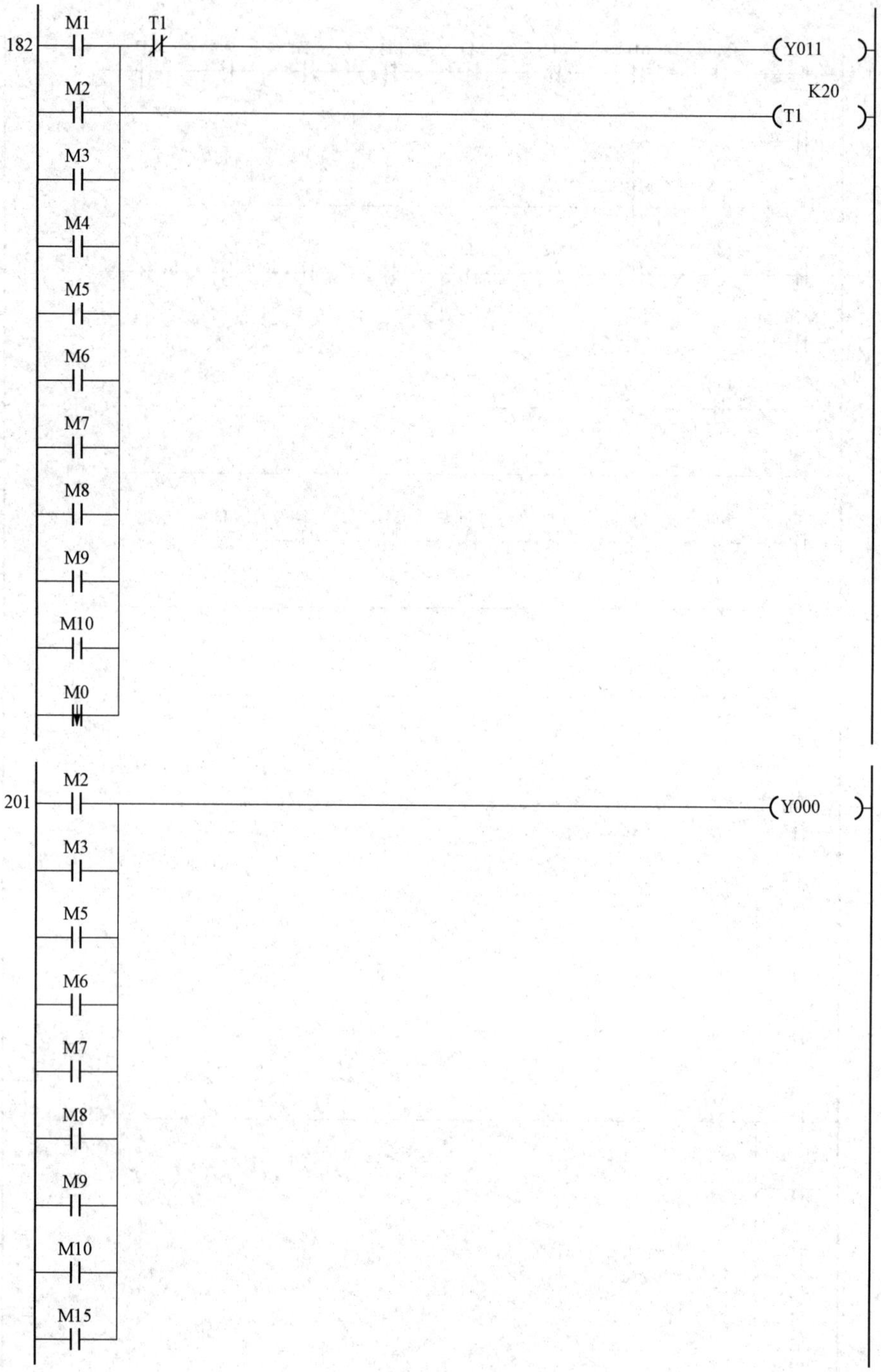

图 7 - 37 智能抢答器 PLC 控制梯形图 (4/6)

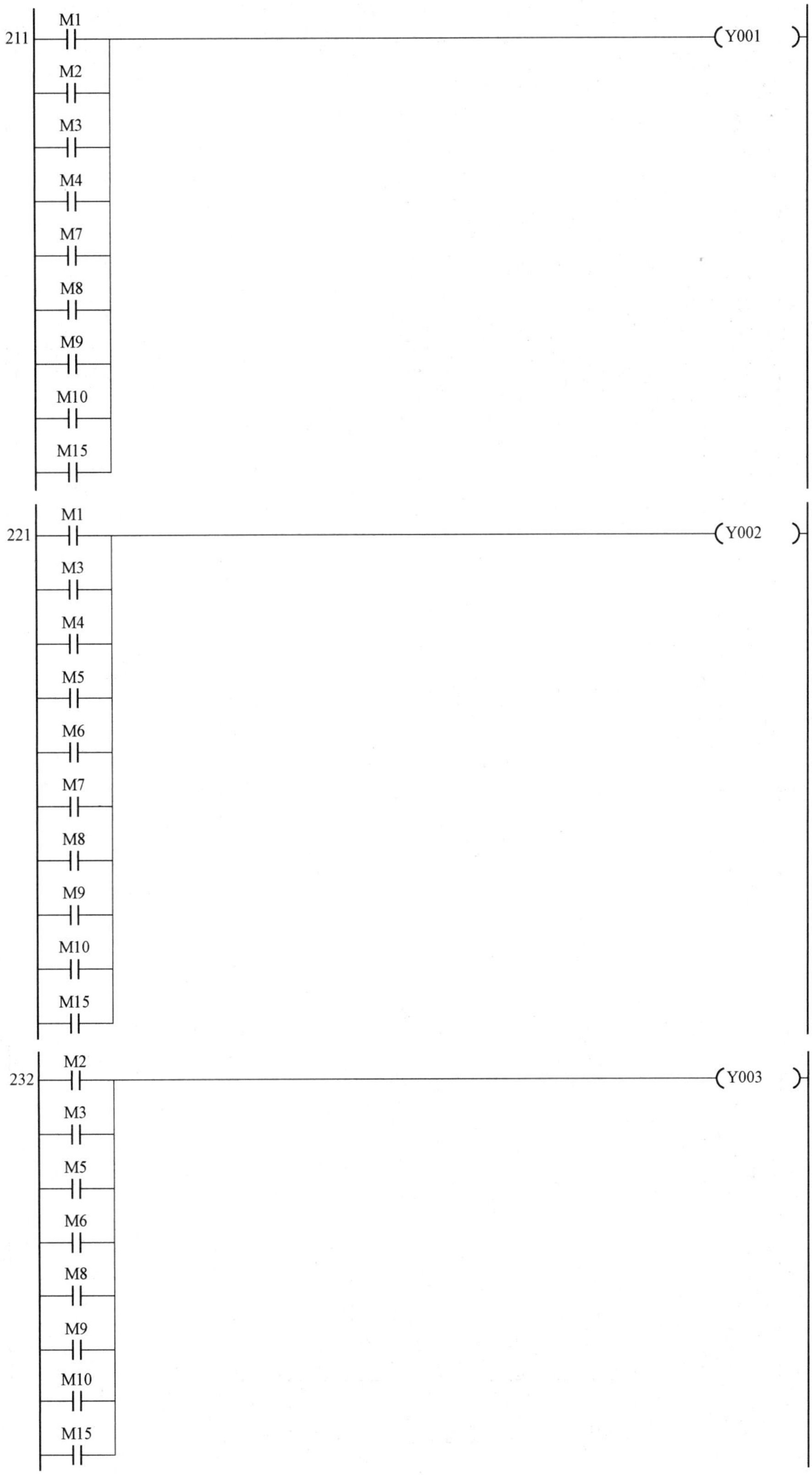

```
       M1
211 ─┤├─────────────────────────────────────────────( Y001 )─
       M2
     ─┤├─
       M3
     ─┤├─
       M4
     ─┤├─
       M7
     ─┤├─
       M8
     ─┤├─
       M9
     ─┤├─
       M10
     ─┤├─
       M15
     ─┤├─


       M1
221 ─┤├─────────────────────────────────────────────( Y002 )─
       M3
     ─┤├─
       M4
     ─┤├─
       M5
     ─┤├─
       M6
     ─┤├─
       M7
     ─┤├─
       M8
     ─┤├─
       M9
     ─┤├─
       M10
     ─┤├─
       M15
     ─┤├─


       M2
232 ─┤├─────────────────────────────────────────────( Y003 )─
       M3
     ─┤├─
       M5
     ─┤├─
       M6
     ─┤├─
       M8
     ─┤├─
       M9
     ─┤├─
       M10
     ─┤├─
       M15
     ─┤├─
```

图 7 - 37 智能抢答器 PLC 控制梯形图 (5/6)

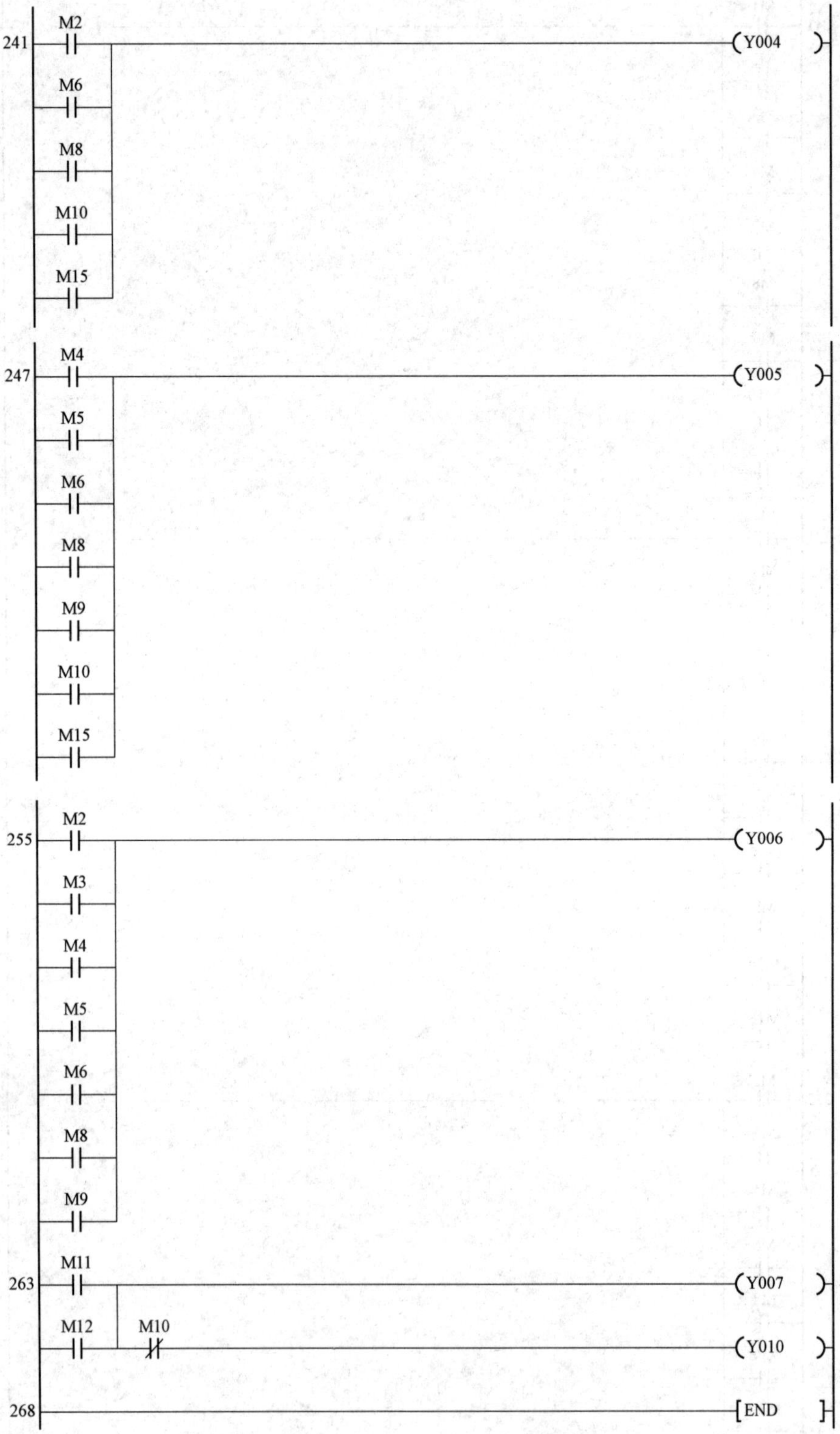

```
241  ┤M2├─────────────────────────────(Y004)
     ┤M6├
     ┤M8├
     ┤M10├
     ┤M15├

247  ┤M4├─────────────────────────────(Y005)
     ┤M5├
     ┤M6├
     ┤M8├
     ┤M9├
     ┤M10├
     ┤M15├

255  ┤M2├─────────────────────────────(Y006)
     ┤M3├
     ┤M4├
     ┤M5├
     ┤M6├
     ┤M8├
     ┤M9├

263  ┤M11├────────────────────────────(Y007)
     ┤M12├──┤/M10├──────────────────────(Y010)

268  ──────────────────────────────────[END]
```

图 7-37　智能抢答器 PLC 控制梯形图（6/6）

214

7.14　全自动洗衣机 PLC 控制程序

7.14.1　控制要求

接通电源，系统进入初始状态，准备启动。按下启动按钮 SB，开始进水，水位到达高水位时停止进水，并开始正转洗涤。正转洗涤 3s 后，停止 2s 开始反转洗涤 3s，然后又停止 2s。若正、反转洗涤没满 10 次，则返回正转洗涤；若正、反转洗涤满 10 次，则开始排水。水位下降到零水位时，开始脱水并继续排水。脱水 20s，即完成一次大循环。大循环没满 6 次，则返回到进水开始时全部动作，进行下一次大循环。若完成 6 次大循环，则进行洗完报警。报警 15s 后，结束全部过程，自动停机。

在洗涤过程中，也可以按下停止按钮终止洗涤。

7.14.2　编程

1. I/O 分配表

全自动洗衣机 PLC 控制 I/O 分配表见表 7-14。

表 7-14　全自动洗衣机 PLC 控制 I/O 分配表

I			O		
元件代号	作用	软元件	元件代号	作用	软元件
SB1	启动按钮	X0	YA1	进水电磁阀	Y0
SB2	停止按钮	X1	KM1	正转洗涤	Y1
SH	高水位传感器	X2	KM2	反转洗涤	Y2
SL	零水位传感器	X3	YA2	排水电磁阀	Y3
			YA3	脱水电磁阀	Y4
			HY	结束报警灯	Y5

2. PLC 接线图

全自动洗衣机 PLC 控制接线图如图 7-38 所示。

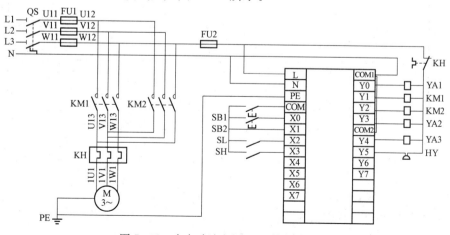

图 7-38　全自动洗衣机 PLC 控制接线图

3. 梯形图

全自动洗衣机 PLC 控制梯形图如图 7 - 39 所示。

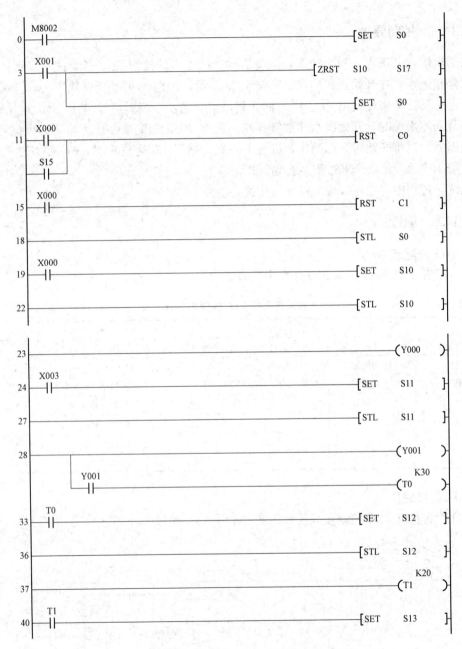

图 7 - 39　全自动洗衣机 PLC 控制梯形图（1/2）

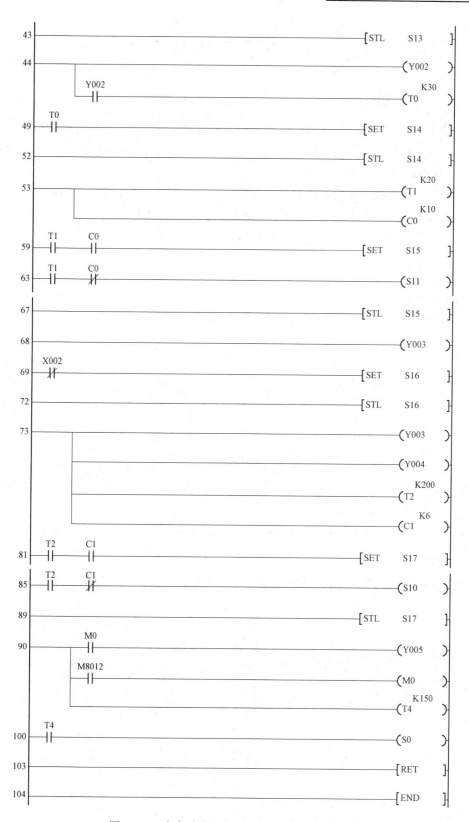

图 7 - 39　全自动洗衣机 PLC 控制梯形图（2/2）

7.15 十字路口交通灯 PLC 控制程序（一）

7.15.1 控制要求

（1）按下启动按钮 SB1，信号灯开始工作，东西向绿灯、南北向红灯同时亮。

（2）东西向绿灯亮 25s 后，闪烁 3 次，频率为 1s/次，然后东西向黄灯亮，2s 后东西向红灯亮，30s 后东西向绿灯亮，以此循环。

（3）南北向红灯亮 30s 后，南北向绿灯亮 25s 后，闪烁 3 次，频率为 1s/次，然后南北向黄灯亮，2s 后南北向红灯亮，30s 后南北向绿灯亮，以此循环。

（4）按下停止按钮 SB2，所有信号灯熄灭。

7.15.2 编程

1. I/O 分配表

十字路口交通灯 PLC 控制程序 PLC 控制 I/O 分配表见表 7 - 15。

表 7 - 15　　　　　　　　　十字路口交通灯 PLC 控制 I/O 分配表

I			O		
元件代号	作用	软元件	元件代号	作用	软元件
SB1	启动按钮	X0	HL1	东西红灯	Y0
SB2	停止按钮	X1	HL2	东西绿灯	Y1
			HL3	东西黄灯	Y2
			HL4	南北红灯	Y3
			HL5	南北绿灯	Y4
			HL6	南北黄灯	Y5

2. PLC 接线图

十字路口交通灯 PLC 控制接线图如图 7 - 40 所示。

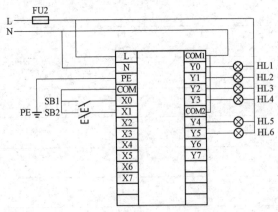

图 7 - 40 十字路口交通灯 PLC 控制接线图

3. 梯形图

十字路口交通灯 PLC 控制梯形图如图 7-41 所示。

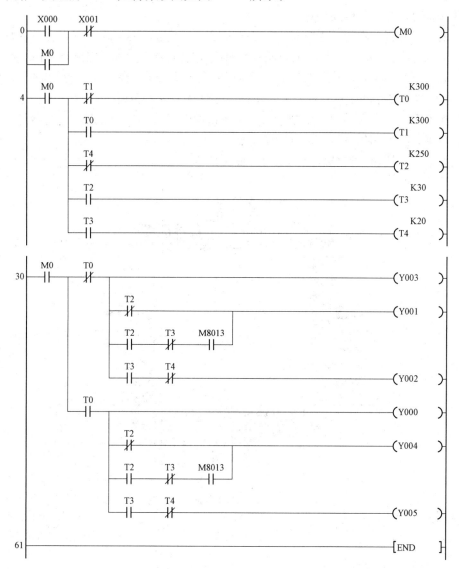

图 7-41　十字路口交通灯 PLC 控制梯形图

7.16　十字路口交通灯 PLC 控制程序（二）

7.16.1　控制要求

十字路口交通灯示意图如图 7-42 所示。具体控制如下：

（1）接通电源，系统进入初始状态，准备启动。

（2）按下启动按钮 SB1，东西向左行、右行红灯亮，直行和人行道绿灯亮。20s 后东西向人行道绿灯熄灭，红灯亮，东西向右行红灯熄灭，直行、右行绿灯亮；再过20s后，东西向直行、右行绿灯熄灭，红灯亮，左行红灯熄灭，绿灯亮20s后，东西向所有红灯亮60s后，东西向直行绿灯亮，以此循环。

（3）南北向左行、右行、直行及人行道红灯亮，60s后，南北向左行、右行红灯亮，直行和人行道绿灯亮。20s后南北向人行道绿灯熄灭，红灯亮，南北向右行红灯熄灭，直行、右行绿灯亮；再过20s后，南北向直行、右行绿灯熄灭，红灯亮，左行红灯熄灭，绿灯亮20s后，南北向所有红灯亮60s后，南北向直行绿灯亮，以此循环。

（4）无论哪个方向有特种车急驶过来，按下该向的紧急按钮，该向的直行绿灯亮，其余的都是红灯亮，按下复位按钮，恢复正常运行。

（5）按下停止按钮，信号灯全部熄灭，停止工作。

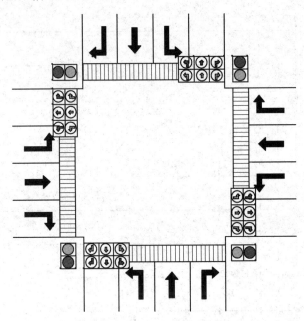

图7-42　十字路口交通灯示意图

7.16.2　编程

1. I/O分配表

十字路口交通灯PLC控制I/O分配表见表7-16。

表7-16　　　　　　　　十字路口交通灯PLC控制I/O分配表

I			O		
元件代号	作用	软元件	元件代号	作用	软元件
SB1	启动按钮	X0	HL1	东西直行红灯	Y0
SB2	停止按钮	X1	HL2	东西直行绿灯	Y1
SB3	东西向紧急按钮	X2	HL3	东西左行红灯	Y2
SB4	南北向紧急按钮	X3	HL4	东西左行绿灯	Y3

I			O		
元件代号	作用	软元件	元件代号	作用	软元件
SB5	复位按钮	X4	HL5	东西右行红灯	Y4
			HL6	东西右行绿灯	Y5
			HL7	东西人行道红灯	Y6
			HL8	东西人行道绿灯	Y7
			HL9	南北直行红灯	Y10
			HL10	南北直行绿灯	Y11
			HL11	南北左行红灯	Y12
			HL12	南北左行绿灯	Y13
			HL13	南北右行红灯	Y14
			HL14	南北右行绿灯	Y15
			HL15	南北人行道红灯	Y16
			HL16	南北人行道绿灯	Y17

2. PLC 接线图

十字路口交通灯 PLC 控制接线图如图 7 - 43 所示。

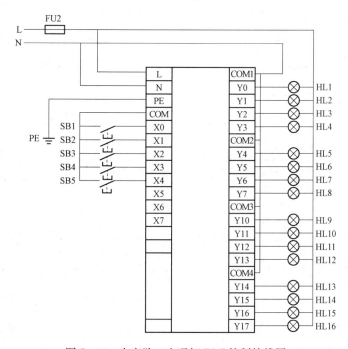

图 7 - 43　十字路口交通灯 PLC 控制接线图

3. 梯形图

十字路口交通灯 PLC 控制梯形图如图 7 - 44 所示。

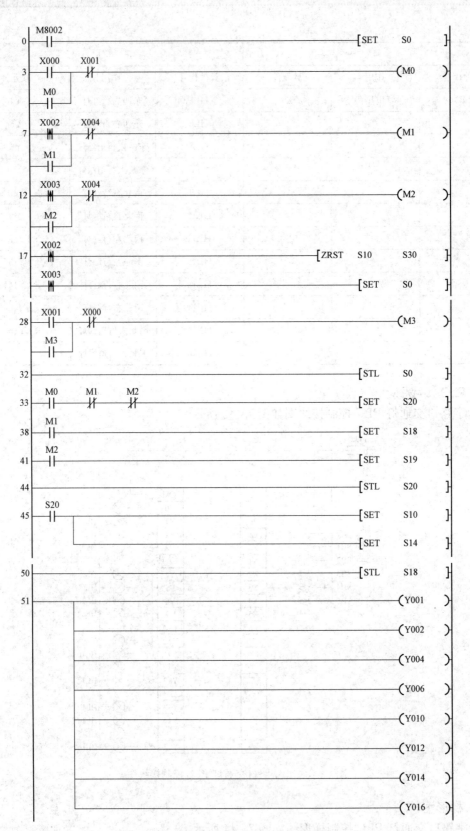

图 7-44 十字路口交通灯 PLC 控制梯形图（1/5）

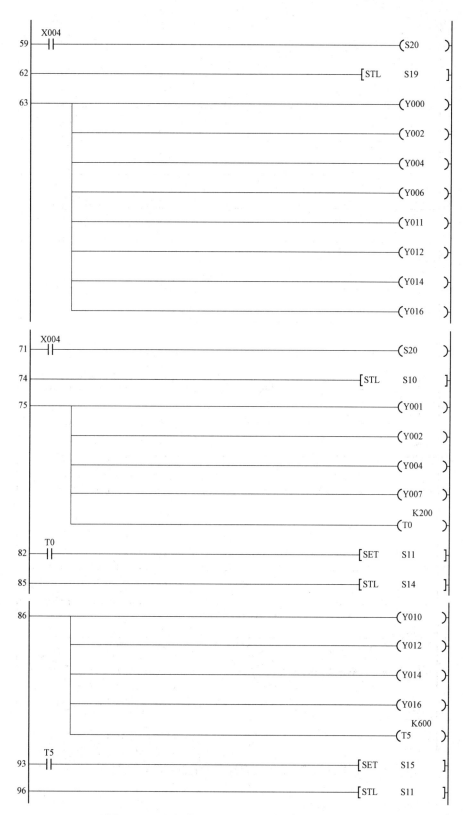

图 7-44　十字路口交通灯 PLC 控制梯形图 (2/5)

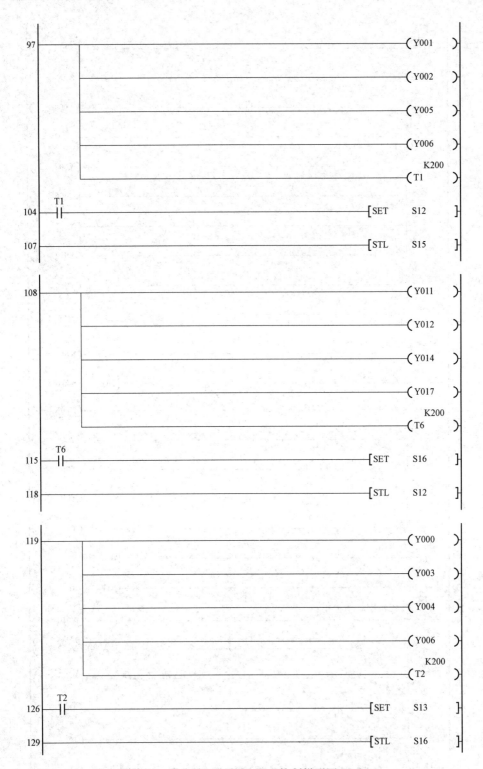

图 7-44 十字路口交通灯 PLC 控制梯形图 (3/5)

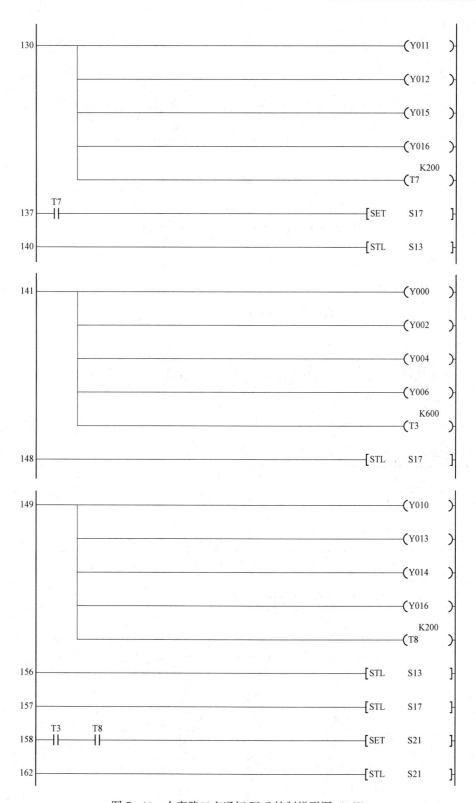

图 7-44　十字路口交通灯 PLC 控制梯形图（4/5）

图7-44 十字路口交通灯PLC控制梯形图（5/5）

7.17 报警灯PLC控制程序

7.17.1 控制要求

当开关（行程开关）闭合时，报警器发出报警声，同时报警灯连续闪烁60次，每次亮0.5s，熄灭1s。然后停止声光报警。

7.17.2 编程

1. I/O分配表

报警灯PLC控制I/O分配表见表7-17。

表7-17　　　　　　　　　　报警灯PLC控制I/O分配表

I			O		
元件代号	作用	软元件	元件代号	作用	软元件
SB1	按钮	X0	B	扬声器	Y0
			HL	报警灯	Y1

2. PLC接线图

报警灯PLC控制接线图如图7-45所示。

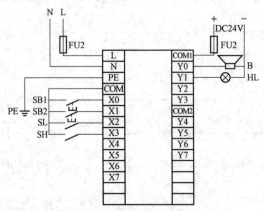

图7-45 报警灯PLC控制接线图

3. 梯形图

报警灯 PLC 控制梯形图如图 7 - 46 所示。

图 7 - 46　报警灯 PLC 控制梯形图

7.18　霓虹灯闪烁 PLC 控制程序

7.18.1　控制要求

用 HL1～HL4 四个霓虹灯，分别做成"欢迎光临"四个字样，其闪烁要求见表 7 - 18。其时间间隙为 1s，反复循环进行。

7.18.2　编程

1. I/O 分配表

霓虹灯闪烁 PLC 控制 I/O 分配表见表 7 - 19。

表 7 - 18　　　　　　　　　　　　　"欢迎光临"闪烁流程表

步序	1	2	3	4	5
HL1 "欢"	+				+
HL2 "迎"		+			+
HL3 "光"			+		+
HL4 "临"				+	+

注　"+"表示指示灯亮；空白处表示指示灯不亮。

表 7 - 19　　　　　　　　　　　霓虹灯闪烁 PLC 控制 I/O 分配表

I			O		
元件代号	作用	软元件	元件代号	作用	软元件
SB1	启动按钮	X0	HL1	个位 a 段数码管	Y0
SB2	停止按钮	X1	HL2	个位 a 段数码管	Y1
—	—	—	HL3	个位 a 段数码管	Y2
—	—	—	HL4	个位 a 段数码管	Y3

2. PLC 接线图

霓虹灯闪烁 PLC 控制接线图如图 7 - 47 所示。

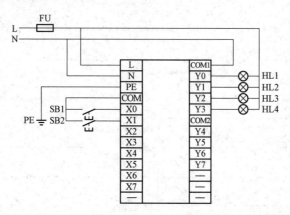

图 7 - 47   霓虹灯闪烁 PLC 控制接线图

3. 梯形图

霓虹灯闪烁 PLC 控制梯形图如图 7 - 48 所示。

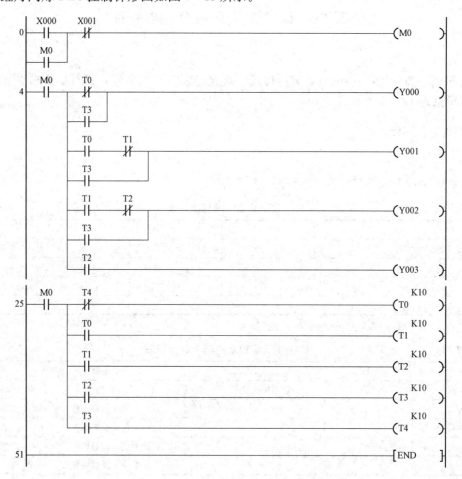

图 7 - 48   霓虹灯闪烁 PLC 控制梯形图

7.19　流水灯 PLC 控制程序

7.19.1　控制要求

彩灯组一共由 8 盏灯组成，其 8 盏灯控制要求如下：

（1）8 盏灯按 1～8 正序依次轮流点亮。

（2）8 盏灯按 8～1 逆序依次轮流点亮。

（3）8 盏灯按 1～8 正序单数依次轮流点亮。

（4）8 盏灯按 8～1 逆序单数依次轮流点亮。

（5）全部点亮后全部熄灭。

（6）8 盏灯按 1～8 正序逐盏点亮，然后逐盏熄灭。

（7）按下停止按钮彩灯熄灭。

7.19.2　编程

1．I/O 分配表

流水灯 PLC 控制 I/O 分配表见表 7 - 20。

表 7 - 20　　　　　　　　　　　流水灯 PLC 控制 I/O 分配表

I			O		
元件代号	作用	软元件	元件代号	作用	软元件
SB1	启动按钮	X0	EL1	第 1 盏彩灯	Y0
SB2	停止按钮	X1	EL2	第 2 盏彩灯	Y1
			EL3	第 3 盏彩灯	Y2
			EL4	第 4 盏彩灯	Y3
			EL5	第 5 盏彩灯	Y4
			EL6	第 6 盏彩灯	Y5
			EL7	第 7 盏彩灯	Y6
			EL8	第 8 盏彩灯	Y7

2．PLC 接线图

流水灯 PLC 控制接线图如图 7 - 49 所示。

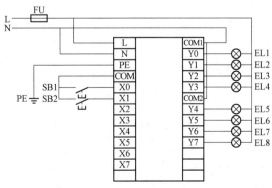

图 7 - 49　流水灯 PLC 控制接线图

3. 梯形图

流水灯 PLC 控制梯形图如图 7 - 50 所示。

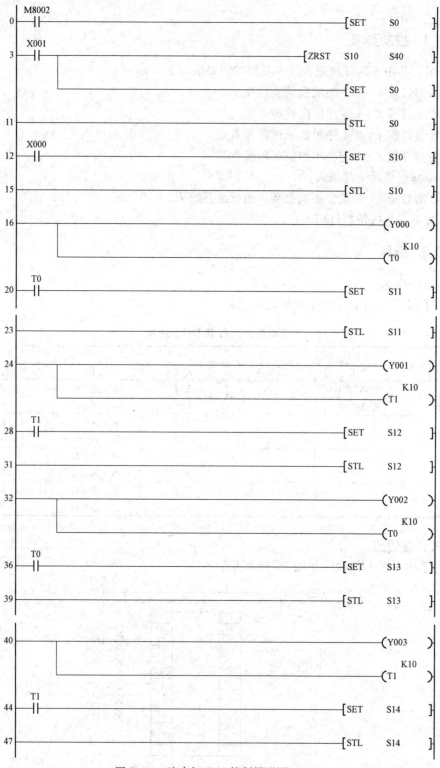

图 7 - 50 流水灯 PLC 控制梯形图 (1/5)

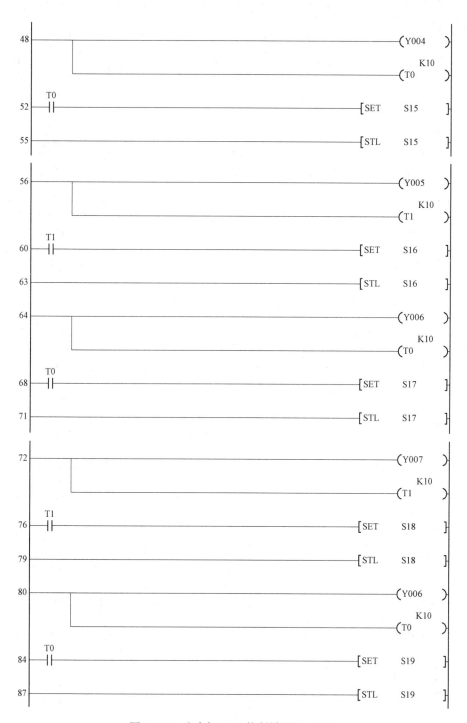

图 7-50 流水灯 PLC 控制梯形图（2/5）

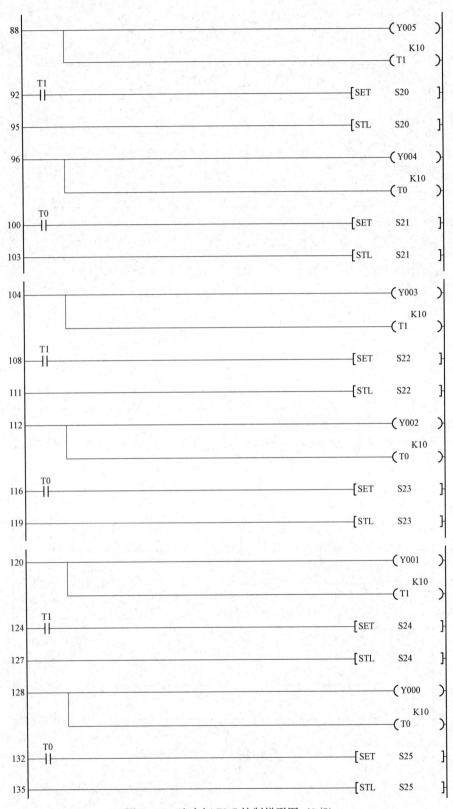

图 7-50 流水灯 PLC 控制梯形图（3/5）

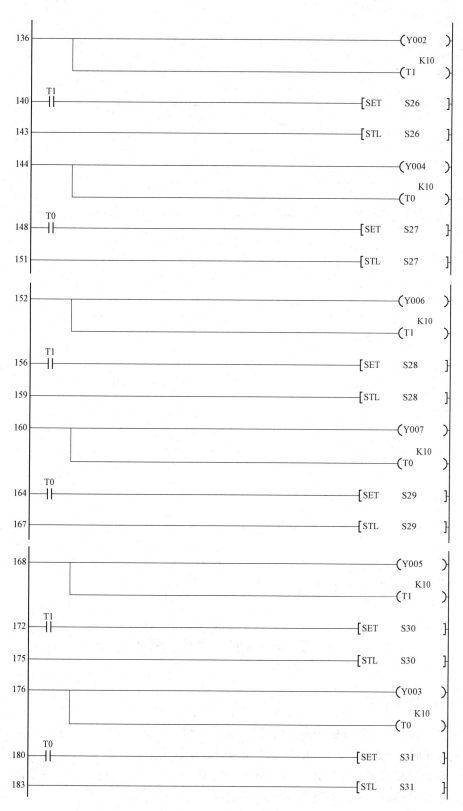

图 7-50 流水灯 PLC 控制梯形图（4/5）

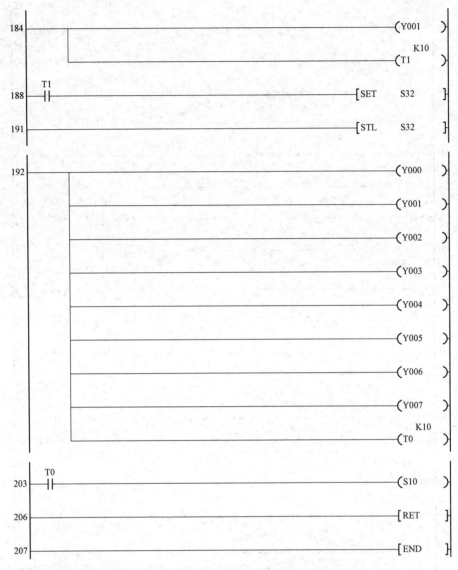

图 7-50 流水灯 PLC 控制梯形图（5/5）

7.20 自动门 PLC 控制程序

7.20.1 控制要求

（1）当有人由内到外或由外到内通过光电检测开关 S1 或 S2 时，开门执行机构 KM1 动作，电动机正转，到达开门限位开关 SQ1 位置时，电机停止运行。

（2）自动门在开门位置停留 8s 后，自动进入关门过程，关门执行机构 KM2 被启动，电动机反转，当门移动到关门限位开关 SQ2 位置时，电机停止运行。

（3）在关门过程中，当有人员由外到内或由内到外通过光电检测开关 S2 或 S1 时，应立即停止关门，并自动进入开门程序。

（4）在门打开后的 8s 等待时间内，若有人员由外至内或由内至外通过光电检测开关 K2 或 K1 时，必须重新开始等待 8s 后，再自动进入关门过程，以保证人员安全通过。

（5）关门等待状态中，绿灯 A 长亮，绿灯 B 熄灭；开、关门过程中，绿灯 B 闪烁，绿灯 A 熄灭（也可以仅使用一个指示灯实现这两个指示灯指示）。

（6）为搬运货物等特殊情况需要，设置一个开关，开关合上时，门打开，并长时间保持，直至开关断开，门关上，恢复常态。

7.20.2　编程

1. I/O 分配表

自动门 PLC 控制 I/O 分配表见表 7-21。

表 7-21　　　　　　　　　　自动门 PLC 控制 I/O 分配表

I			O		
元件代号	作用	软元件	元件代号	作用	软元件
SB1	开门按钮	X0	KM1	电动机正转（开门）	Y0
SB2	关门按钮	X1	KM2	电动机反转（关门）	Y1
S1	外感应传感器	X2	HL1	指示灯	Y2
S2	内感应传感器	X3			
SQ1	开门限位	X4			
SQ2	关门限位	X5			

2. PLC 接线图

自动门 PLC 控制接线图如图 7-51 所示。

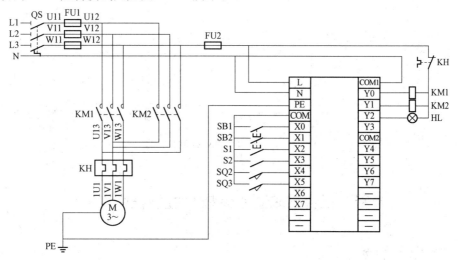

图 7-51　自动门 PLC 控制接线图

3. 梯形图

自动门 PLC 控制梯形图如图 7-52 所示。

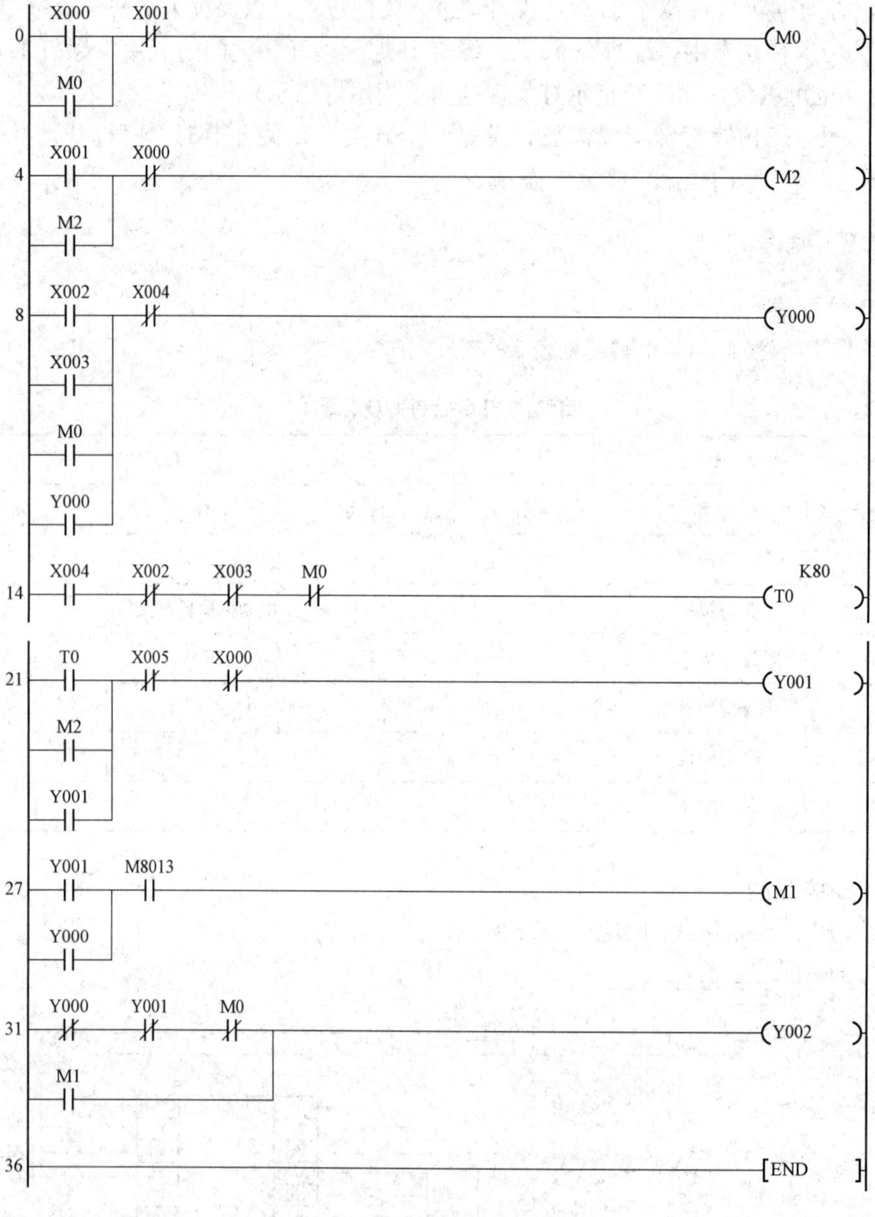

图 7-52 自动门 PLC 控制梯形图

7.21 组合机床动力头 PLC 控制程序 (一)

7.21.1 控制要求

某组合机床的动力头在初始状态时，停靠在 SQ3 处，如图 7-53 所示限位开关 SQ3 被

压下。按下启动按钮 SB1，电磁阀 YV1、YV2 吸合，动力头开始快进，前进至行程开关
SQ1 处，撞击 SQ1，电磁阀 YV1 吸合，动力头改为工进。当工进至行程开关 SQ2 处，撞击
行程开关 SQ2，电磁阀 YV3 吸合，动力头快速返
回，当返回至行程开关 SQ3 处，撞击行程开关
SQ3，动力头停止运动。

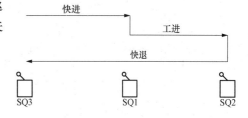

7.21.2　编程

1. I/O 分配表

组合机床动力头 PLC 控制 I/O 分配表见表 7-22。

图 7-53　组合机床动力头示意图

表 7-22　　　　　　　　　　　组合机床动力头 PLC 控制 I/O 分配表

I			O		
元件代号	作用	软元件	元件代号	作用	软元件
SB1	启动按钮	X0	YV1	电磁阀 1	Y0
SQ1	行程开关 1	X1	YV2	电磁阀 2	Y1
SQ2	行程开关 2	X2	YV3	电磁阀 3	Y2
SQ3	行程开关 3	X3	—	—	—

2. PLC 接线图

组合机床动力头 PLC 控制接线图如图 7-54 所示。

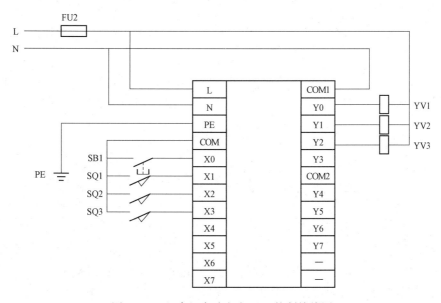

图 7-54　组合机床动力头 PLC 控制接线图

3. 梯形图

组合机床动力头 PLC 控制梯形图如图 7-55 所示。

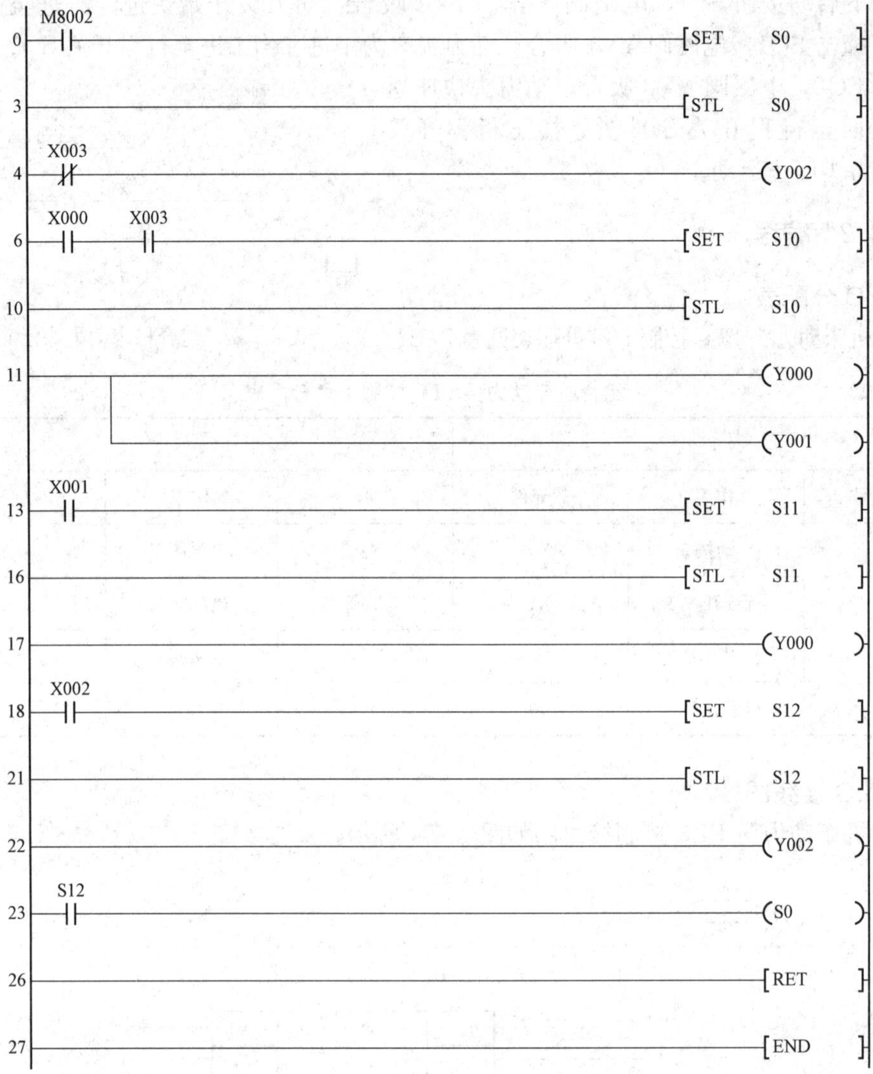

图 7-55 组合机床动力头 PLC 控制梯形图

7.22 组合机床动力头 PLC 控制程序（二）

7.22.1 控制要求

图 7-56 中左、右动力头主轴电动机为 M1，进给运动由液压驱动，液压泵电动机为 M2，机床的工作循环为：首先启动液压泵，按启动按钮后夹紧工件→左、右动力头同时快进并启动主轴→转入工进加工→停留→分别快退→松开工件，停主轴。如此实现自动循环。

具体控制要求：

（1）工作方式设置为自动循环、单周。

（2）有必要的电气保护和连锁。

（3）自动循环时应按上述顺序动作。

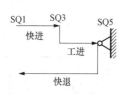
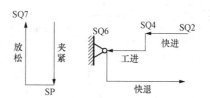

电磁阀通断情况：

	左动力头			右动力头			夹紧装置
	YV1	YV2	YV3	YV4	YV5	YV6	YV7
上下料	−	−	−	−	−	−	−
快进	+	−	−	+	−	−	+
工进	+	+	−	+	+	−	+
停留	−	−	−	−	−	−	+
快退	−	−	+	−	−	+	+

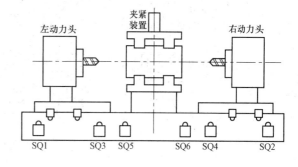

图 7-56　组合机床工作示意图

7.22.2　编程

1. I/O 分配表

组合机床动力头 PLC 控制 I/O 分配表见表 7-23。

表 7-23　　　　　　　　　　　组合机床动力头 PLC 控制 I/O 分配表

I			O		
元件代号	作用	软元件	元件代号	作用	软元件
SB1	液压泵启动按钮	X0	KM1	控制主轴电动机	Y0
SB2	液压泵停止按钮	X1	KM2	控制液压泵电动机	Y1
SB3	机床启动按钮	X2	YV1	电磁阀 1	Y2
SB4	机床停止按钮	X3	YV2	电磁阀 2	Y3
SQ1	左动力头原点限位	X4	YV3	电磁阀 3	Y4
SQ2	右动力头原点限位	X5	YV4	电磁阀 4	Y5
SQ3	左动力头快进限位	X6	YV5	电磁阀 5	Y6
SQ4	右动力头快进限位	X7	YV6	电磁阀 6	Y7
SQ5	左动力头工进限位	X10	YV7	电磁阀 7	Y10
SQ6	右动力头工进限位	X11			
SQ7	工件松开限位	X12			
SP	工件夹紧限位	X13			
SA	自动循环/单周转换	X14			

2. PLC 接线图

组合机床动力头 PLC 控制接线图如图 7-57 所示。

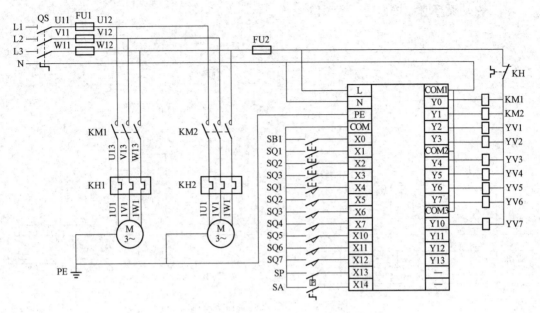

图 7-57　组合机床动力头 PLC 控制接线图

3. 梯形图

（1）组合机床动力头 PLC 控制流程图如图 7-58 所示。

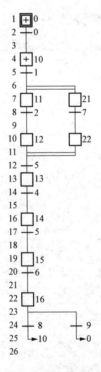

图 7-58　组合机床动力头 PLC 控制流程图

（2）组合机床动力头 PLC 控制梯形图如图 7-59 所示。

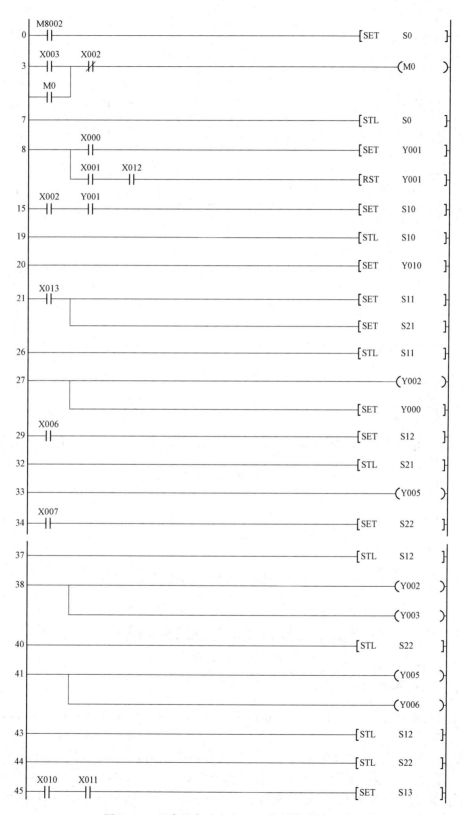

图 7-59　组合机床动力头 PLC 控制梯形图（1/2）

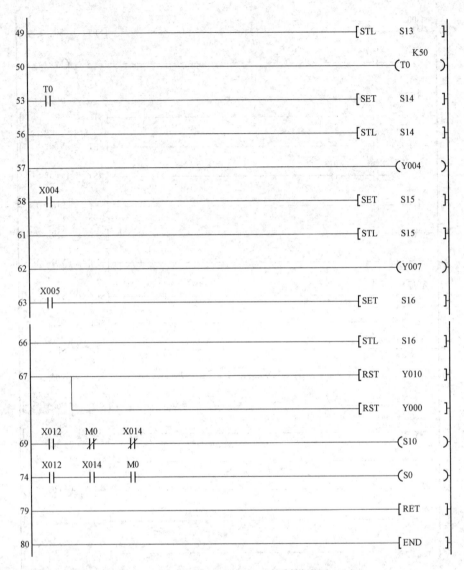

图 7-59　组合机床动力头 PLC 控制梯形图（2/2）

7.23　工件自动加工 PLC 控制程序

7.23.1　控制要求

某工件要求钻孔、铰孔加工，然后由小车进行运送。其加工示意图如图 7-60 所示。具体控制要求如下：

（1）钻孔加工时，加工台在右边时，压下送料小车右限位行程开关 SQ1，手工将工件放好，延时 30s 作为间隔，此时气缸 YV1 带动钻臂向下运动，同时电动机 M1 带动钻头开始旋转。当钻臂接近工件表面时，钻臂下移到位传感器 ST1 动作，延时 5s（钻臂继续向下钻孔）后，钻臂返回。钻臂在 ST1 处出现下降沿时，钻头停止。

（2）铰孔加工。加工台在左边时，压下送料小车左限位行程开关 SQ2，延时 10s，此时气缸 YV2 带动铰臂向下运动，同时电动机 M2 带动铰刀开始旋转。当铰刀接近工件的表面时，铰刀下移到位传感器 ST2 动作，延时 5s（铰臂继续向下铰孔）后，铰臂返回。铰臂在 ST2 处出现下降沿时，铰刀停止。

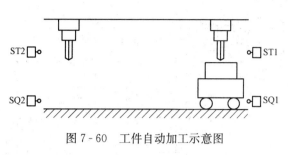

图 7-60　工件自动加工示意图

（3）小车传送。当钻臂在 ST1 处或铰刀在 ST2 处出现下降沿时，送料小车开始左右运行，压下左右限位行程开关后停止。

（4）初次经过时，应按复位按钮 SB3 将送料小车移到右位，该加工应具有记忆功能。按下急停按钮 SB0 或各个电动机过载时，加工停止，并产生闪烁周期 1s 的报警信号。

7.23.2　编程

1. I/O 分配表

工件自动加工 PLC 控制 I/O 分配表见表 7-24。

表 7-24　　　　　　　　工件自动加工 PLC 控制 I/O 分配表

I			O		
元件代号	作用	软元件	元件代号	作用	软元件
SB1	启动按钮	X0	KM1	电动机正转（右移）	Y0
SB2	停止按钮	X1	KM2	电动机反转（左移）	Y1
SB3	急停按钮	X2	KM3	钻孔电动机旋转	Y2
SB4	复位按钮	X3	KM4	铰孔电动机旋转	Y3
SQ1	小车右限位	X4	YV1	钻臂向下移动	Y4
SQ2	小车左限位	X5	YV2	钻臂向上移动	Y5
ST1	钻臂到位限位	X6	YV3	铰臂向下移动	Y6
ST2	铰臂到位限位	X7	YV4	铰臂向上移动	Y7
KH1/KH2/KH3	过载保护	X10	HL1	正常运行指示灯	Y10
			HL2	报警指示灯	Y11

2. PLC 接线图

工件自动加工 PLC 控制接线图如图 7-61 所示。

3. 梯形图

工件自动加工 PLC 控制梯形图如图 7-62 所示。

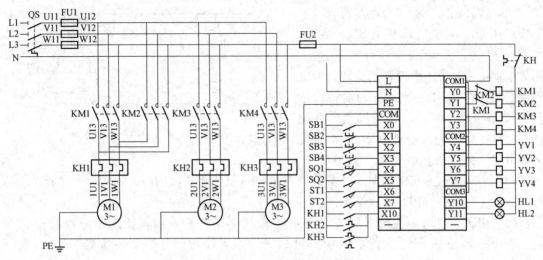

图7-61　工件自动加工PLC控制接线图

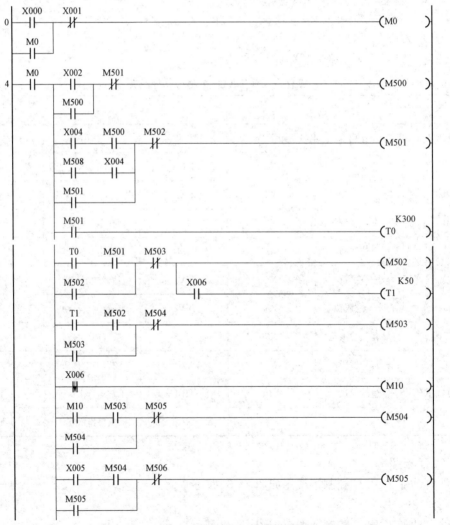

图7-62　工件自动加工PLC控制梯形图（1/2）

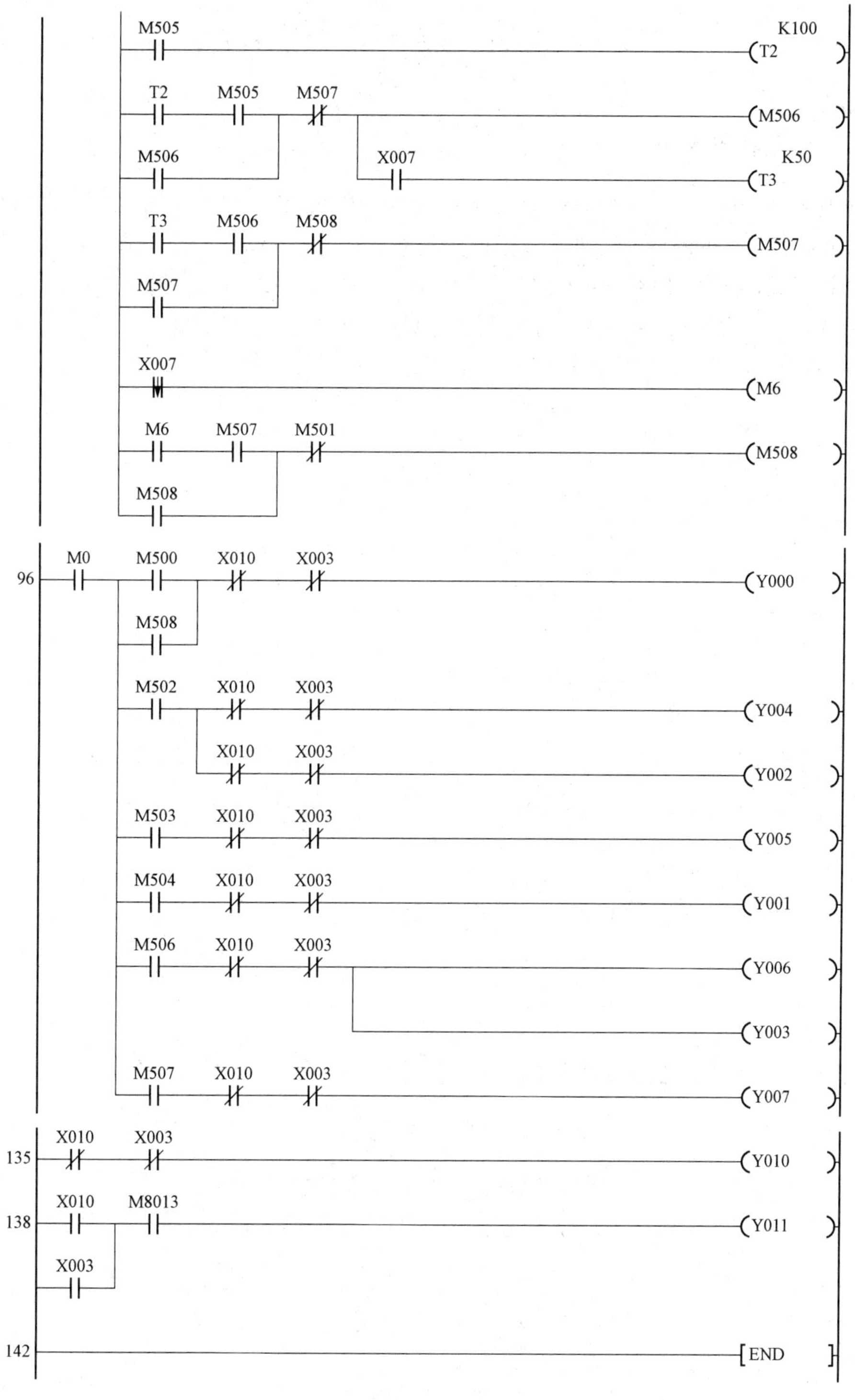

图 7 - 62　工件自动加工 PLC 控制梯形图（2/2）

7.24 搬运机械手 PLC 控制程序

7.24.1 控制要求

有一机械手设备,其工作要求为:当出料口传感器检测到物料且机械手各气缸活塞杆的位置(机械手在左限位、手臂缩回、手爪在上限位并松开)正确时,按下启动按钮,机械手开始搬物加工。机械手悬臂伸出→下降→夹紧物料,夹紧 1s 后→上升→缩回→右转→伸出→下降→放物,延时 1s 后→上升→缩回→左转至左侧极限位置停止,等待进行下一次搬物。停止时,按下停止按钮,机械手完成当前循环后停止运行。

7.24.2 编程

1. I/O 分配表

搬运机械手 PLC 控制 I/O 分配表见表 7-25。

表 7-25 搬运机械手 PLC 控制 I/O 分配表

I			O		
元件代号	作用	软元件	元件代号	作用	软元件
SB1	启动按钮	X0	YV1	左转控制电磁阀	Y0
SB2	停止按钮	X1	YV2	右转控制电磁阀	Y1
SL1	物料检测传感器	X2	YV3	伸出控制电磁阀	Y2
SL2	悬臂伸出传感器	X3	YV4	缩回控制电磁阀	Y3
SL3	悬臂缩回传感器	X4	YV5	上升控制电磁阀	Y4
SL4	手臂上升传感器	X5	YV6	下降控制电磁阀	Y5
SL5	手臂下降传感器	X6	YV7	夹紧控制电磁阀	Y6
SL6	手爪夹紧传感器	X7			
SL7	左转传感器	X10			
SL8	右转传感器	X11			

2. PLC 接线图

搬运机械手 PLC 控制接线图如图 7-63 所示。

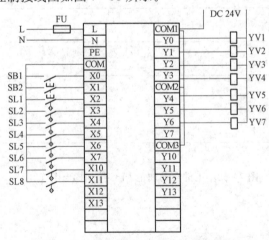

图 7-63 搬运机械手 PLC 控制接线图

3. 梯形图

搬运机械手 PLC 控制梯形图如图 7 - 64 所示。

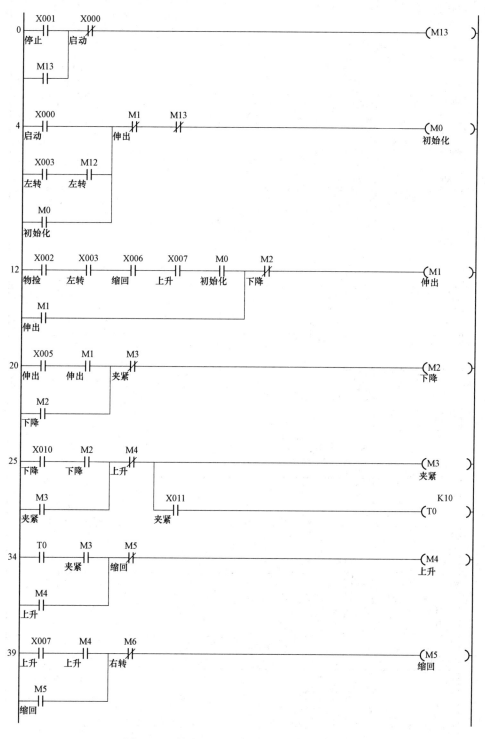

图 7 - 64　搬运机械手 PLC 控制梯形图 (1/3)

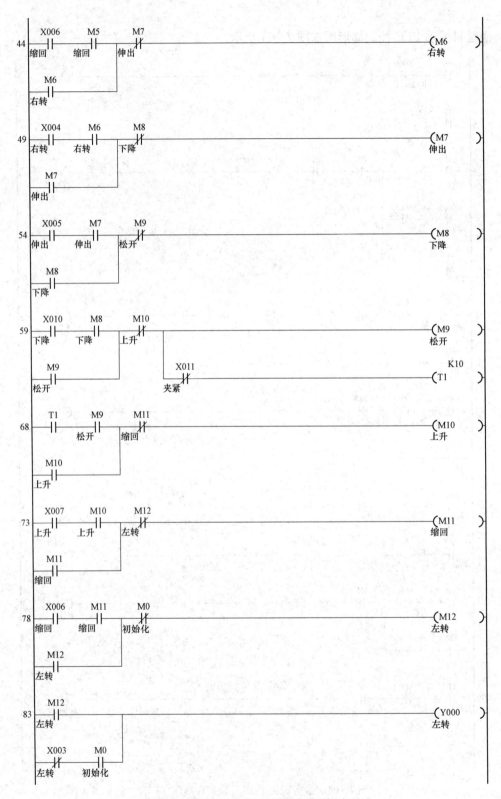

图 7-64 搬运机械手 PLC 控制梯形图 (2/3)

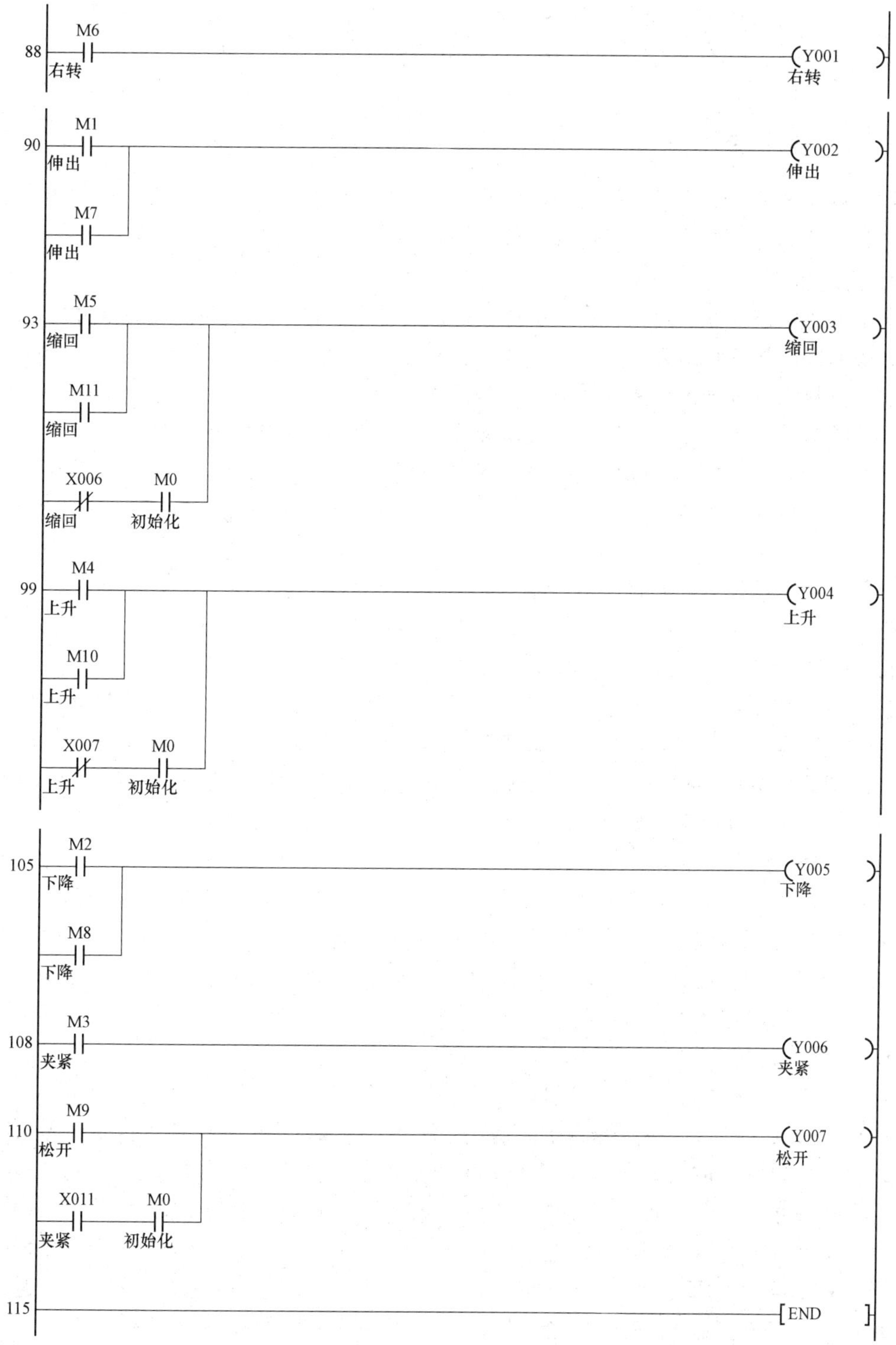

图 7-64　搬运机械手 PLC 控制梯形图（3/3）

249

7.25 物料自动分拣装置 PLC 控制程序

7.25.1 控制要求

物料自动分拣系统示意图如图 7-65 所示。工件分拣设备能自动完成金属工件、黑色塑料工件与白色塑料工件的传送、分拣与包装任务。

1. 初始状态

通电后，红色警示灯闪亮，提示工件分拣设备送电。此时，设备的相关部件应为初始状态。相关部件的初始状态为：

(1) 供料盘的拨杆停止转动。

(2) 机械手停止在左限止位置，气爪松开，手臂气缸和悬臂气缸活塞杆缩回。

(3) 传送带停止运行，分拣气缸 A、B、C 的活塞杆全部缩回复位。

(4) 急停按钮处于复位位置（动合触点断开、动断触点闭合）。

2. 启动

在设备相关部件为初始状态的情况下，才能按下启动按钮 SB5 使设备进入运行，红色警示灯灭，绿色警示灯闪亮。

3. 送料

按下启动按钮 SB5 后，若物料盘上的出口传感器检测无物料，则送料电动机开启，驱动物料盘旋转送料，当出料口传感器检测到物料后停止送料；如果送料电动机运行 20s 后，出料口传感器仍没检测到物料，则停止送料，红色警示灯闪亮，报警器报警，直到按下复位按钮才停止报警，并重新开始。

4. 机械手搬送工件

当出料口传感器检测到物料且机械手和各气缸活塞杆的位置正确时，按下启动按钮，机械手开始搬物加工。机械手悬臂伸出—下降—夹紧物料，夹紧 1s 后—上升—缩回—右转—伸出—下降—放物，延时 1s 后—上升—缩回—左转至左侧极限位置停止，等待传送带上的工件分拣完成后再进行下一次搬物。

5. 工件的分拣

通过带输送机位置Ⅱ的进料口到达传送带上的工件，按下面的方式分拣：

进料口放入工件后，传送带启动。放入传送带上金属、白色塑料或黑色塑料中每种工件的第一个，由位置Ⅲ的气缸 A 推入出料斜槽 D；每种工件第二个由位置Ⅳ的气缸 B 推入出料斜槽 E；每种工件第二个以后的则由位置Ⅴ的气缸 C 推入出料斜槽 F。每次将工件推入斜槽，气缸活塞杆缩回后，机械手再进行搬运下一个工件。推料时，传送带要先停止。

当出料斜槽 D 和 E 中各有 1 个金属、白色塑料和黑色塑料工件时，设备停止运行，绿色警示灯灭，红色警示灯闪亮，报警器报警 2s，等待下一轮的工作。

6. 设备的停止

需要停止工作，按下停止按钮 SB6。

按下停止按钮 SB6 时，所有正在工作的部件，应完成当前工件分拣成功后，设备才能停止运行，绿色警示灯灭，红色警示灯闪亮。再次启动时，设备继续运行。

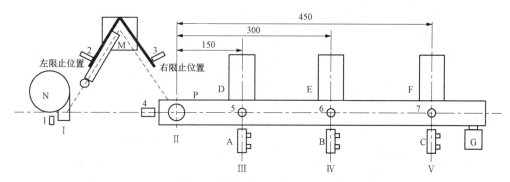

图 7 - 65　物料自动分拣系统示意图

N—供料盘；M—气动机械手；P—带传送机位；Ⅰ—供料架，安装有光电传感器 1；Ⅱ—带传送机下料孔，
安装光电传感器 4；Ⅲ、Ⅳ、Ⅴ—安装有电感式接近开关或光纤传感器（5、6、7）；A、B、C—直线气缸；
D、E、F—出料斜槽；机械手各气缸与 A、B、C 直线气缸均装有磁性开关；机械手左、右限位有电感式接近开关 2、3

7.25.2　编程

1. I/O 分配表

物料自动分拣系统 PLC 控制 I/O 分配表见表 7 - 26。

表 7 - 26　　　　物料自动分拣系统 PLC 控制 I/O 分配表

输 入 地 址			输 出 地 址		
序号	地址	备注	序号	地址	备注
1	X0	启动	1	Y0	驱动手臂正转
2	X1	停止	2	Y1	
3	X2	气动手爪传感器	3	Y2	驱动手臂反转
4	X3	旋转左限位传感器	4	Y3	驱动转盘电动机
5	X4	旋转右限位传感器	5	Y4	驱动手爪抓紧
6	X5	气动手臂伸出传感器	6	Y5	驱动手爪松开
7	X6	气动手臂缩回传感器	7	Y6	驱动提升气缸下降
8	X7	手爪提升限位传感器	8	Y7	驱动提升气缸上升
9	X10	手爪下降限位传感器	9	Y10	驱动臂气缸伸出
10	X11	物料检测传感器	10	Y11	驱动臂气缸缩回
11	X12	推料一伸出限位传感器	11	Y12	驱动推料一伸出
12	X13	推料一缩回限位传感器	12	Y13	驱动推料二伸出
13	X14	推料二伸出限位传感器	13	Y14	驱动推料三伸出
14	X15	推料二缩回限位传感器	14	Y15	驱动报警
15	X16	推料三伸出限位传感器	15	Y20	驱动变频器
16	X17	推料三缩回限位传感器	16	Y21	运行指示
17	X20	启动推料一传感器	17	Y22	停止指示
18	X21	启动推料二传感器			
19	X22	启动推料三传感器			
20	X23	传送带入料检测光电传感器			

2. PLC 接线图

物料自动分拣系统 PLC 控制接线图如图 7 - 66 所示。

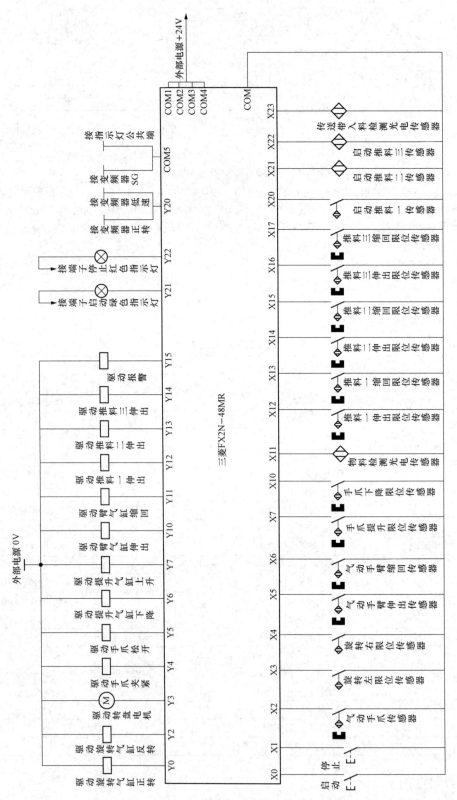

图 7 - 66　物料自动分拣系统 PLC 控制接线

3. 梯形图

物料自动分拣系统 PLC 控制梯形图如图 7 - 67 所示。

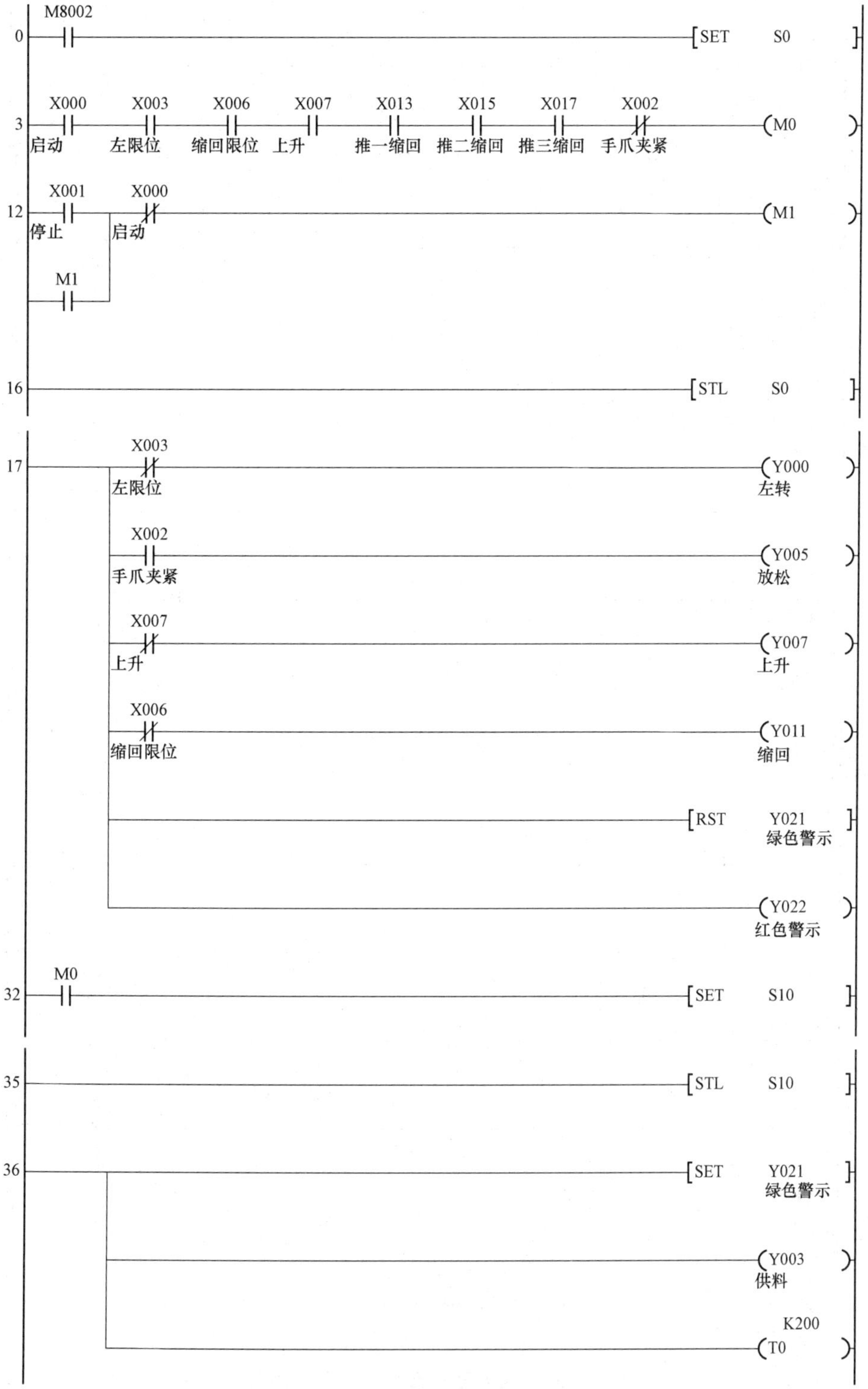

图 7 - 67　物料自动分拣系统 PLC 控制梯形图 (1/5)

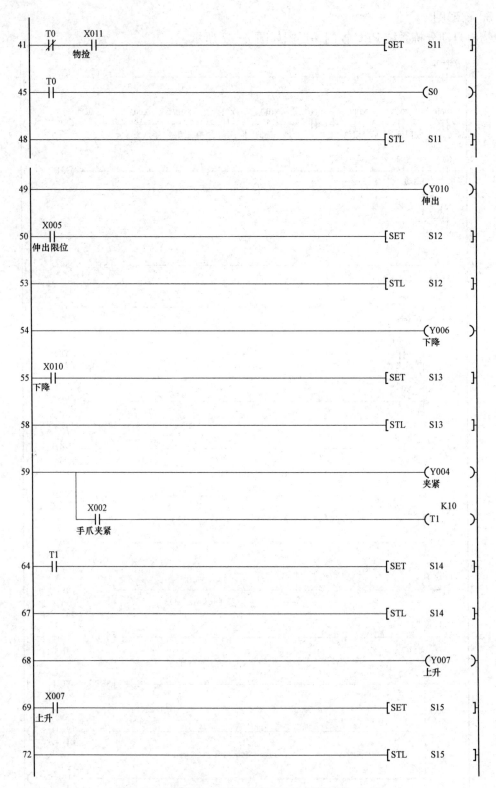

图 7-67　物料自动分拣系统 PLC 控制梯形图（2/5）

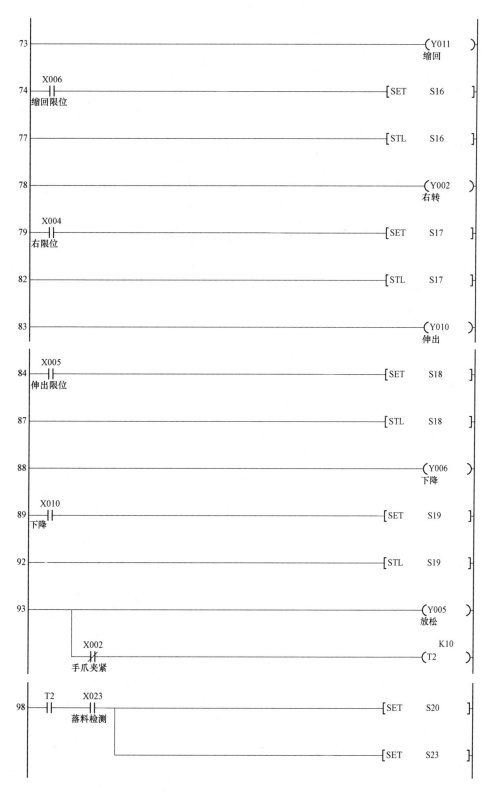

图 7-67　物料自动分拣系统 PLC 控制梯形图（3/5）

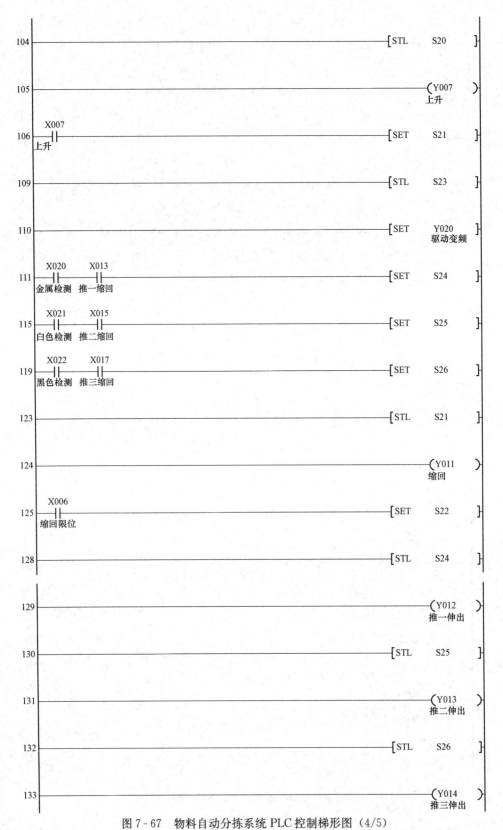

图 7-67　物料自动分拣系统 PLC 控制梯形图（4/5）

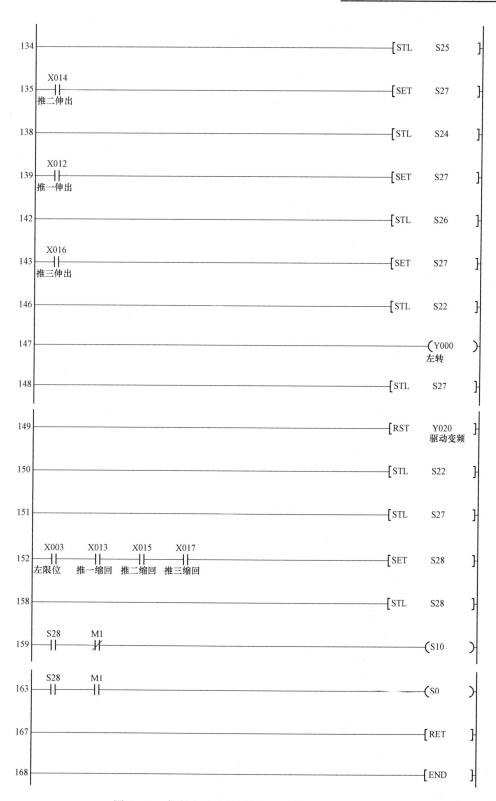

图 7 - 67 物料自动分拣系统 PLC 控制梯形图（5/5）

7.26 爬坡料斗自动供料 PLC 控制程序

7.26.1 控制要求

设计上料爬斗 PLC 自动控制装置如图 7-68 所示，该装置满足以下要求：

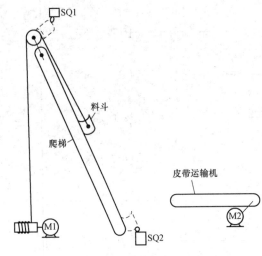

图 7-68 爬坡料斗自动供料示意图

（1）设置单动/连续开关，可以使该装置实现单动调试或自动循环两种工作方式。

（2）当选择开关转到单动位置时，爬斗可单独升、降，皮带机可单独运行。

（3）当选择开关转到自动循环工作时，爬斗应从原位（SQ2）处开始。按照皮带运输机启动→工作 20s 后爬斗上升→SQ1 动作→自动翻斗动作→爬斗下降→SQ2 动作→皮带运输机启动，以此顺序连续工作。按下停止按钮时，料斗可以停在任意位置，启动时可以使料斗随意从上升或下降开始运行。

（4）操作面板上需设有 PLC 运行指示灯，指示上料爬斗工作在何种工作状态。

（5）要具有必要的电气保护和互锁关联。

7.26.2 编程

1. I/O 分配表

爬坡料斗自动供料 PLC 控制 I/O 分配表见表 7-27。

表 7-27　　爬坡料斗自动供料 PLC 控制 I/O 分配表

I			O		
元件代号	作用	软元件	元件代号	作用	软元件
SB1	皮带启动按钮	X0	KM1	皮带输送机电动机	Y0
SB2	料斗上升启动按钮	X1	KM2	电动机正转（料斗上升）	Y1
SB3	料斗下降启动按钮	X2	KM3	电动机反转（料斗下降）	Y2
SB4	停止按钮	X3	HL1	皮带运行指示灯	Y4
SA	单动/自动转换开关	X4	HL2	料斗上升指示灯	Y5
SQ1	料斗上升限位	X5	HL3	料斗下降指示灯	Y6
SQ2	料斗下降限位	X6			

2. PLC 接线图

爬坡料斗自动供料 PLC 控制接线图如图 7-69 所示。

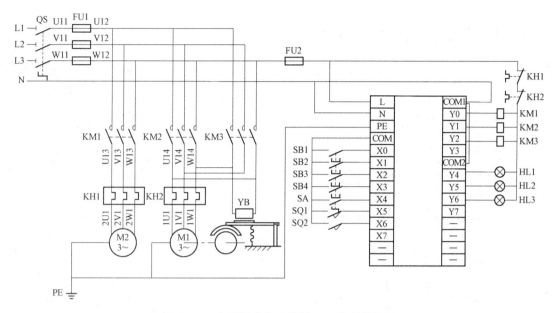

图 7 - 69　爬坡料斗自动供料 PLC 控制接线图

3. 梯形图

爬坡料斗自动供料 PLC 控制梯形图如图 7 - 70 所示。

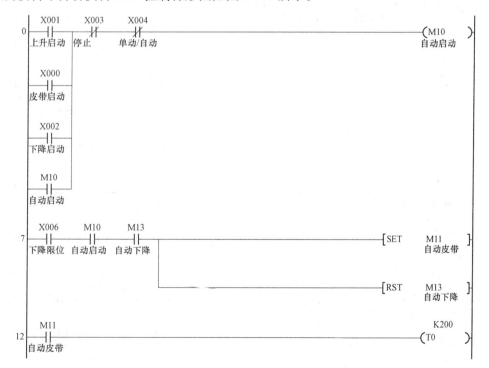

图 7 - 70　爬坡料斗自动供料 PLC 控制梯形图（1/2）

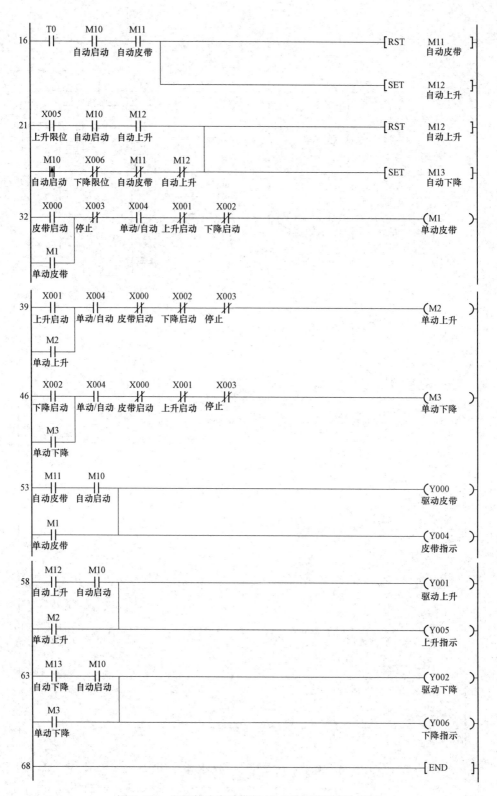

图 7-70 爬坡料斗自动供料 PLC 控制梯形图 (2/2)

7.27　水塔自动供水 PLC 控制程序

7.27.1　控制要求

水塔自动供水装置示意图如图 7-71 所示。该装置具体控制如下：

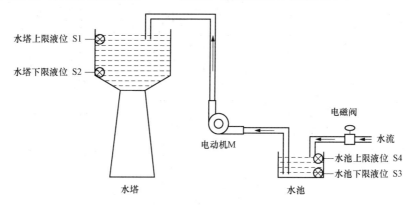

水塔上限液位 S1

水塔下限液位 S2

电磁阀

电动机M

水流

水池上限液位 S4

水池下限液位 S3

水塔

水池

图 7-71　水塔自动供水装置示意图

（1）保持水池的水位在 S3—S4 之间，当水池水位低于下限液位传感器 S3，电磁阀打开，开始往水池里注水，当 5s 以后，若水池水位没有超过水池下限液位传感器 S3 时，则系统停止运行并发出 1Hz 的声光警报；若水池水位超过水池下限液位传感器 S3 时，系统正常运行。当液面高于上限液位传感器 S4 时，电磁阀关闭。

（2）保持水塔的水位在 S1—S2 之间，当水塔水位低于水塔下限水位开关 S2 时，则驱动电动机 M 开始工作，向水塔供水。当水塔液面高于水塔上限水位开关 S1 时，电动机 M 停止抽水。

（3）当水塔水位低于下限水位时，同时水池水位也低于下限水位时，电动机 M 不能启动。

7.27.2　编程

1. I/O 分配表

水塔自动供水装置 PLC 控制 I/O 分配表见表 7-28。

表 7-28　　　　　　　　　水塔自动供水装置 PLC 控制 I/O 分配表

I			O		
元件代号	作用	软元件	元件代号	作用	软元件
SB1	启动按钮	X0	YV	电动机正转（开门）	Y0
SB2	停止按钮	X1	KM	电动机反转（关门）	Y1
S1	水塔上限位传感器	X2	HL	报警指示灯	Y4
S2	水塔下限位传感器	X3	D	蜂鸣器	Y5
S3	水池下限位传感器	X4			
S4	水池上限位传感器	X5			

2. PLC 接线图

水塔自动供水装置 PLC 控制接线图如图 7-72 所示。

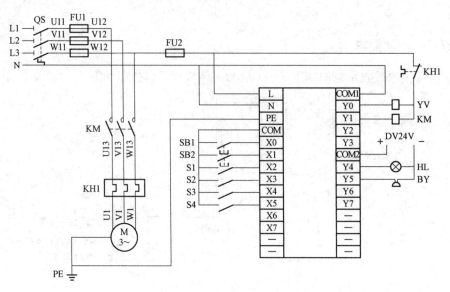

图 7-72　水塔自动供水装置 PLC 控制接线图

3. 梯形图

水塔自动供水装置 PLC 控制梯形图如图 7-73 所示。

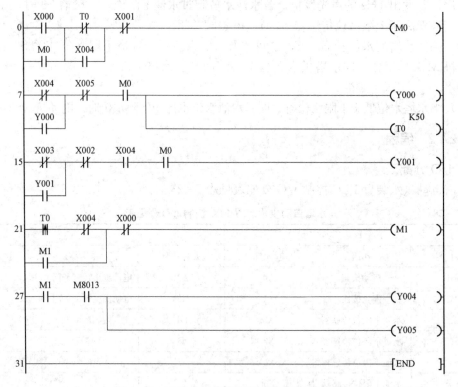

图 7-73　水塔自动供水装置 PLC 控制梯形图

7.28　变频器的组合运行操作

7.28.1　**控制要求**

有一皮带传送带由变频器控制一台电动机驱动。要求电动机启动运转和停止运行由变频器外部端子控制，电动机的调速由变频器面板控制。

7.28.2　**安装线路**

1. 安装接线

（1）检查元器件。

（2）固定元器件。按照图7-74所示，将元器件固定在配线板上。

（3）配线安装。按照图7-75所示进行配线接线。

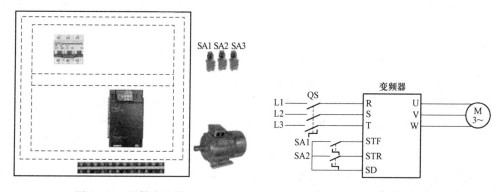

图7-74　元件布置图　　　　　图7-75　变频器控制接线图

操作要领：将变频器与电源和电动机进行正确接线，即将380V三相交流电源连接至变频器的输入端R、S、T；将变频器的输出端U、V、W连接至三相笼型异步电动机，同时还要进行相应的接地保护连接。

（4）自检。

2. 参数设定

（1）合上电源开关QF，接通变频器电源。

（2）恢复变频器出厂默认值。

（3）设置变频器正反转控制参数。

首先，编制组合模式1实现电动机的正反转控制的变频器相关参数设置表见表7-29，然后根据参数设置表进行参数设置。

表7-29　　　　　　　　　　　变频器参数设置表

参数号	参数名称	设定值
Pr.79	运行模式选择	3
Pr.1	上限频率	50
Pr.2	下限频率	0

参数号	参数名称	设定值
Pr. 3	基准频率	50
Pr. 7	加速时间	3
Pr. 8	减速时间	3
Pr. 178	STF 端子功能选择	60
Pr. 179	STR 端子功能选择	61

7.28.3 操作运行

程序调试运行操作步骤及运行情况见表 7-30。

表 7-30　　　　程序调试运行操作步骤及运行情况记录表

操作步骤	操作内容	观察内容	观察结果
第1步	闭合电源开关 QS		
第2步	闭合 SA1（接通 STF），断开 SA2（断开 STR）		
第3步	旋转变频器面板上的电位器	电动机运行和变频器显示屏的情况	
第4步	闭合 SA2（接通 STR），断开 SA1（断开 STF）		
第5步	旋转变频器面板上的电位器		
第6步	断开 SA1（断开 STF），断开 SA2（断开 STR）		

7.29　变频器的 PID 控制

7.29.1 控制要求

某变频单泵供水系统 PID 控制下，使用一个 4mA 对应 0MPa、20mA 对应 0.5MPa 的传感器调节水泵的供水压力，设定值通过变频器的 2、5 端子（0～5V）给定。在水泵出口侧安装有压力传感器用来检测水压，压力传感器采集的信号为 4～20mA，系统要求管网的压力在运行时保持 0.1MPa，设定值通过变频器端子 2、5 所连接的电位器来设定。

7.29.2 安装线路

1. 安装电路
（1）检查元器件。
（2）固定元器件。
（3）配线安装。按照图 7-76 所示变频器电路原理图进行布线接线。
（4）自检。

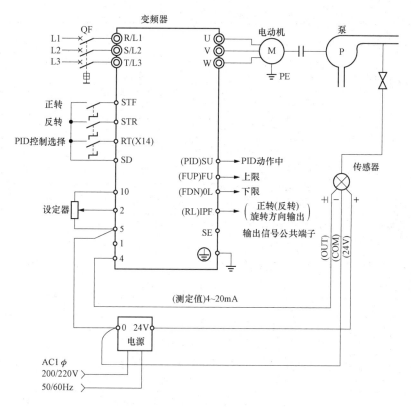

图 7 - 76　变频器电路原理图

2. 变频器的参数设置

（1）合上电源开关 QF，接通变频器电源。

（2）恢复变频器出厂默认值。

（3）输入/输出端子信号。

1）输入/输出端子信号使用功能表见表 7 - 31。

表 7 - 31　　　　　　　　　　输入/输出端子信号使用功能表

信号		使用端子	功能	说明
输入	X14	由 Pr.180～Pr.186 设定	PID 控制选择	X14 闭合时选择 PID 控制
	2	2	设定值输入	输入 PID 设定值
	1	1	偏差信号输入	输入外部计算的偏差信号
	4	4	反馈量输入	传感器反馈
输出	FUP	由 Pr.191～Pr.195 设定	上限输出	输出指示反馈量已超过上限值
	FDN		下限输出	输出指示反馈量已超过下限值
	RL		正反转方向信号输出	参数单元显示"Hi"表示正转（FWD）或显示"Low"表示反转（REV）
	SE	SE	输出公共端子	FUP、FDN、RL 的公共端子

2）输入端子设定说明见表 7 - 32。

表 7 - 32   输入端子设定说明表

项目	输入	说	明
设定值	通过端子 2 与 5	设定 0V 为 0，5V 为 100%	当 Pr.73 设定为"1、3、5、11、13 或 15"时（端子 2 选择 5V）
		设定 0V 为 0，10V 为 100%	当 Pr.73 设定为"0、2、4、10、12、14"时（端子 2 选择 10V）
设定值	Pr.133	在 Pr.133 中设定设定值	
偏差信号	通过端子 1 与 5	设定-5V 为-100%，0V 为 0，5V 为 100%	当 Pr.73 设定为"2、3、5、12、13 或 15"时（端子 1 选择 5V）
		设定-10V 为-100%，0V 为 0，10V 为 100%	当 Pr.73 设定为"0、1、4、10、11、14"时（端子 1 选择 10V）
反馈值	通过端子 4 与 5	4mA 相当于 0，20mA 相当于 100%	

（4）PID 参数设定表见表 7 - 33。

表 7 - 33   PID 参数设定表

参数号	设定值	参数设定	说	明	
Pr.128	10	选择 PID 控制	对于加热、压力等控制	偏差信号输入（端子 1）	PID 负作用
	11		对于冷却等		PID 正作用
	20		对于加热、压力等控制	检测值输入（端子 4）	PID 负作用
	21		对于冷却等		PID 正作用
Pr.129	0.1%~1000%	PID 比例范围常数	如果比例范围较窄（参数设定值较小），反馈量的微小变化会引起执行量的很大改变。因此，虽然比例范围较窄，响应的灵敏性（增益）得到改善，但稳定性变差，例如发生振荡。增益 $K=1/$比例范围		
	9999		无比例控制		
Pr.130	0.1~3600s	PID 积分时间常数	这个时间是指积分（I）作用时达到与比例（P）作用时相同的执行量所需要的时间，随着积分时间的减少到达设定值越快，但容易发生振荡		
	9999		无积分控制		
Pr.131	0~100%	上限	设定上限，如果检测值超过此设定，就输出 FUP 信号（检测值的 4mA 相当于 0，20mA 相当于 100%）		
	9999		功能无效		
Pr.132	0~100%	下限	设定下限（如果检测值超过设定范围，则输出一个报警）。同样检测值的 4mA 相当于 0，20mA 相当于 100%		
	9999		功能无效		
Pr.133	0~100%	用 PU 设定的 PID 控制设定值	仅在 PU 操作或组合模式 1 下对于 PU 指令有效，对于外部操作，设定值由端子 2、5 间的电压决定（Pr.902 值等于 0，Pr.903 值等于 100%）		
Pr.134	0，01~10.00s	PID 微分时间常数	时间值仅要求向微分作用提供一个与比例作用相同的检测值，随着时间的增加，偏差改变会有较大响应		
	9999		无微分控制		

（5）设定值输入校正。

（6）传感器输出校正。

提示：Pr.904 和 Pr.905 所设定的频率必须与 Pr.902 和 Pr.903 所设定的一致。

7.29.3　PID 操作运行与调试

（1）调试原则。

（2）细调的原则。

（3）PID 操作。PID 操作流程如图 7-77 所示。

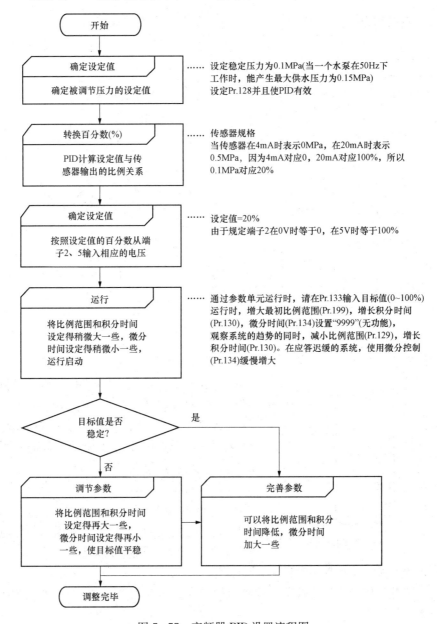

图 7-77　变频器 PID 设置流程图

267

7.30 变频器控制三相异步电动机点动控制

7.30.1 控制要求

有一桥式起重机的升降卷扬机由变频器控制一台电动机驱动。要求电动机点动启动运转，由变频器外部端子控制，变速实现无极变速。请按要求设计系统的电路和设置变频器的参数。

7.30.2 安装线路

1. 安装接线

（1）检查元器件。

（2）固定元器件。按照图 7-78 所示，将元器件固定在配线板上。

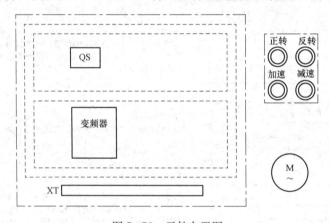

图 7-78　元件布置图

（3）配线安装。按照图 7-79 所示进行配线接线。

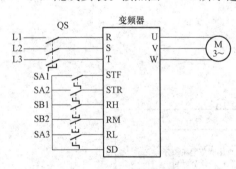

图 7-79　变频器控制接线图

操作要领：将变频器与电源和电动机进行正确的接线，即将 380V 三相交流电源连接至变频器的输入端 R、S、T；将变频器的输出端 U、V、W 连接至三相笼型异步电动机，同时还要进行相应的接地保护连接。

（4）自检。

2. 参数设定

（1）合上电源开关 QF，接通变频器电源。

（2）恢复变频器出厂默认值。

（3）设置变频器正反转控制参数。

首先，实现电动机的正反转控制的变频器相关参数设置表见表 7-34，然后根据参数设置表进行参数设置。

表 7-34　　　　　　　　　　　　　变频器参数设置表

参数号	参数名称	设定值
Pr. 79	运行模式选择	2
Pr. 1	上限频率	50
Pr. 2	下限频率	0
Pr. 3	基准频率	50
Pr. 7	加速时间	3
Pr. 8	减速时间	3
Pr. 15	点动运行频率	50
Pr. 16	点动加减速时间	2s
Pr. 59	遥控功能	1
Pr. 180	RL 端子设置为 JOG	5

7.30.3　操作运行

程序调试运行操作步骤及运行情况见表 7-35。

表 7-35　　　　　　程序调试运行操作步骤及运行情况记录表

操作步骤	操作内容	观察内容	观察结果
第 1 步	闭合电源开关 QS		
第 2 步	闭合 SA3		
第 3 步	闭合 SA1（接通 STF），断开 SA2（断开 STR）		
第 4 步	按下 SB1		
第 5 步	松开 SB1		
第 6 步	按下 SB2		
第 7 步	松开 SB2	电动机运行和变频器显示屏的情况	
第 8 步	断开 SA3		
第 9 步	闭合 SA1（接通 STF），断开 SA2（断开 STR）		
第 10 步	按下 SB1		
第 11 步	松开 SB1		
第 12 步	按下 SB2		
第 13 步	松开 SB2		

7.31　PLC 控制变频器实现电动机的正反转

7.31.1　控制要求

某生产线上的运料小车的电动机由 PLC 和变频器控制。其运行示意图如图 7-80 所示。控制要求：

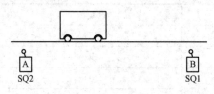

图7-80 运料小车运行示意图

(1) 小车可以在A、B之间自动循环移动。

(2) 小车在运行过程中可以自由手动调速。

(3) 有过载保护和故障报警。

7.31.2 编程

1. I/O分配表

运料小车PLC控制I/O分配表见表7-36。

表7-36   运料小车PLC控制I/O分配表

I			O		
元件代号	作用	软元件	元件代号	作用	软元件
SB1	启动按钮	X0	STF	右移（正转）	Y0
SB2	停止按钮	X1	STR	左移（反转）	Y1
SQ1	右限位	X2	HL	保护报警	Y2
SQ2	左限位	X3			
A	保护报警	X4			

2. PLC接线图

运料小车PLC控制接线图如图7-81。

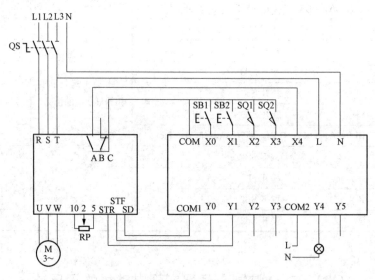

图7-81 运料小车PLC控制接线图

3. 梯形图

运料小车PLC控制梯形图如图7-82所示。

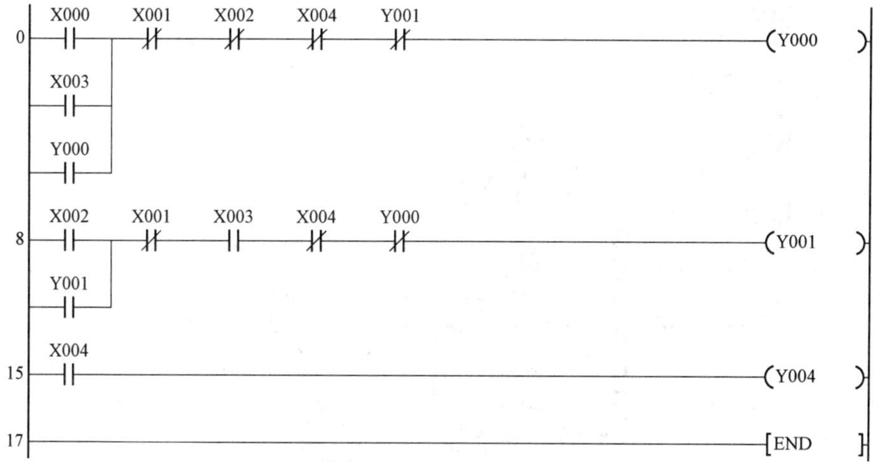

图 7-82　运料小车 PLC 控制梯形图

4. 参数设置

（1）合上电源开关 QF，接通变频器电源。

（2）恢复变频器出厂默认值。

（3）设置变频器正反转控制参数。

首先，实现电动机的正反转控制的变频器相关参数设置表见表 7-37，然后根据参数设置表进行参数设置。

表 7-37　　　　　　　　　　　　变频器参数设置表

参数号	参数名称	设定值
Pr. 79	运行模式选择	3
Pr. 1	上限频率	50
Pr. 2	下限频率	0
Pr. 3	基准频率	50
Pr. 7	加速时间	1
Pr. 8	减速时间	1

7.32　PLC 控制变频器实现工频与变频的自动切换

7.32.1　控制要求

有一恒压供水系统由 3 台泵供水如图 7-83 所示。其控制要求：

（1）供水压力保持 3MPa 的压力，由压力传感器来检测。若用户用水量大，压力下降到 2.5MPa 时，压力泵启动运行，直至压力上升到 3.5MPa，压力泵停止运行（休眠）。

（2）3 台水泵互为备用。

（3）可实现手动、自动切换。

271

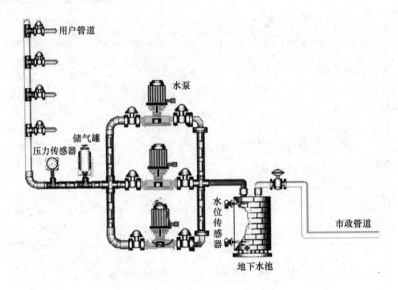

图 7 - 83　恒压供水系统示意图

7.32.2　编程

1. I/O 分配表

恒压供水 PLC 控制 I/O 分配表见表 7 - 38。

表 7 - 38　　　　　　　　　　恒压供水 PLC 控制 I/O 分配表

I			O		
元件代号	作用	软元件	元件代号	作用	软元件
SA1	手动/自动切换	X0	KM0	1 号泵工频	Y0
SB1	系统启动	X1	KM1	1 号泵变频	Y1
KH1	1 号泵过载保护	X2	KM2	2 号泵工频	Y2
KH2	2 号泵过载保护	X3	KM3	2 号泵变频	Y3
KH3	3 号泵过载保护	X4	KM4	3 号泵工频	Y4
FU	频率上限	X5	KM5	3 号泵变频	Y5
RUN	压力上限	X6	KM6	系统供电	Y6
IPF	频率下限	X7	HL1	1 号泵过载报警指示	Y10
SU	压力下限	X10	HL2	1 号泵过载报警指示	Y11
SB2	手动 1 号泵工频	X11	HL3	1 号泵过载报警指示	Y12
SB3	手动 2 号泵工频	X12	KA0	启动变频器	Y14
SB4	手动 3 号泵工频	X13	HL4	相序报警指示	Y15
SB5	手动 1 号泵变频	X14			
SB6	手动 2 号泵变频	X15			
SB7	手动 3 号泵变频	X16			
SB8	急停	X17			
KVS	相序保护	X20			
L	水位下限	X21			

2. PLC 接线图

恒压供水 PLC 控制接线图如图 7 - 84 所示。

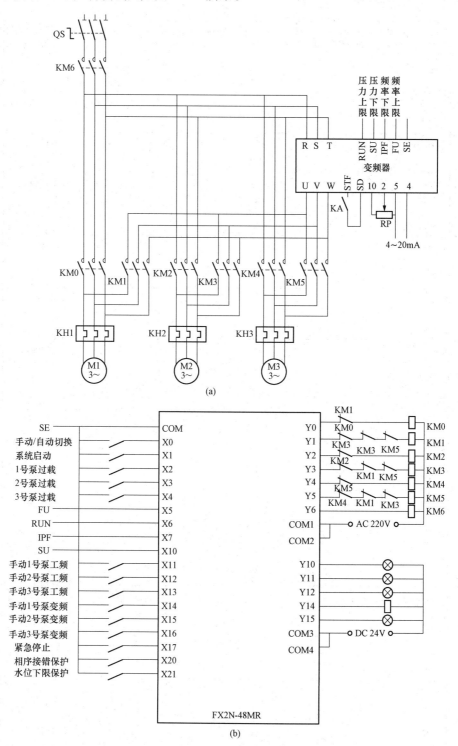

图 7 - 84　恒压供水 PLC 控制接线图

3. 梯形图

恒压供水 PLC 控制梯形图如图 7-85 所示。

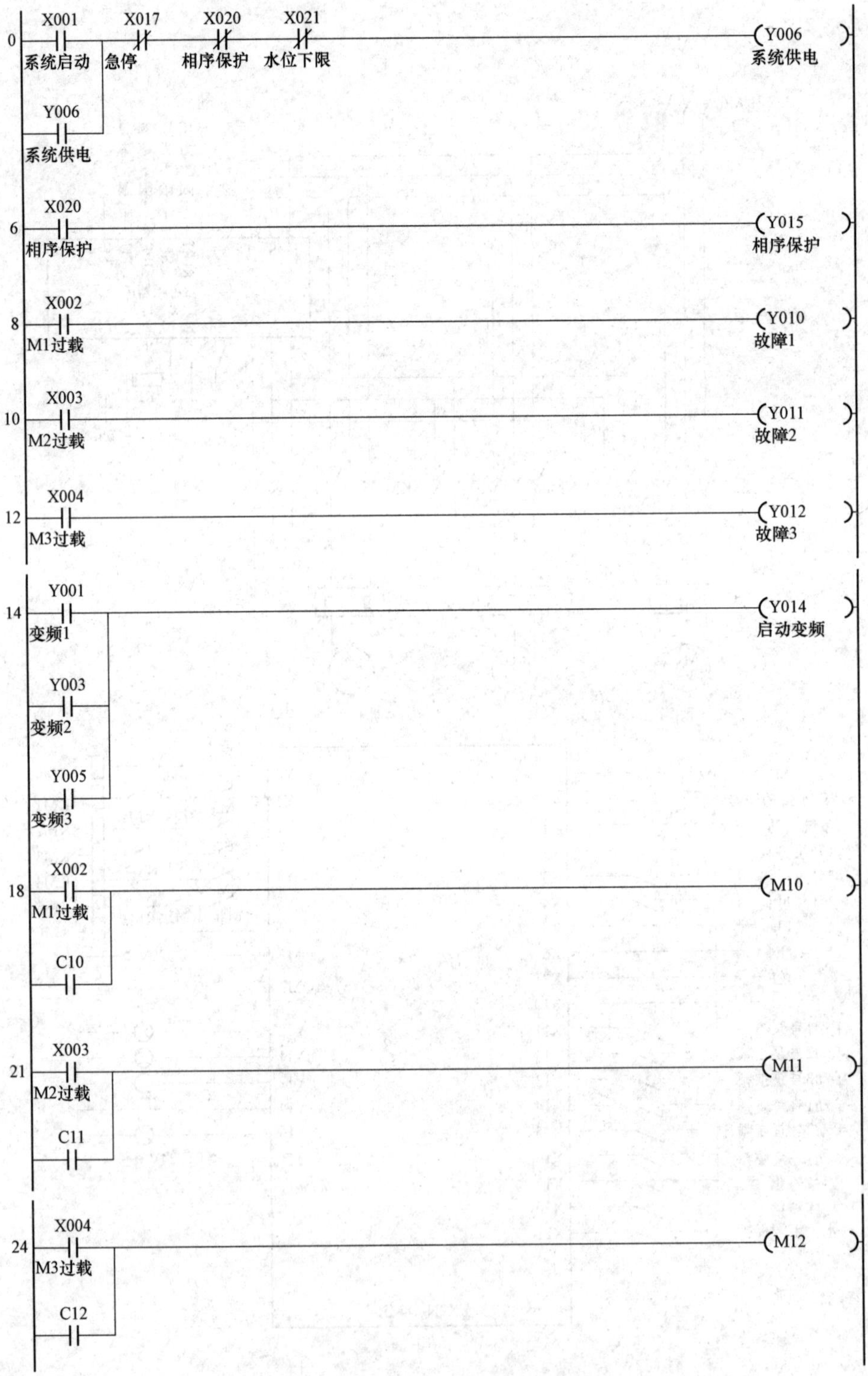

图 7-85　恒压供水 PLC 控制梯形图（1/5）

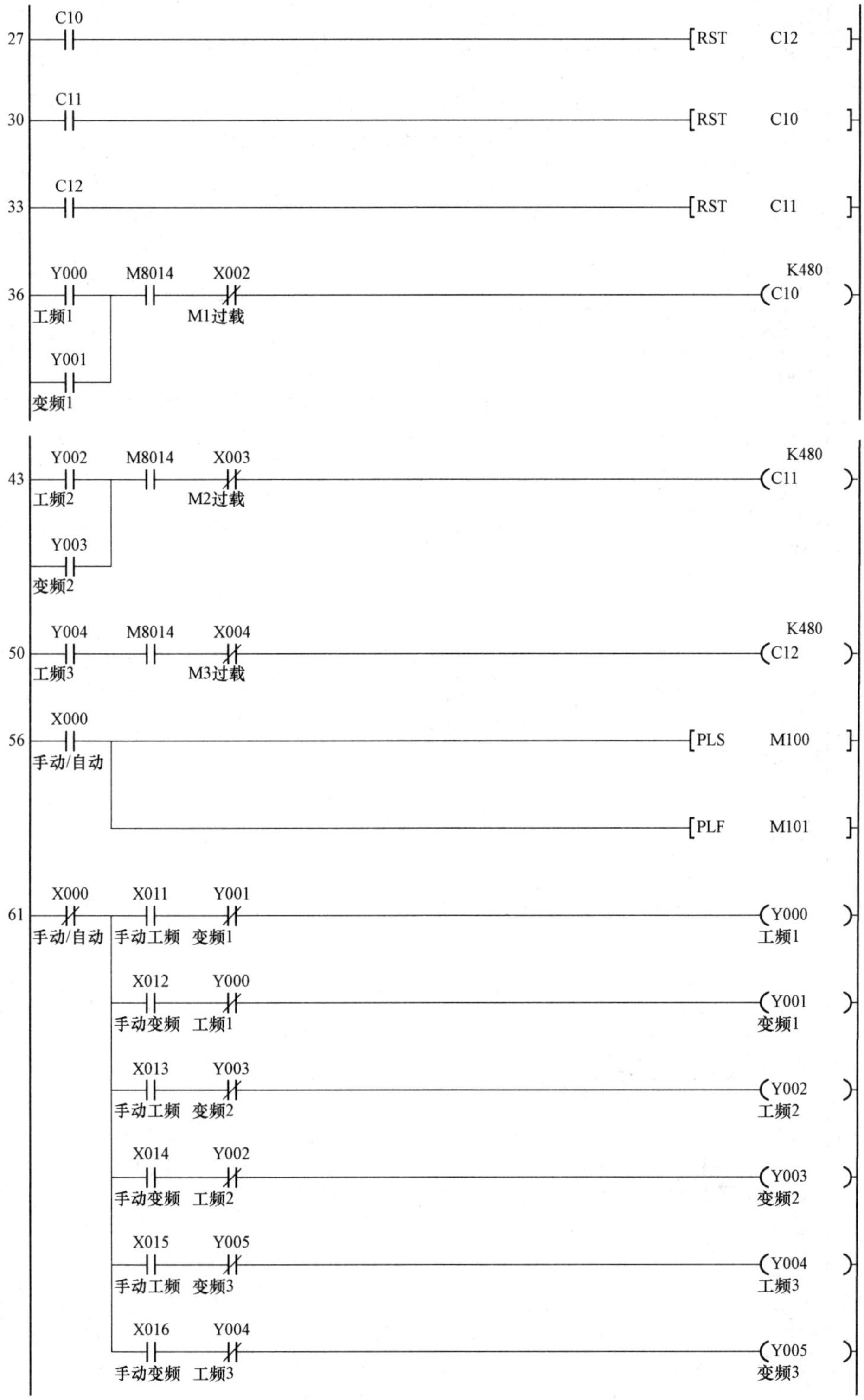

图 7 - 85　恒压供水 PLC 控制梯形图（2/5）

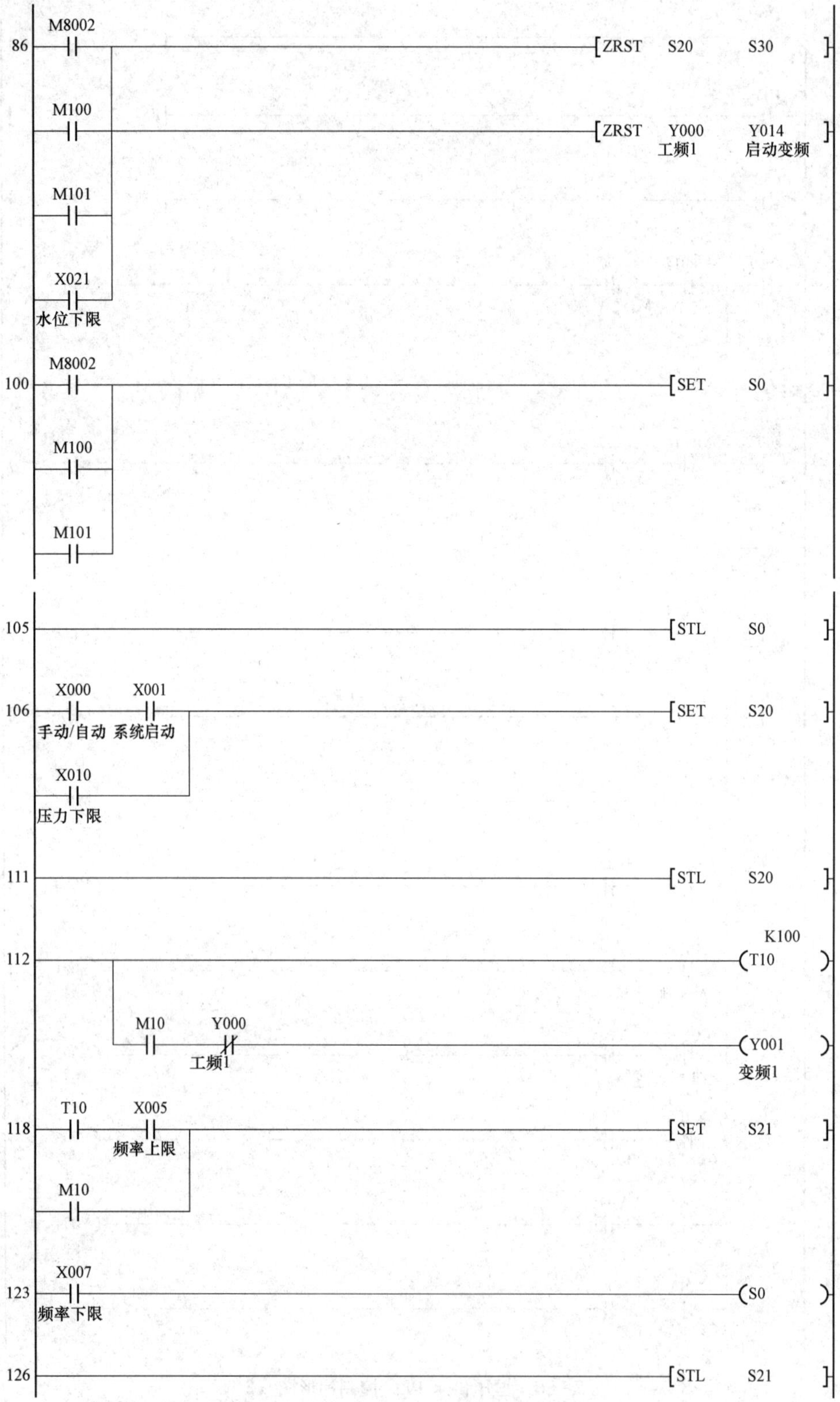

图 7-85 恒压供水 PLC 控制梯形图（3/5）

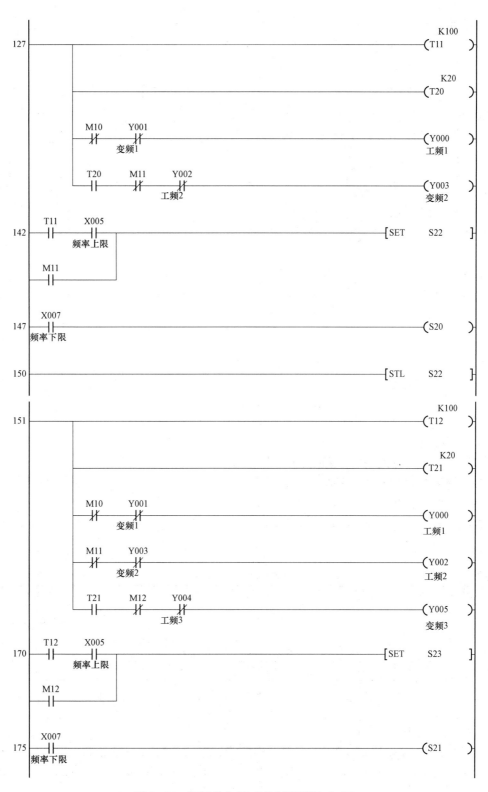

图 7-85　恒压供水 PLC 控制梯形图（4/5）

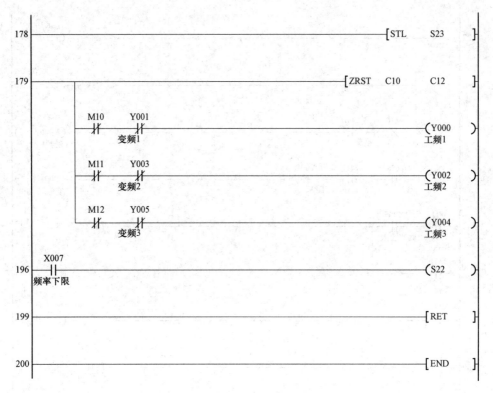

图7-85 恒压供水 PLC 控制梯形图（5/5）

4. 参数设置

（1）合上电源开关 QF，接通变频器电源。

（2）恢复变频器出厂默认值。

（3）设置变频器正反转控制参数。

首先，实现电动机的正反转控制的变频器相关参数设置表见表7-39，然后根据参数设置表进行参数设置。

表7-39 变频器参数设置表

参数号	参数名称	设定值
Pr.79	运行模式选择	2
Pr.1	上限频率	50
Pr.2	下限频率	0
Pr.3	基准频率	50
Pr.7	加速时间	2
Pr.8	减速时间	2
Pr.9	电子过电流保护	
Pr.42	输出频率检测	49
Pr.50	第二输出频率检测	30
Pr.128	PID 动作选择	20
Pr.131	上限	70

续表

参数号	参数名称	设定值
Pr. 132	下限	50
Pr. 133	PID 目标设定值	60
Pr. 190	压力上限	14
Pr. 191	压力下限	15
Pr. 192	第二输出	5
Pr. 194	第一输出	4

7.33　变频器的多段速控制

7.33.1　控制要求

某搅拌机装置的控制要求如下：先以 45Hz 正转运行 30min，再以 35Hz 反转运行 20min。每次改变方向前先将转速下降至 10Hz 运行 1min，并发出准备检测指示，然后停止 1min，由操作人员进行检测。如此循环直至按下停止按钮后停止运行，如图 7-86 所示。

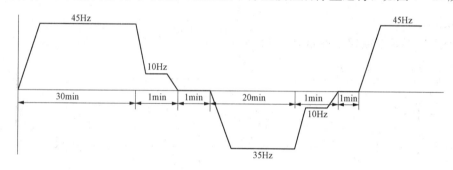

图 7-86　搅拌装置运行流程图

7.33.2　编程

1. I/O 分配表

搅拌装置 PLC 控制 I/O 分配表见表 7-40。

表 7-40　　　　　　　　　搅拌装置 PLC 控制 I/O 分配表

I			O		
元件代号	作用	软元件	元件代号	作用	软元件
SB1	启动按钮	X0	STF	电动机正转（开门）	Y0
SB2	停止按钮	X1	STR	电动机反转（关门）	Y1
		X2	RH	个位 a 段数码管	Y2
		X3	RM	个位 a 段数码管	Y3
		X4	RL	个位 a 段数码管	Y4

2. PLC 接线图

搅拌装置 PLC 与变频器控制接线图如图 7-87 所示。

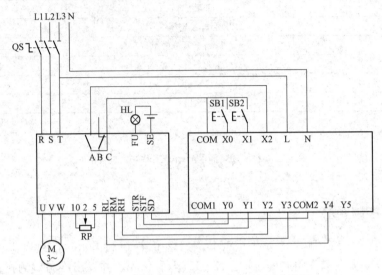

图 7-87 搅拌装置 PLC 与变频器控制接线图

3. 梯形图

搅拌装置 PLC 控制梯形图如图 7-88 所示。

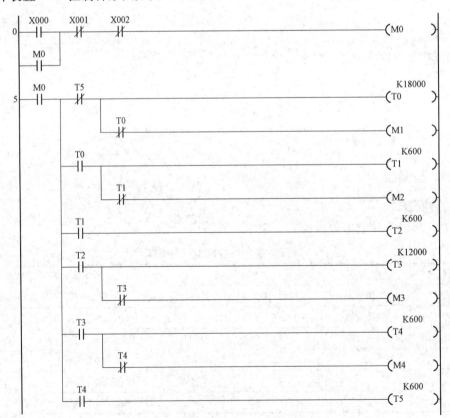

图 7-88 搅拌装置 PLC 控制梯形图（1/2）

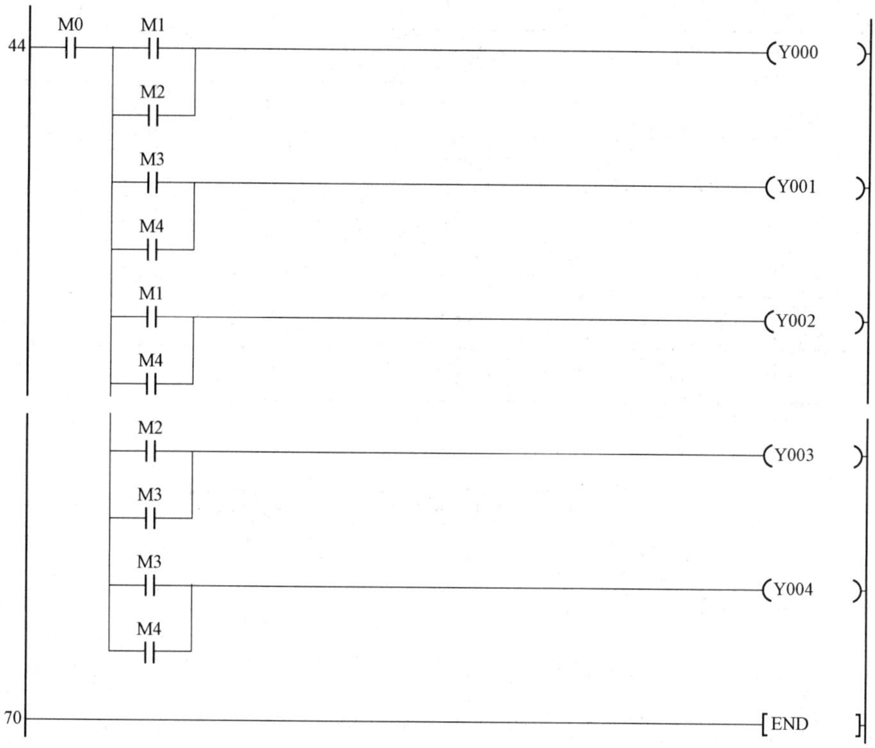

图 7 - 88　搅拌装置 PLC 控制梯形图（2/2）

4. 参数设置

（1）合上电源开关 QF，接通变频器电源。

（2）恢复变频器出厂默认值。

（3）设置变频器正反转控制参数。

首先，实现电动机的正反转控制的变频器相关参数设置表见表 7 - 41，然后根据参数设置表进行参数设置。

表 7 - 41　　　　　　　　　　　　　　变频器参数设置表

参数号	参数名称	设定值
Pr. 79	运行模式选择	2
Pr. 1	上限频率	50
Pr. 2	下限频率	0
Pr. 3	基准频率	50
Pr. 7	加速时间	2
Pr. 8	减速时间	2
Pr. 9	电子过电流保护	
Pr. 42	输出频率检测	10

参数号	参数名称	设定值
Pr. 4	速度 1	30
Pr. 5	速度 2	20
Pr. 6	速度 3	70
Pr. 24	速度 4	50
Pr. 25	速度 5	60
Pr. 26	速度 6	14

7.34　变频器在纺织机械中的应用

7.34.1　控制要求

某印染机共有 6 个单元都配置了变频器调速系统，要求整个系统的每个单元实现自动同步运行。

7.34.2　编程

1. 设计控制电路

印染机变频器控制系统如图 7‑89 所示。

2. 控制原理

在图 7‑89 中，印染机中 6 个单元的变频器主输入信号由 RP0 调节（0～+5V），运行中，单元 2～单元 6 的同步信号分别由系统中的调节辊 1～调节辊 5 带动各自的滑动电位器来自动调节。单元 1 和单元 2 之间的同步是：

如果 V2＞V1，则布匹的张力增大，使调节辊 1 上移，调节辊 1 带动 RP2 上移，减小变频器 2 的辅助输入信号，变频器 2 的合成信号随之减小，单元 2 的转速下降。

如果 V2＜V1，则布匹的张力减小，使调节辊 1 下移，调节辊 1 带动 RP2 下移，增大变频器 2 的辅助输入信号，变频器 2 的合成信号随之增大，单元 2 的转速上升。

同理，调节辊 2 带动 RP3 对变频器 3 自动调节；调节辊 3 带动 RP4 对变频器 4 自动调节；调节辊 4 带动 RP5 对变频器 5 自动调节；调节辊 5 带动 RP6 对变频器 6 自动调节。

3. 变频器参数设置

印染机变频器控制系统的运行参数见表 7‑42。

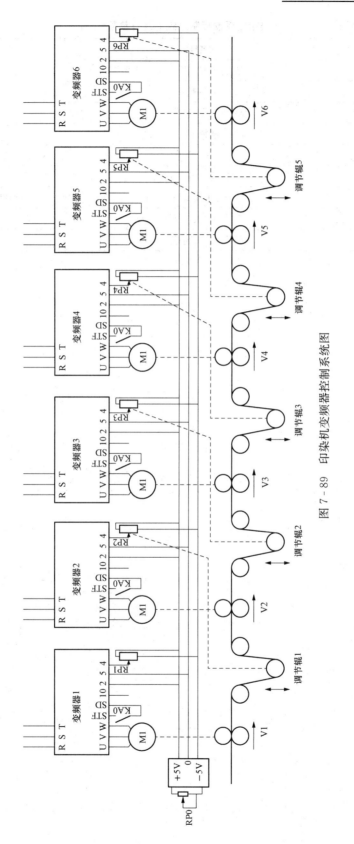

图 7 - 89　印染机变频器控制系统图

表 7 - 42　　　　　　　　印染机变频器控制系统的运行参数

参数号	参数名称	设定值
Pr. 79	运行模式选择	2
Pr. 1	上限频率	50
Pr. 2	下限频率	0
Pr. 3	基准频率	50
Pr. 7	加速时间	2
Pr. 8	减速时间	2
Pr. 9	电子过电流保护	电动机的额定电流
Pr. 73	模拟量输入选择	1
Pr. 267	端子 4 输入选择	1

第8章

软启动控制电路

8.1 软启动器异地控制电路

8.1.1 原理图

软启动器异地控制电路原理图如图 8-1 所示。

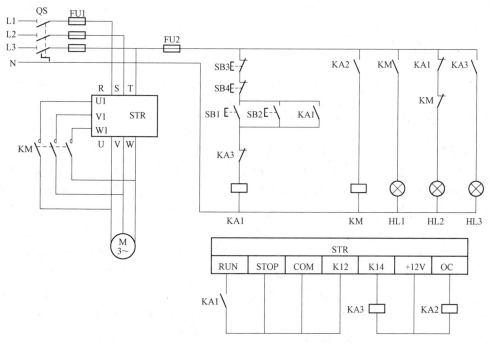

图 8-1 软启动器异地控制电路原理图

8.1.2 原理分析

在图 8-1 中,合上电源开关 QS:

按钮 SB1～SB4 分别装在不同的两个地方的 2 对启动和停止按钮,还可以增加按钮个数,实现更多地点的启停控制。软启动器的接线形式图,采取分开画的方式,用小方块表示 STR 主电路,旁路接触器接在 STR 的旁路触点 U1、V1、W1,当按下按钮 SB1,中间继电器 KA1 线圈得电吸合动作,其动合辅助触点 KA1-1 闭合自锁,触点 KA1-2 断开,停止指示灯 HL2 熄灭。动合触点 KA1-3 闭合,相当于按下操作键盘上的启动按钮

RUN，软启动器软启动工作，电动机 M 运行。经过延时，电动机 M 转速接近（或达到）额定转速后，软启动结束，旁路继电器 KA2 线圈得电吸合，其触点 KA2 闭合，交流接触器 KM 线圈得电吸合，其 KM 主触点闭合．将软启动器 STR 主电路晶闸管短接旁路，让电源直接经 KM 主触点，这样可延长软启动器的使用寿命，此时，触点 KM1 闭合，运行指示灯 HL1 亮，以示正在运行中。当需要停止运行，按下停止按钮 SB3（或 SB4），电动机 M 停止运行。

如果电动机发生了过电流、断相、堵转等故障，故障继电器 KA3 得电吸合动作，KA3 动合触点闭合，故障指示灯 HL3 亮，显示有故障；KA3 动断触点断开，中间继电器 KA1 线圈断电释放，其 KA1 动合触点恢复断开状态。软启动器停止工作，旁路继电器 KA2 线圈失电释放，其 KA2 动合触点复位断开接触器 KM 线圈电源，KM 失电释放，其 KM3 主触点断开复位，电动机 M 断电停止运行。

8.2 软启动器一拖二控制电路

8.2.1 原理图

软启动器一拖二控制电路原理图如图 8-2 所示。

8.2.2 原理分析

当按下按钮 SB1，交流接触器 KM1 线圈得电吸合动作，且其动合辅助触点 KM1-1 闭合自锁，KM1 主触点闭合，触点 KM1-5 也闭合，电动机 M1 软启动工作。当转速接近（或达到）额定转速时，旁路继电器 KA2 得电吸合动作，KA2 动合触点闭合，接触器 KM2 得电吸合动作，其动合触点 KM2-1 闭合自锁，动合触点 KM2-2 闭合，延时时间继电器 KT1 线圈得电吸合，延时断开动断触点 KT1 延时断开，接触器 KM1 线圈断电．KM1 失电释放。KM1 主触点断开复位，与此同时，KM2 主触点闭合，电动机 M1 全电压旁路运行，M1 运行指示灯 HL1 点亮。动合触点 KM1-5 断开复位，软启动结束，为启动电动机 M2 做准备。

当需要启动电动机 M2 时，按下启动按钮 SB2，交流接触器 KM3 得电吸合且自锁，其触点 KM3-5 闭合，软启动器启动工作，KM3 主触点闭合，电动机 M2 启动运行。当电动机 M2 转速接近（或达到）额定转速时，旁路继电器 KA2 得电吸合，触点 KA2 闭合，交流接触器 KM4 得电吸合．且触点 KM4-1 闭合自锁。触点 KM4-2 闭合，时间继电器 KT2 得电吸合，其延时断开触点 KT2 延时断开接触器 KM3 线圈电源，KM3 失电释放，其 KM3 主触点断开复位。此时，KM4 主触点闭合，电动机 M2 旁路全压运行。并且 M2 运行指示灯 HL2 点亮。

当需要停机时，按下停止按钮 SB3（或 SB4），交流接触器 KM2（或 KM4）失电释放，其 KM2 主触点（或 KM4）断开三相主电源，电动机 M1（或 M2）失电停止运行。

当电动机 M1（或 M2）发生过电流、断相、堵转等故障时，故障继电器 KA3 动作，其动断触点 KA3-1（或 KA3-2）断开，切断接触器 KM2（或 KM4）线圈电源，且失电释放，且其 KM2 主触点（或 KM4）断开三相电源，电动机 M1（或 M2）失电停止运行。相应的指示灯 HL3（或 HL4）点亮，运行指示灯 HL1（或 HL2）熄灭。

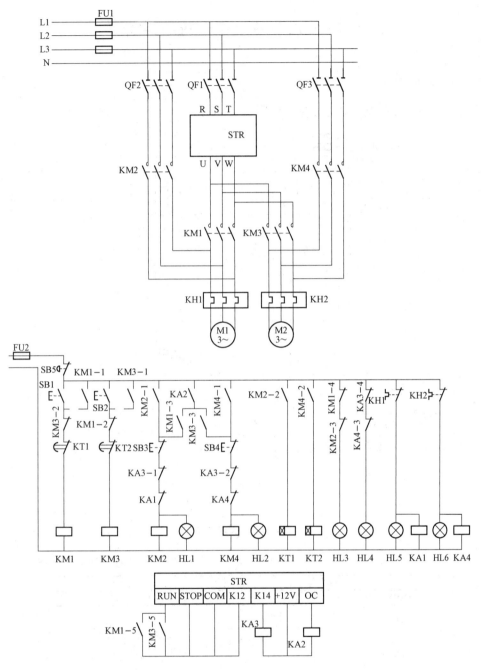

图 8-2　软启动器一拖二控制电路原理图

当电动机 M1（或 M2）因过载，热继电器 KH1（或 KH2）动作，其动合触点 KH1
（或 KH2）闭合，接通中间继电器 KA1，M1 故障指示灯 HL5（或 M2 故障指示灯 HL6 和
中间继电器 KA4）电源回路，KA1（或 KA4）得电吸合，其触点 KA1（或 KA4）断开，接
触器 KM2（或 KM4）线圈回路电源失电释放，电动机 M1（或 M2）停止运行。M1（或
M2）故障指示灯点亮。

活学活用 电气控制线路200例

8.3 软启动器一用一备控制电路

8.3.1 原理图

软启动器一用一备控制电路原理图如图8-3所示。

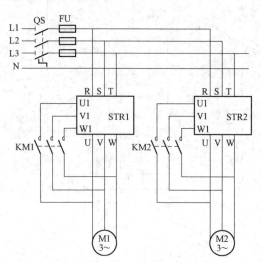

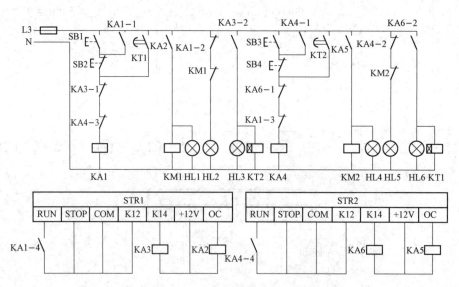

图8-3 软启动器一用一备控制电路原理图

8.3.2 原理分析

如图8-3所示，合上电源开关QS。

启动时，按下启动按钮 SB1（或 SB3），中间继电器 KA1（或 KA4）线圈得电吸合，KA1-1（或 KA4-1）闭合自锁；KA1-2（或 KA4-2）断开，停止指示灯 HL2（或 HL5）

熄灭；KA1-3（或 KA4-3）断开对 KA4（或 KA1）连锁；KA1-4（或 KA4-4）闭合，电动机 M 通过软启动器 STR1（或 STR2）进行软启动。当电动机转速接近（或达到）额定转速时，旁路继电器 KA2（或 KA5）线圈得电吸合，KA2（或 KA5）动合触点闭合，交流接触器 KM1（或 KM2）线圈得电吸合，KM1（或 KM2）动断触点断开停止指示灯 HL2（或 HL5）保持熄灭，KM1（或 KM2）主触点闭合，电动机 M 全压运转，同时运转指示灯 HL1（或 HL4）亮。

当电动机 M 发生过电流、断相、堵转等故障时，故障继电器 KA3（或 KA6）线圈得电吸合，其动断触点 KA3-1（或 KA6-1）断开，KA1（或 KA4）线圈失电，KA1-1（或 KA4-1）断开解除自锁；KA1-2（或 KA4-2）闭合；KA1-3（或 KA4-3）闭合解除对 KA4（或 KA1）连锁；KA1-4（或 KA4-4）断开，软启动器 STR1（或 STR2）停止运行；旁路继电器 KA2（或 KA5）线圈失电，KA2（或 KA5）动合触点断开，接触器 KM1（或 KM2）线圈失电，KM1（或 KM2）主触点断开三相电源，电动机 M 失电停止运行。STR1（或 STR2）的运行指示灯 HL1（或 HL4）熄灭。KA3-2（或 KA6-2）闭合，STR1（或 STR2）故障指示灯 HL3（或 HL6）点亮，同时时间继电器 KT2（或 KT1）线圈得电吸合，KT2（或 KT1）延时动合触点延时闭合，中间继电器 KA4（或 KA1）线圈得电吸合，KA4-1（或 KA1-1）闭合自锁；KA4-2（或 KA1-2）断开，停止指示灯 HL5（或 HL2）熄灭；KA4-3（或 KA1-3）断开对 KA1（或 KA4）连锁；KA4-4（或 KA1-4）闭合，电动机 M 通过软启动器 STR2（或 STR1）进行软启动，当电动机转速接近（或达到）额定转速时，旁路继电器 KA5（或 KA2）线圈得电吸合，KA5（或 KA2）动合触点闭合，交流接触器 KM2（或 KM1）线圈得电吸合，KM2（或 KM1）动断触点断开停止指示灯 HL5（或 HL2）保持熄灭，KM2（或 KM1）主触点闭合，电动机 M 全压运转，同时运转指示灯 HL4（或 HL1）亮。

停止时，按下停止按钮 SB2（或 SB4），中间继电器 KA1（或 KA4）线圈失电，KA1（或 KA4）触点复位，软启动器 STR1（或 STR2）停止运行，旁路继电器 KA2（或 KA5）线圈失电，KA2（或 KA5）动合触点断开，交流接触器 KM1（或 KM2）线圈失电，KM1（或 KM2）主触点断开，电动机 M 失电停止运转。

8.4　软启动器二用一备控制电路

8.4.1　原理图

软启动器二用一备控制电路原理图如图 8-4 所示。

8.4.2　原理分析

如图 8-4 所示，合上电源开关 QS。

启动时，按下启动按钮 SB1，中间继电器 KA1 线圈得电，KA1-1 闭合自锁；KA1-2 断开，STR1 停止指示灯 HL2 熄灭；KA1-3、KA1-4 断开；KA1-5 闭合，电动机 M1 通过软启动器 STR1 进行软启动。当电动机 M1 的转速接近（或达到）额定转速时，旁路继电器 KA2 线圈得电，KA2 动合触点闭合，交流接触器 KM1 线圈得电，KM1-1 断开，STR1

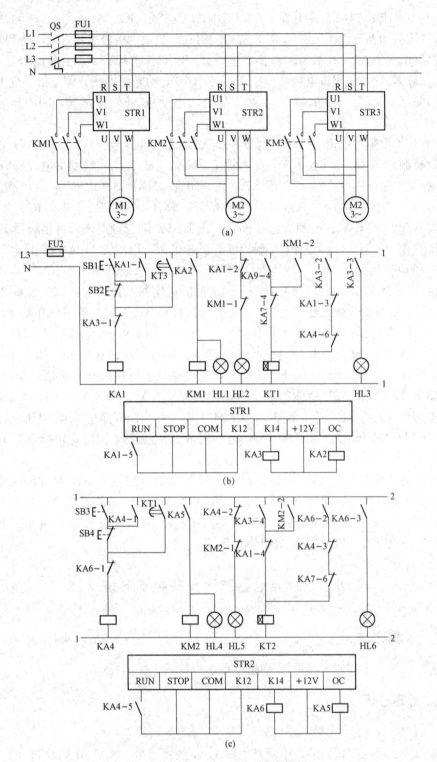

图 8-4 软启动器二用一备控制电路原理图 (1/2)

(a) 主电路；(b) 控制电路一；(c) 控制电路二

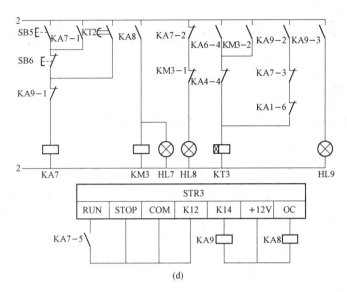

图 8 - 4　软启动器二用一备控制电路原理图（2/2）

(d) 控制电路三

停止指示灯 HL2 保持熄灭；KM2 主触点闭合，电动机 M1 全压运行；KM1 - 2 闭合，时间继电器 KT1 线圈得电，KT1 延时动合触点延时闭合，中间继电器 KA4 线圈得电，KA4 - 1 闭合自锁；KA4 - 2 断开，STR2 停止指示灯 HL5 熄灭；KA4 - 3、KA4 - 4 断开；KA4 - 5 闭合，电动机 M2 通过 STR2 进行软启动，当电动机 M2 转速接近（或达到）额定转速时，STR2 旁路继电器 KA5 线圈得电，KA5 动合触点闭合，交流接触器 KM2 线圈得电，KM2 - 1 断开，STR2 停止指示灯 HL5 保持熄灭；KM2 主触点闭合，电动机 M2 全压运行。

当电动机 M1（或 M2）发生过电流、断相、堵转等故障时，故障继电器 KA3（或 KA6）线圈得电吸合，其动断触点 KA3 - 1（或 KA6 - 1）断开，KA1（或 KA4）线圈失电，KA1 - 1（或 KA4 - 1）触点复位；KA1 - 5（或 KA4 - 5）断开，软启动器 STR1（或 STR2）停止运行；旁路继电器 KA2（或 KA5）线圈失电，KA2（或 KA5）动合触点断开，接触器 KM1（或 KM2）线圈失电，KM1（或 KM2）主触点断开三相电源，电动机 M1（或 M2）失电停止运行。STR1（或 STR2）的运行指示灯 HL1（或 HL4）熄灭。KA3 - 3（或 KA6 - 3）闭合，STR1（或 STR2）故障指示灯 HL3（或 HL6）点亮；KA3 - 4（或 KA6 - 2）闭合，时间继电器 KT2 线圈得电吸合，KT2 延时动合触点延时闭合，中间继电器 KA7 线圈得电吸合，KA7 - 1 闭合自锁；KA7 - 2 断开，STR3 停止指示灯 HL8 熄灭；KA7 - 3、KA7 - 4 断开；KA7 - 5 闭合，电动机 M3 通过软启动器 STR3 进行软启动，当电动机 M3 转速接近（或达到）额定转速时，旁路继电器 KA8 线圈得电吸合，KA8 动合触点闭合，交流接触器 KM3 线圈得电吸合，KM3 动断触点断开，STR3 停止指示灯 HL8 保持熄灭，KM3 主触点闭合，电动机 M3 全压运转，同时运转指示灯 HL7 亮。

停止时，按下停止按钮 SB2（或 SB4、SB6），KA1（或 KA4、KA7）线圈失电，KA1（或 KA4、KA7）触点复位，软启动器 STR1（或 STR2、STR3）停止运行，旁路继电器 KA2（或 KA5、KA8）线圈失电，KA2（或 KA5、KA8）动合触点断开，KM1（或 KM2、KM3）失电并释放，电动机 M1（或 M2、M3）失电停止运转。

8.5 一台软启动器拖动三台电动机控制电路

8.5.1 原理图

一台软启动器拖动三台电动机控制电路原理图如图8-5所示。

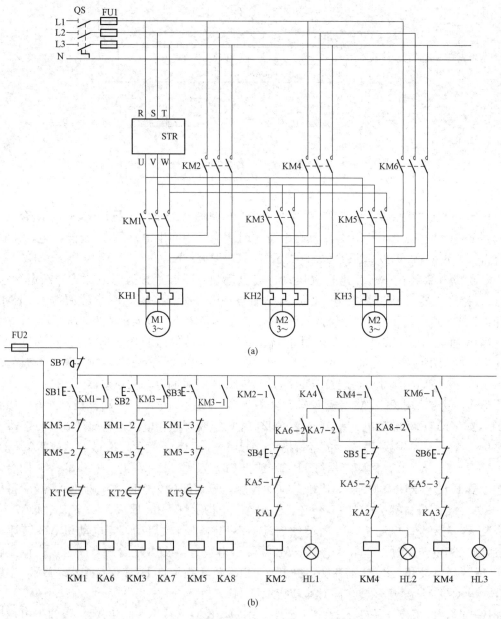

(a)

(b)

图8-5 一台软启动器拖动三台电动机控制电路原理图（1/2）

（a）主电路；（b）控制电路一

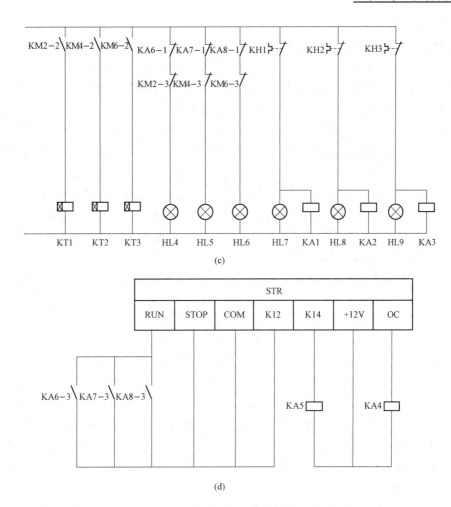

图 8-5　一台软启动器拖动三台电动机控制电路原理图（2/2）

（c）控制电路二；（d）控制电路三

8.5.2　原理分析

如图 8-5 所示，合上电源开关 QS。

按下按钮 SB1，交流接触器 KM1 和中间继电器 KA6 线圈得电吸合动作，动合触点 KM1-1 闭合自锁；动断触点 KM1-2 断开对 KM3 连锁；动断触点 KM1-3 断开对 KM5 连锁；KM1 主触点闭合为电动机 M1 软启动做准备；中间继电器动断触点 KA6-1 断开，电动机 M1 停止指示灯 HL4 熄灭；KA6-2 闭合为 M1 全压运行做准备；KA6-3 闭合，软启动器运行，电动机 M1 进行软启动。当电动机 M1 转速接近（或达到）额定转速时，旁路继电器 KA4 得电吸合动作，KA4 动合触点闭合，接触器 KM2 得电吸合动作，其动合触点 KM2-1 闭合自锁；动合触点 KM2-2 闭合，延时时间继电器 KT1 线圈得电吸合，延时断开动断触点 KT1 延时断开，接触器 KM1 和中间继电器 KA6 线圈失电释放。KM1 和 KA6 触点复位；与此同时，KM2 主触点闭合，电动机 M1 全电压旁路运行，M1 运行指示灯 HL1 点亮；KM2-3 断开，M1 停止指示灯保持熄灭。动合触点 KA6-3 断开，软启动结束，为启动电动机 M2、M3 做准备。

当需要启动电动机 M2 时，按下启动按钮 SB2，交流接触器 KM3 和中间继电器 KA7 线圈得电吸合，动合辅助触点 KM3-1 闭合自锁；动断触点 KM3-2 断开对 KM1 连锁；动断触点 KM3-3 断开对 KM5 连锁；KM3 主触点闭合为电动机 M2 软启动做准备；中间继电器动断触点 KA7-1 断开，电动机 M2 停止指示灯 HL5 熄灭；KA7-2 闭合为 M2 全压运行做准备；KA7-3 闭合，软启动器运行，电动机 M2 进行软启动。当电动机 M2 转速接近（或达到）额定转速时，旁路继电器 KA4 得电吸合动作，KA4 动合触点闭合，接触器 KM4 得电吸合动作，其动合触点 KM4-1 闭合自锁；动合触点 KM4-2 闭合，延时时间继电器 KT2 线圈得电吸合，延时断开动断触点 KT2 延时断开，接触器 KM3 和中间继电器 KA7 线圈失电释放。KM3 和 KA7 触点复位；与此同时，KM4 主触点闭合，电动机 M2 全电压旁路运行，M2 运行指示灯 HL2 点亮；KM4-3 断开，M2 停止指示灯保持熄灭。动合触点 KA7-3 断开，软启动结束，为启动电动机 M1、M3 做准备。

当需要启动电动机 M3 时，按下启动按钮 SB3，交流接触器 KM5 和中间继电器 KA8 线圈得电吸合，动合辅助触点 KM5-1 闭合自锁；动断触点 KM5-2 断开对 KM1 连锁；动断触点 KM5-3 断开对 KM3 连锁；KM5 主触点闭合为电动机 M3 软启动做准备；中间继电器动断触点 KA8-1 断开，电动机 M3 停止指示灯 HL6 熄灭；KA8-2 闭合为 M3 全压运行做准备；KA8-3 闭合，软启动器运行，电动机 M3 进行软启动。当电动机 M3 转速接近（或达到）额定转速时，旁路继电器 KA4 得电吸合动作，KA4 动合触点闭合，接触器 KM6 得电吸合动作，其动合触点 KM6-1 闭合自锁；动合触点 KM6-2 闭合，延时时间继电器 KT3 线圈得电吸合，延时断开动断触点 KT3 延时断开，接触器 KM5 和中间继电器 KA8 线圈失电释放。KM5 和 KA8 触点复位；与此同时，KM6 主触点闭合，电动机 M3 全电压旁路运行，M3 运行指示灯 HL3 点亮；KM6-3 断开，M3 停止指示灯保持熄灭。动合触点 KA8-3 断开，软启动结束，为启动电动机 M1、M2 做准备。

当需要停机时，按下停止按钮 SB3（或 SB4、SB6），交流接触器 KM2（或 KM4、KM6）失电释放，其 KM2（或 KM4、KM6）主触点断开三相主电源，电动机 M1（或 M2、M3）失电停止运行。

当电动机 M1（或 M2、M3）发生过电流、断相、堵转等故障时，故障继电器 KA5 动作，其动断触点 KA5-1（或 KA5-2、KA5-3）断开，切断接触器 KM2（或 KM4、KM6）线圈电源，且失电释放，且其 KM2（或 KM4、KM6）主触点断开三相电源，电动机 M1（或 M2、M3）失电停止运行。相应的指示灯 HL4（或 HL5、HL6）点亮，运行指示灯 HL1（或 HL2、HL3）熄灭。

当电动机 M1（或 M2、M3）因过载，热继电器 KH1（或 KH2、KH3）动作，其动合触点 KH1（或 KH2、KH3）闭合，中间继电器 KA1（或 KA2、KA3）线圈得电吸合，动断触点 KA1（或 KA2、KA3）断开，接触器 KM2（或 KM4、KM6）线圈失电释放，电动机 M1（或 M2、M3）停止运行；M1 故障指示灯 HL7（或 M2 故障指示灯 HL8、M3 故障指示灯 HL9）点亮。

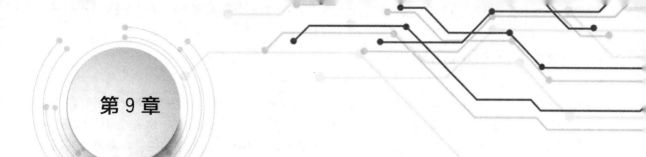

第 9 章

常见数控机床控制电路

9.1 TK1640 型数控车床的主电路

9.1.1 原理图

TK1640 型数控车床主电路原理图如图 9-1 所示。

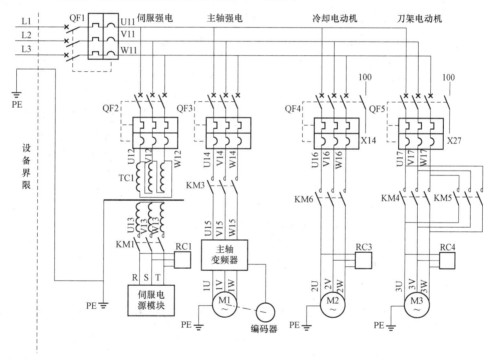

图 9-1 TK1640 型数控车床主电路原理图

9.1.2 原理分析

图 9-1 为 380V 强电回路，图中 QF1 为电源总开关，QF2、QF3、QF4、QF5 分别为伺服强电、主轴强电、冷却电动机、刀架电动机的空气开关，空气开关的作用是接通电源及电源在短路、过电流时起保护作用；其中 QF4 和 QF5 带辅助触点，该触点输入到 PLC 作为 QF4、QF5 的状态信号，并且这两个空气开关为电流可调，可根据电动机的额定电流来调节空气开关的设定值，起到过电流保护作用；KM3、KM1、KM6 分别为控制主轴电动机、伺服电动机、冷却电动机的交流接触器，由它们的主触点控制相应电动机；KM4、KM5 为刀

295

架电动机正反转交流接触器,用于控制刀架电动机的正反转;TC1 为三相伺服变压器,将交流 380V 电压变为交流 200V 电压,供给伺服电源模块;RC1、RC3、RC4 为阻容吸收,当相应的电路断开后,吸收伺服电源模块、冷却电动机、刀架电动机中的能量,避免上述器件上产生过电压。

9.2 TK1640 型数控车床的电源电路、控制电路

9.2.1 原理图

TK1640 型数控车床电源电路、控制电路原理图如图 9-2～图 9-4 所示。

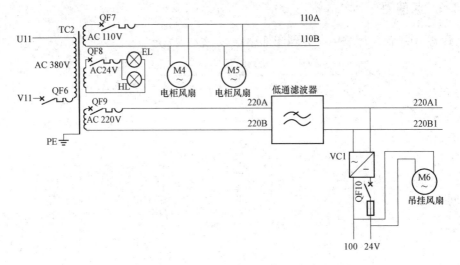

图 9-2 TK1640 型数控车床电源电路原理图

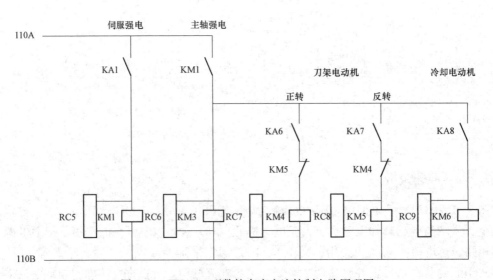

图 9-3 TK1640 型数控车床交流控制电路原理图

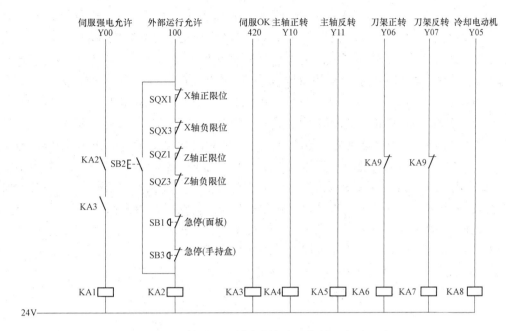

图 9-4　TK1640 型数控车床直流控制电路原理图

9.2.2　原理分析

1. 电源电路分析

图 9-2 为 TK1640 型数控车床电气控制中的电源回路图。图 9-2 中 TC2 为控制变压器，一次侧电压为 AC380V，二次侧电压为 AC110V、AC220V、AC24V。其中 AC110V 电源为交流接触器线圈和强电柜风扇提供电源；AC24V 电源为电柜门指示灯、工作灯供电。AC220V 电源通过低通滤波器滤波给伺服模块、电源模块、DC24V 电源供电；VC1 为 24V 电源模块，将 AC220V 转换为 DC24V 电源，为数控系统、PLC 输入/输出、24V 继电器线圈、伺服模块、电源模块、吊挂风扇供电；QF6、QF7、QF8、QF9、QF10 空气开关为电路的短路保护。

2. 控制电路分析

(1) 主轴电动机的控制。图 9-3、图 9-4 分别为交流控制回路图和直流控制回路图。在图 9-1 中，先将 QF2、QF3 空气开关合上，在图 9-4 中，当机床未压限位开关、伺服未报警、急停未压下、主轴未报警时，KA2、KA3 继电器线圈通电，继电器触点吸合，并且 PLC 输出点 Y00 发出伺服允许信号，KA1 继电器线圈通电，继电器触点吸合。在图 9-3 中，KM1 交流接触器线圈通电，交流接触器触点吸合，KM3 主轴交流接触器线圈通电。在图 9-1 中交流接触器主触点吸合，主轴变频器加上 AC380V 电压；若有主轴正转或主轴反转及主轴转速指令时（手动或自动），在图 9-4 中，PLC 输出主轴正转 Y10 或主轴反转 Y11 有效、主轴转速指令输出对应于主轴转速的直流电压值（0~10V）至主轴变频器上，主轴按指令值的转速正转或反转；当主轴速度到达指令值时，主轴变频器输出主轴速度到达信号给 PLC，主轴转动指令完成。

主轴的启动时间、制动时间由主轴变频器内部参数设定。

（2）刀架电动机的控制。当有手动换刀或自动换刀指令时，经过系统处理转变为刀位信号，这时在图9-4中，PLC输出Y06有效，KA6继电器线圈通电，继电器触点闭合，在图9-3中，KM4交流接触器线圈通电，交流接触器主触点吸合。刀架电动机正转；当PLC输入点检测到指令刀具所对应的刀位信号时，PLC输出Y06有效撤销，刀架电动机正转停止；接着PLC输出Y07有效，KA7继电器线圈通电，继电器触点闭合。在图9-3中KM5交流接触器线圈通电，交流接触器主触点吸合，刀架电动机反转。延时一定时间后（该时间由参数设定，并根据现场情况做调整）PLC输出Y07有效，KM5交流接触器主触点断开，刀架电动机反转停止，换刀过程完成。为了防止电源短路和电气互锁，在刀架电动机正转继电器线圈、接触器线圈回路中串入了反转继电器、接触器动断触点。反转继电器、接触器线圈回路中串入了正转继电器、接触器动断触点，如图9-3和图9-4所示。请注意，刀架转位选刀只能一个方向转动，取刀架电动机正转；刀架电动机反转时，刀架锁紧定位。

（3）冷却电动机控制。当有手动或自动冷却指令时，在图9-4中PLC输出Y05有效，KA8继电器线圈通电，继电器触点闭合。在图9-3中KM6交流接触器线圈通电，交流接触器主触点吸合，冷却电动机旋转，带动冷却泵工作。

9.3 XK714A 型数控铣床的主电路

9.3.1 原理图

XK714A 型数控铣床主电路原理图如图9-5所示。

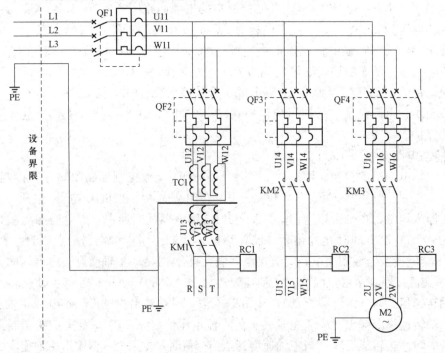

图 9-5 XK714A 型数控铣床主电路原理图

9.3.2 原理分析

图 9-5 为 380V 强电回路，图中 QF1 为电源总开关，QF3、QF2、QF4 分别为主轴强电、伺服强电、冷却电动机的空气开关，空气开关的作用是接通电源及电源在短路、过电流时起保护作用；其中 QF4 带辅助触点，该触点输入到 PLC 作为冷却电动机报警信号，并且该空气开关为电流可调，可根据电动机的额定电流来调节空气开关的设定值，起到过电流保护作用；KM2、KM1、KM3 分别为控制主轴电动机、伺服电动机、冷却电动机交流接触器。由它们的主触点控制相应电动机；TC1 为主变压器，将交流 380V 电压变为交流 200V 电压，供给伺服电源模块；RC1、RC2、RC5 为阻容吸收，当相应的电路断开后，吸收伺服电源模块、主轴变频器、冷却电动机的能量，避免上述器件上产生过电压。

9.4 XK714A 型数控铣床的电源电路、控制电路

9.4.1 原理图

1. 电源电路原理图

XK714A 型数控铣床电源电路原理图如图 9-6 所示。

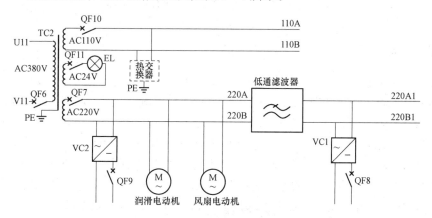

图 9-6 XK714A 型数控铣床第电源电路原理图

2. 控制电路原理图

XK714A 型数控铣床控制电路原理图如图 9-7、图 9-8 所示。

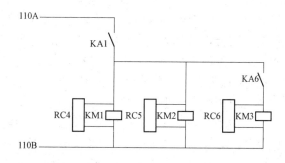

图 9-7 XK714A 型数控铣床交流控制电路原理图

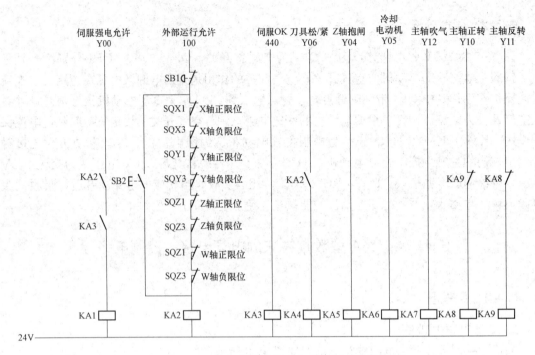

图 9 - 8　XK714A 型数控铣床直流控制电路原理图

9.4.2　原理分析

1. 电源电路分析

图 9 - 6 为电源回路，图中 TC2 为控制变压器，一次侧电压为 AC380V，二次侧电压为 AC110V、AC220V、AC24V，其中 AC110V 提供给交流控制回路、电柜热交换器电源；AC24V 电源为工作灯供电；AC220V 电源为主轴风扇电动机、润滑电动机和 24V 电源供电。并通过低通滤波器滤波给伺服模块、电源模块、24V 电源供电；VC1、VC2 为 24V 电源模块，将 AC220V 转换为 DC24V，其中 VC1 给数控装置、PLC 输入/输出、24V 继电器线圈、伺服模块、电源模块、吊挂风扇提供电源，VC2 为 Z 轴电动机提供 DC24V 电源，用于 Z 轴抱闸；QF7、QF10、QF11 空气开关为电路的短路保护。

2. 控制电路分析

(1) 主轴电动机的控制。图 9 - 7、图 9 - 8 分别为交流控制回路图和直流控制回路图。

在图 9 - 5 中，先将 QF2、QF3 空气开关合上，在图 9 - 8 中可以看到，当机床未压限位开关、伺服未报警、急停未压下、主轴未报警时，外部运行允许 KA2、伺服 KA3 的 DC24V 继电器线圈通电，继电器触点吸合，当 PLC 输出 Y00 发出伺服允许信号时，伺服强电允许 KA124V 继电器线圈通电，继电器触点吸合；在图 9 - 7 中，KM1、KM2 交流接触器线圈通电，KM1、KM2 交流接触器触点吸合。在图 9 - 5 中，主轴变频器加上 AC380V 电压；若有主轴正转或主轴反转及主轴转速指令时（手动或自动），在图 9 - 8 中 PLC 输出主轴正转 Y10 或主轴反转 Y11 有效、主轴转速指令输出对应于主轴转速值。主轴按指令值的转速正转或反转，当主轴速度到达指令值时，主轴变频器输出主轴速度到达信号给 PLC，主轴正转或反转指令完成主轴的启动时间、制动时间由主轴变频器内部参数设定。

（2）冷却电动机控制。当有手动或自动冷却指令时，图9-8中PLC输出Y05有效。KA6继电器线圈通电，继电器触点闭合，在图9-7中KM3交流接触器线圈通电，在图9-5中交流接触器主触点吸合，冷却电动机旋转，带动冷却泵工作。

（3）换刀控制。当有手动或自动刀具松开指令时，机床CNC装置控制PLC输出Y06有效（见图9-8）。KA4继电器线圈通电，继电器触点闭合，刀具松/紧电磁阀通电，刀具松开。手动将刀具拔下，延时一定时间后，PLC输出Y12有效，KA7继电器线圈通电，继电器触点闭合，主轴吹气电磁阀通电，清除主轴锥孔内灰尘，延时一定时间后，PLC输出Y12撤销，主轴吹气电磁阀断电；将加工所需刀具放入主轴锥孔后，机床CNC装置控制PLC输出Y06撤销，刀具松/紧电磁阀断电，刀具夹紧，换刀结束。

9.5　DK7735型线切割机床的主电路

9.5.1　原理图

DK7735型线切割机床主电路原理图如图9-9所示。

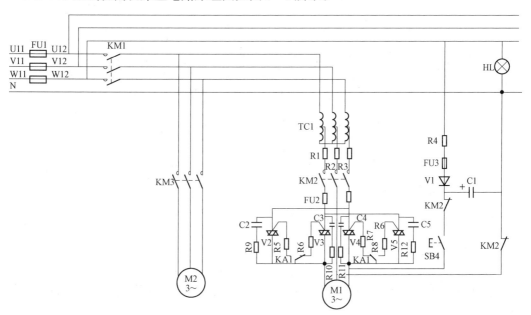

图9-9　DK7735型线切割机床主电路原理图

9.5.2　原理分析

在图9-9中，电动机M2是冷却泵电动机，通过交流接触器KM3控制；M1是走丝筒运行电动机，通过交流接触器KM2控制启停；TC1是缓冲变压器，通过调整TC1的输出电压，可改变走丝筒电动机M1的转速；走丝筒电动机M1的正反转，通过中间继电器KA1控制双向晶闸管V2～V5的导通来实现；C2和R9、C3和R10、C4和R11、C5和R12是阻容吸收电路，分别对V2～V5进行过电压保护，防止在M1换向时V2～V5过电压而烧毁；

二极管 V1 是走丝筒 M1 的能耗制动电路，在 KM2 断电释放时，电动机 M1 断开交流电源后，立即通入由 V1 半波整流的直流电进行能耗制动。FU1 是总熔断器，对整个电路进行短路保护，FU2、FU3 对 M1 进行短路保护。HL 是电源指示灯。

9.6 DK7735 型线切割机床的控制电路

9.6.1 原理图

DK7735 型线切割机床控制电路原理图如图 9-10 所示。

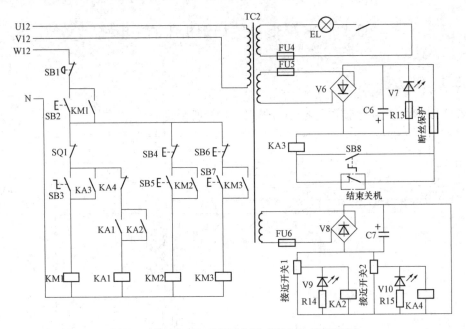

图 9-10 DK7735 型线切割机床控制电路原理图

9.6.2 原理分析

本机床电气电路包括运丝及自动换向电路，接近开关电路、水泵控制电路、自动切断高频电源电路、停机制动电路。

(1) 接通机床外设电源开关，电源指示灯亮；控制变压器 TC2 通电，打开机床照明灯开关，照明灯 EL 亮。

(2) 连接好控制台，钼丝装入导轮，继电器 KA3 得电吸合。按下 SB2，接触器 KM1 得电吸合并自锁。KM1 主触点闭合，为机床启动做准备。

(3) 按下按钮 SB7，接触器 KM3 得电吸合并自锁；KM3 主触点闭合，冷却泵电动机 M2 得电运转，将皂化液送至钼丝工作区。

(4) 按下按钮 SB5，接触器 KM2 得电吸合并自锁，KM2 主触点闭合，运丝电动机 M1 得电运行，运丝拖板和钼丝正向运动。

(5) 当运丝拖板上的撞块接近至接近开关 1 时，继电器 KA2 线圈得电吸合，KA2 动合触点闭合，继电器 KA1 得电吸合并自锁，KA1 动断触点断开，双向晶闸管 V3、V4 截止，KA1 动合触点闭合，双向晶闸管 V2、V5 导通，运丝电动机 M1 换向反转，运丝拖板和钼丝反向运动。

（6）当运丝拖板上的撞块接近至接近开关 2 时，继电器 KA4 线圈得电吸合，KA4 动断触点断开，继电器 KA1 失电释放并解除自锁，KA1 动合触点断开，双向晶闸管 V2、V5 截止，KA1 动断触点闭合，双向晶闸管 V3、V4 导通，运丝电动机 M1 换向正转，运丝拖板和钼丝正向运动。完成一个循环。

（7）当运丝拖板接近至接近开关 1 和接近开关 2 时，切断高频电源输出。

（8）当接近开关 1、接近开关 2 发生故障时，撞块压下行程开关 SQ1，运丝电动机停止，机床停止工作。

（9）若发生钼丝断时，继电器 KA3 线圈失电，KA3 动合触点断开，KM1 线圈断电释放，切断机床电源，机床停止工作。

第 10 章

现代工业生产案例

10.1 PLC、变频器控制的恒压供水线路

10.1.1 主电路图

PLC、变频器控制的恒压供水主电路连接如图 10-1 所示。

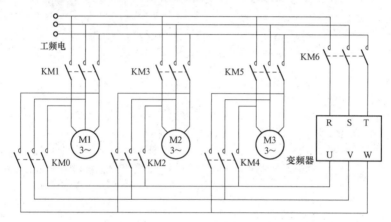

图 10-1 PLC、变频器控制的恒压供水主电路图

如图 10-1 所示，系统启动时，KM6、KM0 闭合，1 号水泵以变频方式运行。

当变频器的运行频率超出设定值时，变频器 FU 端子输出一个上限信号，PLC 通过这个上限信号后将 1 号水泵由变频运行转为工频运行，KM0 断开 KM1 吸合，同时 KM2 吸合变频启动第 2 号水泵。

如果再次接收到变频器 FU 端子输出的上限信号，则 KM2 断开 KM3 吸合，2 号水泵由变频转为工频，同时 KM4 闭合 3 号水泵变频运行。如果变频器频率偏低，即压力过高，变频器 OL 端子输出的下限信号使 PLC 关闭 KM4、KM3，开启 KM2，2 号水泵变频启动。再次收到变频器 OL 端子输出的下限信号就关闭 KM2、KM1，吸合 KM0，只剩 1 号水泵变频工作。

10.1.2 PLC 与交流接触器组成的控制电路

PLC 与交流接触器组成的控制电路连接如图 10-2 所示。

图 10-2 中，Y21～Y26 分别控制继电器 KM0～KM5。KM0 与 KM1、KM2 与 KM3、KM4 与 KM5 之间分别进行连锁，目的是防止长期使用中 KM1、KM3 主触点发生熔焊而使变频器输出端接入电源。

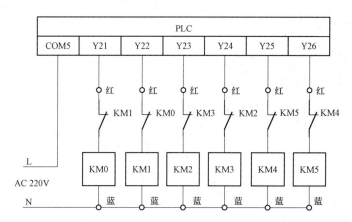

图 10 - 2　PLC、变频器控制的恒压供水接触器控制电路图

10.1.3　变频器控制回路

变频器控制回路连接如图 10 - 3 所示。

变频器的启动运行用 PLC 的 Y0 控制，上/下限频率信号分别通过变频器的输出端子 FU、OL 输出至 PLC 的 X4、X5 输入端。PLC 的 X3 输入端为手自动切换信号输入，变频器 RT 输入端为手/自动切换调整时，PID 控制是否有效，由 PLC 的输出端 Y1 供给信号。故障报警输出至 PLC 的 X2 端，当系统故障发生时由 PLC 控制 Y0 断开，停止输出。PLC 输入端 SB1 为启动按钮，SB2 为停止按钮，SA1 为手自动切换，由 SA2～SA7 手动控制变频工频的启动和切换。在自动控制时由压力传感器发出的信号或远程压力表发出的信号和被控制信号进行比较通过 PID 调节输出一个频率可变的信号改变供水量的大小，从而改变了压力的高低，实现了恒压供水控制。

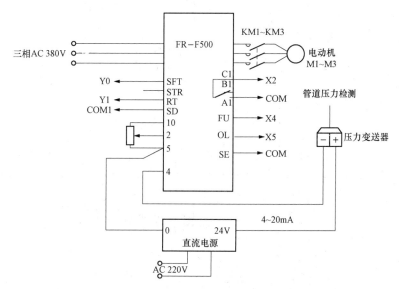

图 10 - 3　PLC、变频器控制的恒压供水变频器控制回路图

10.1.4 编程

1. PLC、变频器恒压供水 PLC 控制的 I/O 分配表

PLC、变频器恒压供水的 I/O 分配表见表 10 - 1。

表 10 - 1   PLC、变频器恒压供水 I/O 分配表

I			O		
名称	代号	输入点编号	输出点编号	代号	名称
启动按钮	SB1	X1	Y0	STF	变频运行正转
停止按钮	SB2	X2	Y1	RT	PID控制有效端
手自动切换	SA1	X3	Y4	HL1	上限指示灯信号
上限检测信号	FU	X4	Y5	HL2	下限指示灯信号
下限检测信号	OL	X5	Y21	KM0	电动机1变频控制接触器
电动机1变频运行（手动）	SA2	X6	Y22	KM1	电动机1工频控制接触器
电动机1工频运行（手动）	SA3	X7	Y23	KM2	电动机2变频控制接触器
电动机2变频运行（手动）	SA4	X10	Y24	KM3	电动机2工频控制接触器
电动机2工频运行（手动）	SA5	X11	Y25	KM4	电动机3变频控制接触器
电动机3变频运行（手动）	SA6	X12	Y26	KM5	电动机3工频控制接触器
电动机3工频运行（手动）	SA7	X13			

2. PLC 接线图

PLC 接线图如图 10 - 4 所示。

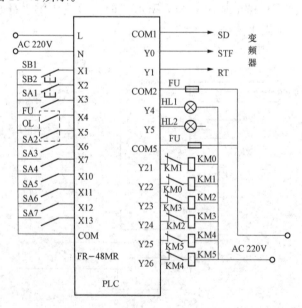

图 10 - 4   PLC、变频器控制的恒压供水 PLC 接线图

3. KH - F500 变频器参数设置

KH - F500 变频器参数设置见表 10 - 2。

表 10-2　　　　　　　　　　**KH-F500 变频器参数设置**

参数代码	功能	设定数据
Pr. 1	上限频率	50Hz
Pr. 2	下限频率	0Hz
Pr. 3	基准频率	50Hz
Pr. 7	加速时间	3s
Pr. 8	减速时间	3s
Pr. 9	电子过电流保护	14.3A
Pr. 14	适用负荷选择	0
Pr. 20	加减速基准频率	50Hz
Pr. 42	输出频率检测	10Hz
Pr. 50	第 2 输出频率检测	50Hz
Pr. 73	模拟量输入的选择	1
Pr. 77	参数写入选择	0
Pr. 78	逆转防止选择	1
Pr. 79	运行模式选择	2
Pr. 80	电动机（容量）	7.5kW
Pr. 81	电动机（极数）	2 极
Pr. 82	电动机励磁电流	13A
Pr. 83	电动机额定电压	380V
Pr. 84	电动机额定频率	50Hz
Pr. 125	端子 2 设定增益频率	50Hz
Pr. 126	端子 4 设定增益频率	50Hz
Pr. 128	PID 动作选择	20
Pr. 129	PID 比例带	100%
Pr. 130	PID 积分时间	10s
Pr. 131	PID 上限	96%
Pr. 132	PID 下限	10%
Pr. 133	PID 动作目标值	60%
Pr. 134	PID 微分时间	2s
Pr. 178	STF 端子功能的选择	60
Pr. 179	STR 端子功能的选择	61
Pr. 183	RT 端子功能的选择	14
Pr. 192	IPF 端子功能的选择	16
Pr. 193	OL 端子功能的选择	4
Pr. 194	FU 端子功能的选择	5
Pr. 195	ABC1 端子功能的选择	99
Pr. 267	端子 4 的输入选择	0
Pr. 858	端子 4 的功能分配	0

　　表 10-2 中 PID 动作目标值需根据实际情况设定。这里是按压力控制目标值为 0.4MPa 时进行设定的。Pr.9、Pr.80、Pr.81、Pr.82 数值需按实际使用电动机来设定。

4. PLC 控制程序

PLC 控制程序如图 10-5 所示。

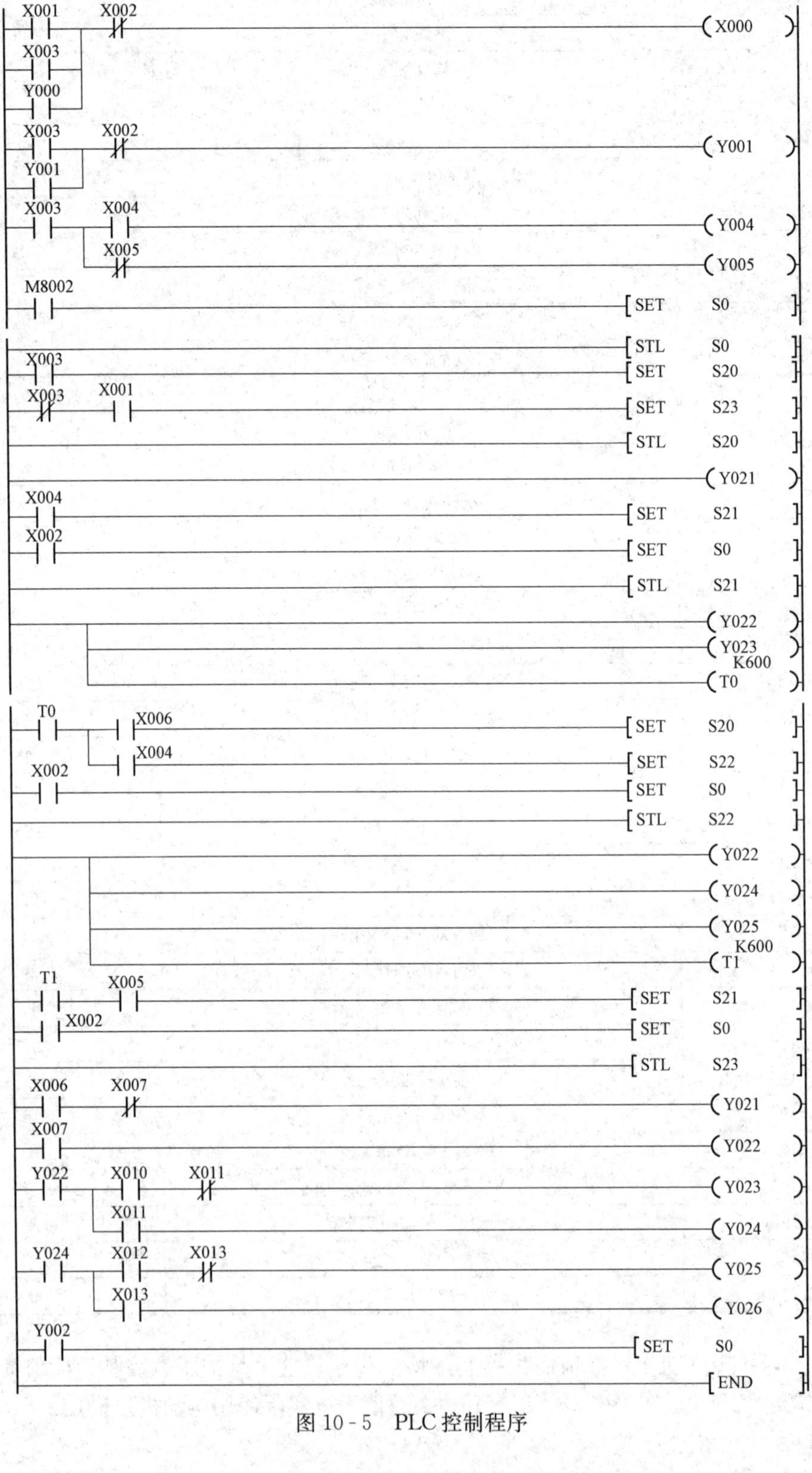

图 10-5　PLC 控制程序

10.2　变频器控制恒温线路

工业生产中经常遇到需要控制温度的问题，该装置可以将温度设定在某一范围内。温度低时变频器会控制电动机转速降低，风力减小，恒温箱温度升高；温度高时变频器控制电动机转速升高，风力增大，恒温箱温度降低。该电路经济、可靠，对工业生产和日常生活需要恒温控制的地方都可以使用，如膜包机、恒温箱等。

变频器控制恒温装置需要用到变频器的 PID 控制功能。

10.2.1　PID 控制的恒温系统

PID 控制的恒温系统主要由变频器、温度传感器和风机等装置组成。该系统控制流程图如图 10 - 6 所示。

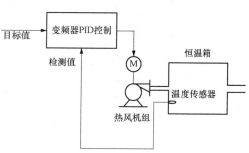

图 10 - 6　PID 控制的恒温系统流程图

10.2.2　主电路接线图及控制端子接线图

主电路接线图及控制端子接线图如图 10 - 7 所示。

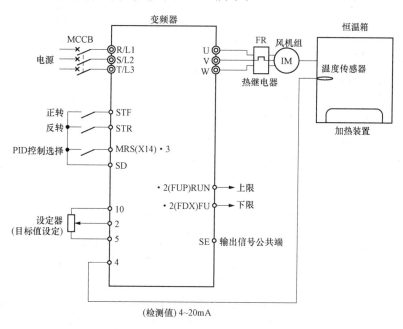

图 10 - 7　主电路接线图及控制端子接线图

10.2.3　三菱变频器参数设置

三菱变频器参数设置见表 10 - 3。

表 10 - 3   三菱变频器参数设置

参数号	参数名称	设定值	参数号	参数名称	设定值
P1	上限频率	50Hz	P128	PID 动作选择	21
P2	下限频率	0Hz	P129	PID 比例带	100%
P7	加速时间	5s	P130	PID 积分时间	4s
P8	减速时间	5s	P131	PID 积分上限	100%
P14	适用负载	1	P132	PID 积分下限	10%
P73	模拟量输入选择	1	P133	PID 动作目标值	电位器
P78	反转防止	1	P134	PID 微分时间	2s
P79	运行模式	4	P183	MRS 端子功能选择	14
P83	电机额定电压	380	P267	端子 4 输入选择	0

10.3　中央空调控制系统

中央空调控制线路是通过变频器控制压缩机的速度来实现温度控制的。温度信号的采集通过温度传感器实现。整个系统由 PLC、变频器、温度传感器等配合实现自动恒温控制。

10.3.1　系统控制要求

(1) 该中央空调冷却系统有 3 台冷却水泵，两用一备，每 10 天轮换一次。

(2) 冷却进（回）水温差超出上限温度时，一台水泵全速运行，另一台水泵变频高速运行；冷却进（回）水温差低于下限温度时，一台水泵变频低速运行。

(3) 三台水泵分别由 M1、M2 和 M3 三台异步电动机拖动。全速运行用接触器 KM1、KM3 和 KM5 控制，变频运行分别用接触器 KM2、KM4 和 KM6 控制。

(4) 变频运行通过变频器多段速运行实现。

(5) 全速冷却泵的启动与停止用进（回）水温差传感器控制。

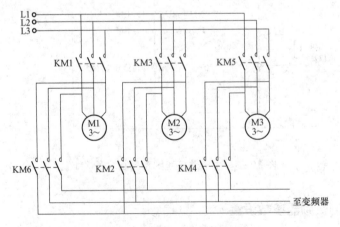

图 10 - 8　冷却泵主回路线路

10.3.2　冷却泵主回路线路

冷却泵主回路线路如图 10‐8 所示。

10.3.3　PLC 和变频器的编程

1. PLC 和变频器的控制接线图

我们选用三菱 PLC 和变频器，其控制接线图如图 10‐9 所示。

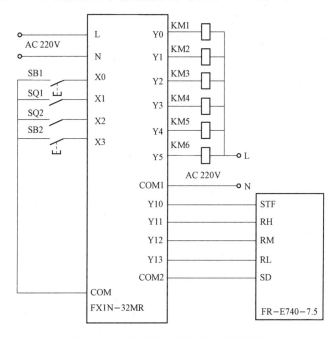

图 10‐9　PLC 和变频器的控制接线图

2. I/O 分配表

中央空调控制系统 I/O 分配表见表 10‐4。

表 10‐4　　　　　　　　　　中央空调控制系统 I/O 分配表

I			O		
名称	代号	输入点	名称	代号	输出点
启动按钮	SB1	X0	M1 工频运行	KM1	Y0
上限温度	SQ1	X1	M1 变频运行	KM2	Y1
下限温度	SQ2	X2	M2 工频运行	KM3	Y2
停止按钮	SB2	X3	M2 变频运行	KM4	Y3
			M3 工频运行	KM5	Y4
			M3 变频运行	KM6	Y5
			变频器正转	STF	Y10
			变频器高速	RH	Y11
			变频器中速	RM	Y12
			变频器低速	RL	Y13

3. PLC 参考梯形图

PLC 参考梯形图如图 10 - 10 所示。

```
 0 ──┤MS000├──────────────────────────────[ SBT    S0  ]
 3 ──────────────────────────────────────[ STL    S0  ]
 4 ──┤S000├──┬───────────────────────────[ ZRST   S0   SJ6 ]
            ├───────────────────────────[ ZRST   C0   C2  ]
            ├───────────────────────────[ RST    V010 ]
            └───────────────────────────[ RST    M0   ]
17 ──┤/S000├──┤S003├──┬────────────────[ SET    S20 ]
                      └────────────────[ SET    S30 ]
23 ──────────────────────────────────────[ STL    S20 ]
24 ────────────────────────────────────────( V000 )
25 ──┤M100├────────────────────────────[ RST    C1  ]
28 ──┤/M0├────────────────────────────────( V001 )
30 ──┤/T10├────────────────────────────────( T10  K600 )
34 ──┤T10├─────────────────────────────────( C0   K14400 )
38 ──┤C0├──────────────────────────────[ SET    S21 ]
41 ──────────────────────────────────────[ STL    S21 ]
42 ────────────────────────────────────────( V002 )
43 ──┤/M0├────────────────────────────────( V003 )
45 ──┤/T11├────────────────────────────────( T11  K600 )
49 ──┤T11├─────────────────────────────────( C1   K14400 )
53 ──┤M100├────────────────────────────[ RST    C2  ]
56 ──┤C1├──────────────────────────────[ SET    S22 ]
59 ──┤/M100├───────────────────────────────( V004 )
61 ──┤/M0├────────────────────────────────( V005 )
63 ──┤/T12├────────────────────────────────( T12  K600 )
67 ──┤T12├─────────────────────────────────( C2   K14400 )
70 ──┤M100├────────────────────────────[ RST    C0  ]
74 ──┤C2├──────────────────────────────[ SET    S20 ]
77 ──────────────────────────────────────[ STL    S30 ]
78 ────────────────────────────────────────( Y013 )
79 ──┤M100├─────────────────────────────────( Y012 )
81 ──┤/M100├────────────────────────────────( Y011 )
83 ──┤M100├─────────────────────────────────( T0   K20 )
87 ──┤/M100├────────────────────────────[ SET    Y010 ]
89 ──┤X001├────────────────────────────[ SET    M0  ]
91 ──┤T0├──┤X002├───────────────────────[ SET    S31 ]
95 ──────────────────────────────────────[ STL    S31 ]
```

图 10 - 10 冷却泵控制参考梯形图（1/2）

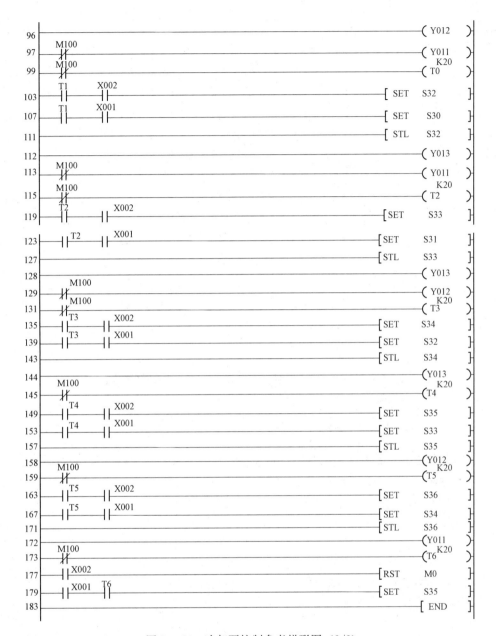

图 10-10 冷却泵控制参考梯形图 (2/2)

4. 变频器参数设置

变频器参数设置见表 10-5。

表 10-5   中央空调控制系统变频器参数设置

参数代码	功能	设定数据
P0	转矩提升	3%
P1	上限频率	50
P2	下限频率	10

续表

参数代码	功能	设定数据
P3	基准频率	50
P4	速度1频率	10
P5	速度2频率	15
P6	速度3频率	20
P7	加速时间	5
P8	减速时间	10
P9	电子过电流保护	14.3
P24	速度4频率	25
P25	速度5频率	30
P26	速度6频率	40
P27	速度7频率	50
P78	反转防止选择	1
P79	操作模式	2

10.4 PLC、变频器控制的龙门刨床控制线路

10.4.1 龙门刨床的主回路

龙门刨床主要涉及的有：主拖动电动机、油泵、风机、横梁升降、横梁松紧，以及垂直及左、右侧刀架等电动机。其中，主拖动电动机的正反转和变速控制由变频器来完成。油泵和风机只有在主拖动电动机启动运行时才可启动，其余电动机在正反向运行之间形成电气互锁。主回路设计如图10-11所示。

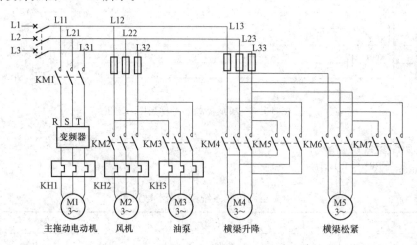

图10-11 龙门刨床的控制主回路（1/2）

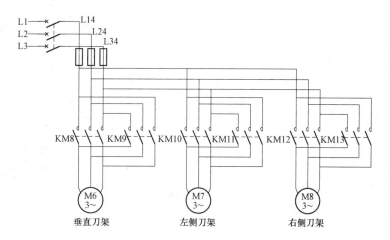

图 10-11　龙门刨床的控制主回路（2/2）

10.4.2　变频器控制接线图

主拖动：选用艾默生 TD3000-4T0550G 变频器控制 55kW 交流变频电动机。

主拖动制动单元：两台 TDB-4C01-0300 控制单元，两只 10Ω/10kW 制动电阻。详细接线如图 10-12 所示。

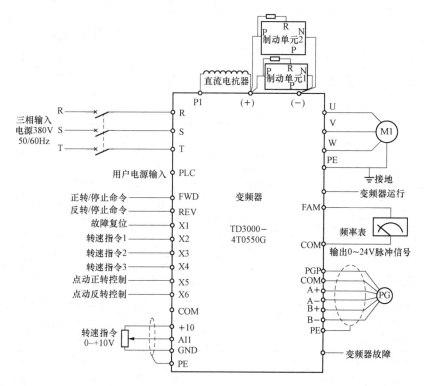

图 10-12　变频器控制接线图

参数设置详见艾默生 TD3000 变频器说明书。

10.4.3 编程

1. PLC 的 I/O 分配表

PLC 的 I/O 分配表见表 10 - 6。

表 10 - 6   **PLC 的 I/O 分配表**

I			O		
名称	代号	输入点	名称	代号	输出点
热继电器	KH	X000	主回路通电指示	HL1	Y001
前进终端限位行程	SQ1	X001	工作台运行退指示	HL2	Y002
后退终端限位行程	SQ2	X002	横梁运行指示	HL3	Y003
前进换向行程	SQ3	X003	油泵运行指示	HL4	Y004
后退换向行程	SQ4	X004	变频器正常指示	HL5	Y005
前进减速行程	SQ5	X005	油泵运行	KM2	Y006
后退减速行程	SQ6	X006	风机运行	KM3	Y007
工作台点进	SB1	X007	横梁夹紧	KM4	Y010
工作台点退	SB2	X010	横梁放松	KM5	Y011
工作台前进	SB3	X011	横梁上升	KM6	Y012
工作台后退	SB4	X012	横梁下降	KM7	Y013
油泵压力正常	KP	X013	垂直刀架进刀	KM8	Y014
变频器运行	KA1	X014	左侧刀架进刀	KM10	Y015
工作台停止	SB5	X015	右侧刀架进刀	KM12	Y016
油泵风机控制	KA2	X016	垂直刀架退刀	KM9	Y017
横梁夹紧	KA3	X017	左侧刀架退刀	KM11	Y020
横梁松开	SQ7	X020	右侧刀架退刀	KM13	Y021
横梁上升	SB6	X021	垂直刀架抬刀辅助继电器	KA1	Y022
横梁下降	SB7	X022	左侧刀架抬刀辅助继电器	KA2	Y023
横梁上限位	SQ8	X023	右侧刀架抬刀辅助继电器	KA3	Y024
左侧刀架上限位	SQ9	X024	工作台前进		Y025
右侧刀架上限位	SQ10	X025	工作台后退		Y026
垂直刀架手动进刀	SA1	X026	故障复位		Y027
左侧刀架手动进刀	SA2	X027	转速指令1（减速）		Y030
右侧刀架手动进刀	SA3	X030	转速指令2（前进）		Y031
垂直刀架自动进刀	SA4	X031	转速指令3（后退）		Y032
左侧刀架自动进刀	SA5	X032	工作台点进		Y033
右侧刀架自动进刀	SA6	X033	工作台点退		Y034
垂直刀架点动	SB8	X034	照明中间继电器	KA0	Y035
左侧刀架点动	SB9	X035			
右侧刀架点动	SB10	X036			
垂直刀架抬刀	SA7	X037			
左侧刀架抬刀	SA8	X040			
右侧刀架抬刀	SA9	X041			
照明开关	EL	X042			

I			O		
名称	代号	输入点	名称	代号	输出点
故障复位	SB11	X043			
主回路通电	KA4	X044			
变频器故障	KA5	X045			

2. PLC 的接线图

PLC 的接线图如图 10-13 所示。

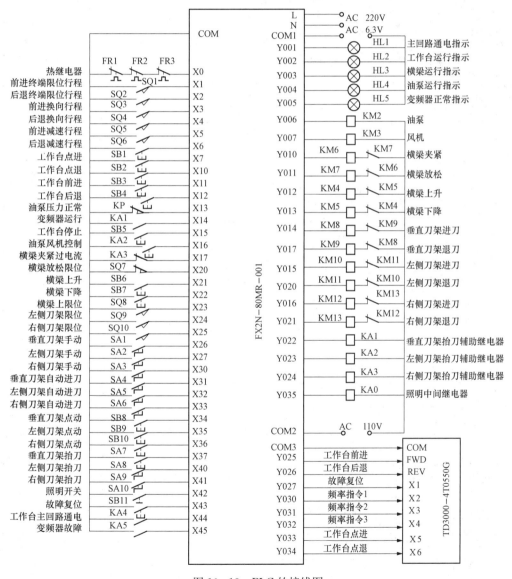

图 10-13　PLC 的接线图

3. PLC 的参考梯形图

PLC 的参考梯形图如图 10-14 所示。

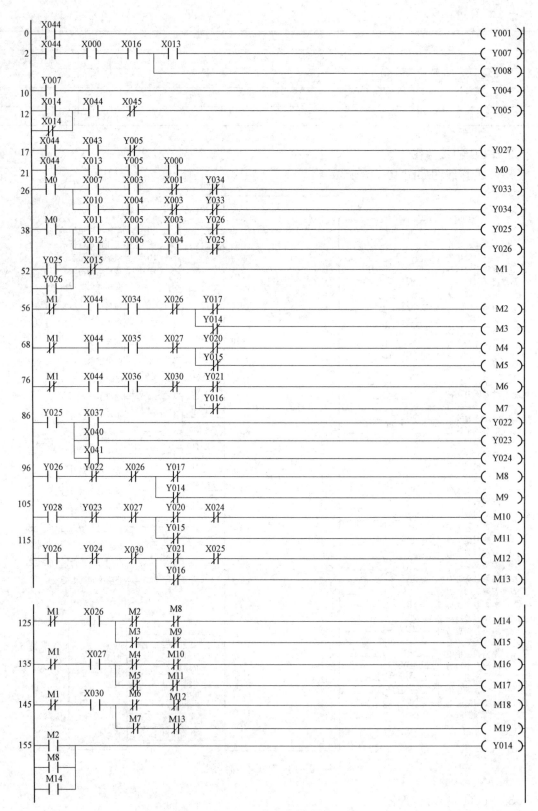

图 10-14 PLC 的参考梯形图（1/2）

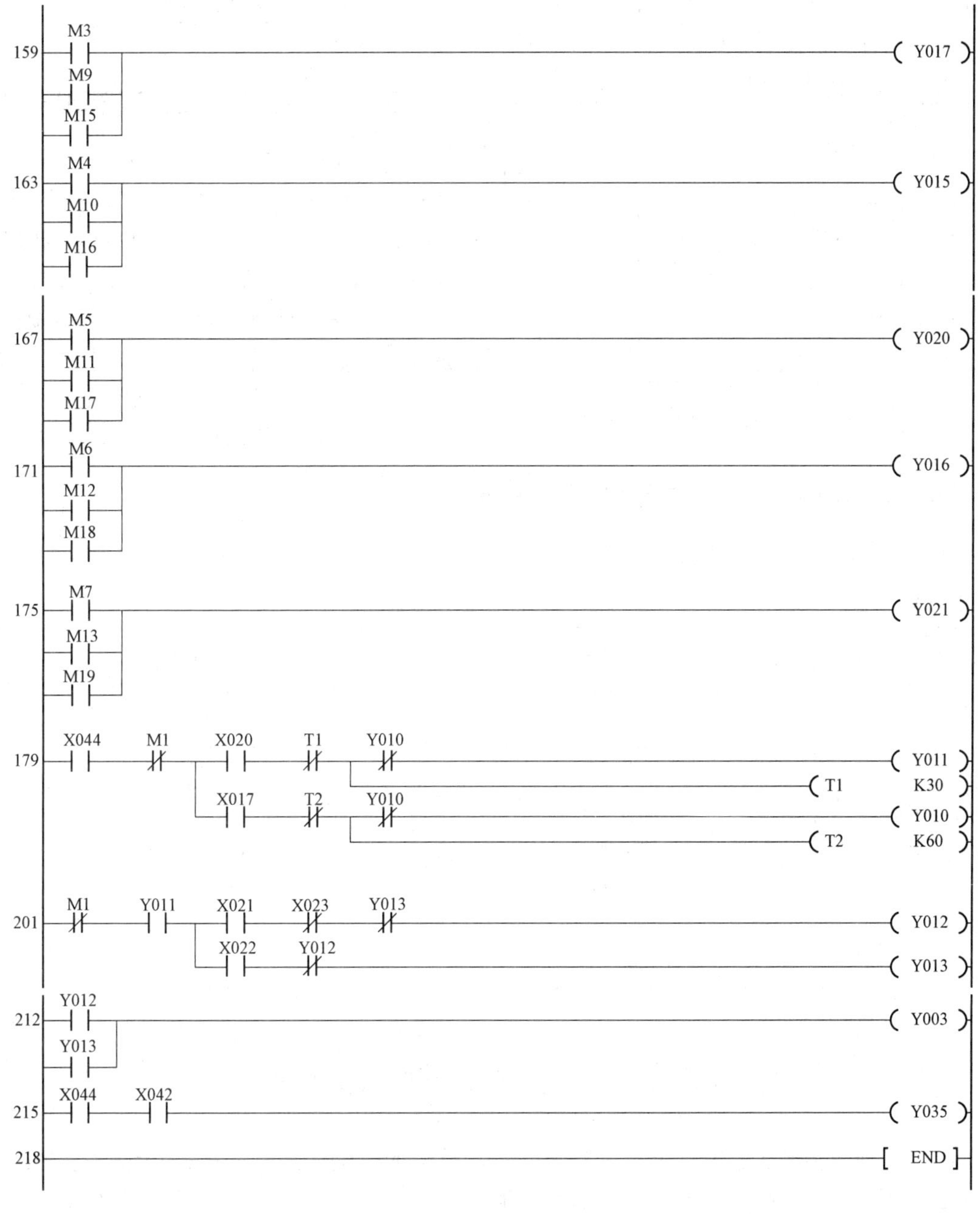

图 10 - 14　PLC 的参考梯形图（2/2）

10.5　变频器在皮带传送机上的应用

在很多的生产线中，都需要用到皮带传送机，它可以快速地传送生产过程中的物料、产品和配件等，能够使产量和生产效率大为提高。目前，皮带传送机对拖动技术的要求越来越高，采用变频器驱动拖动电机具有下述优点：调速范围广，启动转矩大，可以在重载下缓慢启动，启动安全可靠，若在系统中配上物料流量传感器，还可以自动根据物料流量大小自动调速，达到方便节能的目的。

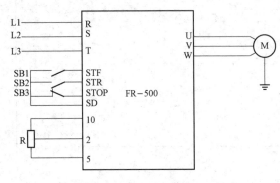

图 10-15　变频器的主回路和端子接线图

10.5.1　变频器的主回路和端子接线

该系统采用三菱系列变频器，其主回路和端子接线图如图 10-15 所示。

控制原理：当按下正向启动按钮 SB1 或反向启动按钮 SB2，传送机开始工作。传送机的速度是由变频器模拟输入端的电位器来控制，从而实现对变频器的频率进行改变，即可以实现传送机的无级调速。按下停止按钮，传送机停止工作。

10.5.2　皮带传送机系统变频器参数设置

皮带传送机系统变频器参数设置见表 10-7。

表 10-7　　　　　　　　　　皮带传送机系统变频器参数设置

参数代码	功能	设定数据
P0	转矩提升	根据电动机功率设置
P1	上限频率	50
P2	下限频率	10
P3	基准频率	50
P7	加速时间	根据电动机功率设置
P8	减速时间	自由停车
P9	电子过电流保护	电动机额定电流
P79	操作模式	2

10.6　PLC 和变频器在自动门控制中的应用

电动自动门在酒店、银行等场所广泛使用。早期的自动门控制系统采用继电器逻辑控制，已逐渐被淘汰。PLC 控制自动门由于具有故障率低、可靠性高、维修方便等优点，因而得到了广泛的应用。

10.6.1　自动门控制装置

1. 自动门控制装置的硬件组成

自动门控制装置由门内光电探测开关 K1、门外光电探测开关 K2、开门到位限位开关 K3、关门到限位开关 K4、开/关门执行机构变频器等部件组成。

2. 控制要求

（1）当有人由内到外或由外到内通过光电检测开关 K1 或 K2 时，开门执行机构变频器驱动电动机正转打开自动门，到达开门限位开关 K3 位置时，变频器停止运行。

（2）自动门在开门位置停留 8s 后，自动进入关门过程，变频器驱动电动机反转，当门移动到关门限位开关 K4 位置时，变频器停止运行。

（3）在关门过程中，当有人员由外到内或由内到外通过光电检测开关 K2 或 K1 时，应立即停止关门，并自动进入开门程序。

（4）在门打开后的 8s 等待时间内，若有人员由外至内或由内至外通过光电检测开关 K2 或 K1 时，必须重新开始等待 8s 后，再自动进入关门过程，以保证人员安全通过。

10.6.2　自动门的电动机控制主电路

自动门的电动机控制主电路如图 10 - 16 所示。

10.6.3　自动门控制的变频器端子接线图

自动门控制的变频器端子接线图如图 10 - 17 所示。

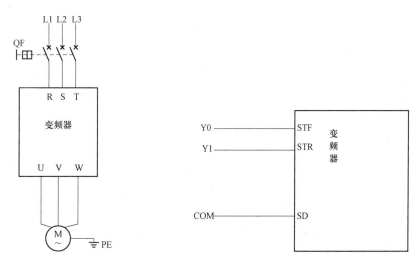

图 10 - 16　自动门的电动机控制主电路　　图 10 - 17　自动门控制的变频器端子接线图

10.6.4　自动门控制的编程

1. PLC 的 I/O 分配表

PLC 的 I/O 分配表见表 10 - 8。

表 10 - 8　　　　　　　　　　　　　　PLC 的 I/O 分配表

I			O		
名称	代号	输入点	名称	代号	输出点
内外感应开关	K1、K2	X0	开门信号	STF	Y0
开门极限开关	K3	X1	关门信号	STR	Y1
关门极限开关	K4	X2			

2. PLC 的接线图

自动门 PLC 端子接线图如图 10-18 所示。

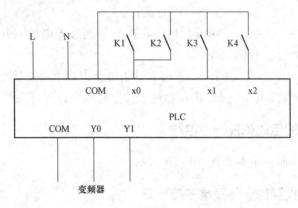

图 10-18　自动门 PLC 端子接线图

3. PLC 的梯形图

自动门 PLC 梯形图如图 10-19 所示。

图 10-19　自动门 PLC 梯形图

变频器参数设置应结合电动机减速机构参数进行设定。

10.7　PLC 与变频器在桥式起重机改造系统中的应用

10.7.1　桥式起重机的工作过程

桥式起重机是桥架在高架轨道上运行的一种桥架型起重机，又称天车。桥式起重机的桥架沿铺设在两侧高架上的轨道纵向运行，起重小车沿铺设在桥架上的轨道横向运行，构成一矩形的工作范围，可以充分利用桥架下面的空间吊运物料，不受地面设备的阻碍。

　　桥式起重机广泛地应用在室内外仓库、厂房、码头和露天储料场等处。桥式起重机一般由起重小车、桥架运行机构、桥架金属结构组成。起重小车又由起升机构、小车运行机构和小车架三部分组成。

　　起升机构包括电动机、制动器、减速器、卷筒和滑轮组。电动机通过减速器，带动卷筒转动，使钢丝绳绕上卷筒或从卷筒放下，以升降重物。小车架是支托和安装起升机构和小车运行机构等部件的机架，通常为焊接结构。

　　起重机运行机构的驱动方式可分为两大类：一类为集中驱动，即用一台电动机带动长传动轴驱动两边的主动车轮；另一类为分别驱动，即两边的主动车轮各用一台电动机驱动。中、小型桥式起重机较多采用制动器、减速器和电动机组合成一体的"三合一"驱动方式，大起重量的普通桥式起重机为便于安装和调整，驱动装置常采用万向联轴器。

　　起重机运行机构一般只用 4 个主动和从动车轮，如果起重量很大，常用增加车轮的办法来降低轮压。当车轮超过 4 个时，必须采用铰接均衡车架装置，使起重机的载荷均匀地分布在各车轮上。

　　桥架的金属结构由主梁和端梁组成，分为单主梁桥架和双梁桥架两类。单主梁桥架由单根主梁和位于跨度两边的端梁组成，双梁桥架由两根主梁和端梁组成。

　　主梁与端梁刚性连接，端梁两端装有车轮，用以支承桥架在高架上运行。主梁上焊有轨道，供起重小车运行。

10.7.2　桥式起重机的控制要求

　　在驾驶室门及横梁栏杆门关好后，位置开关 SQa、SQb、SQc 闭合，紧急开关 SB2 等符合要求的情况下，速度选择开关置于零位，按下启动按钮 SB1，接触器 KM 通电吸合，三相电源接通。

　　当速度选择开关置于正转速度 1 时，将三相交流电和电动机接通，1 挡速度启动，速度选择开关置于正转速度 2 时，2 挡速度运行，一般桥式起重机正反向均有 5 挡速度，其余与此类似。

　　速度选择开关置于零位或由于停电，电动机停止运行。为防止因停电、变频器跳闸等使拖动负载快速下降出现危险，仍设置有机械制动装置。

　　当发生紧急情况时，可立即拉开紧急开关 SB2，一方面机械制动将所有电动机制动，另一方面将变频器紧急停机控制端 EMS 接通，变频器将使电动机迅速停车。当电动机过载时，可使热继电器的触点 KH 接通变频器的外接保护控制端，使变频器停止工作。

　　位置开关 SQ1 和 SQ2 装在小车两头。当小车行走到终端时，两端各有挡块，撞上位置开关，切断小车电路，小车电动机停车并制动。

　　变频器因发生故障而跳闸后，当故障已被排除、可以重新启动时，按下复位按钮 SB，接通复位控制端 RST，使变频器恢复到运行状态。

10.7.3　编程设计

1. I/O 分配表

桥式起重机的 I/O 分配表见表 10-9。

表 10 - 9 桥式起重机 I/O 分配表

I			O		
代号	作用	软元件	代号	作用	软元件
SB1	启动	X0	KM1	电源控制	Y0
SB2	停止	X1	KM2	副钩电磁抱闸	Y1
V13 - 1W	副钩上升	X2	KM3	小车电磁抱闸	Y2
V13 - 1U	副钩下降	X3	KM4	大车电磁抱闸	Y3
AC1 - 7	AC1 零位	X4	KM5	主钩电磁抱闸	Y4
V14 - 2W	小车向右	X5	1RH、2RH 3RH、4RH	高速	Y10
V14 - 2U	小车向左	X6			
AC2 - 7	AC2 零位	X7	1RM、2RM 3RM、4RM	中速	Y11
V12 - 3 W4U	大车向右	X10			
V12 - 3 U4W	大车向左	X11	1RL、2RL 3RL、4RL	低速	Y12
AC3 - 7	AC3 零位	X12			
V12 - 3 W4U	主钩上升	X13	1STF	副钩上升	Y20
V12 - 3 U4W	主钩下降	X14	1 STR	副钩下降	Y21
AC5 - 7	AC4 零位	X15	2 STF	小车向右	Y22
U13 - 1U U14 - 2U U12 - 3U4W U15 - 5U	副钩上升、小车向右、大车向右、主钩上升1挡速度	X16	2 STR	小车向左	Y23
			3STF	大车向前	Y24
			3 STR	大车向后	Y25
			4 STF	主钩上升	Y26
U13 - 1W U14 - 2W U12 - 3W4U U15 - 5W	副钩下降、小车向左、大车向左、主钩下降1挡速度	X17	4 STR	主钩下降	Y27
1R5、2R5 3R5、5R5	副钩、小车、大车、主钩2挡速度	X20			
1R4、2R4 3R4、5R4	副钩、小车、大车、主钩3挡速度	X21			
1R3、2R3 3R、5R3	副钩、小车、大车、主钩4挡速度	X22			
1R2、2R2 3R2、5R2	副钩、小车、大车、主钩5挡速度	X23			
SQa、SQb、SQc	安全门保护	X24			
SQ1		X25			

	I			O	
代号	作用	软元件	代号	作用	软元件
SQ2		X26			
SQ3		X27			
SQ4		X30			
SQ5		X31			
SQ6		X32			

2. 接线图

桥式起重机 PLC 接线图如图 10 - 20 所示。

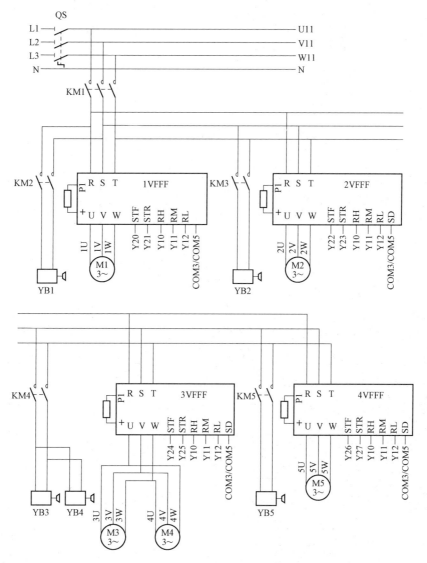

图 10 - 20　桥式起重机 PLC 接线图（1/2）

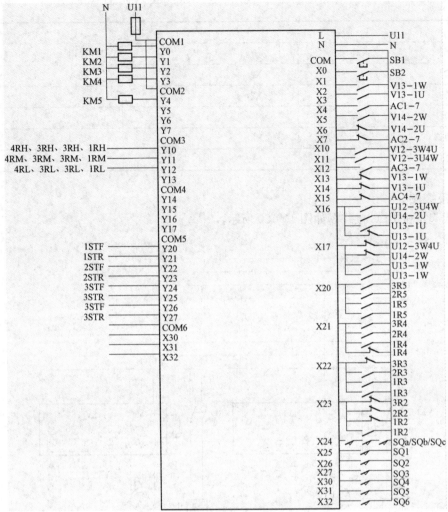

图 10-20　桥式起重机 PLC 接线图（2/2）

3. 梯形图

桥式起重机 PLC 梯形图如图 10-21 所示。

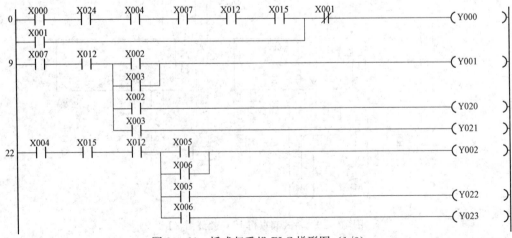

图 10-21　桥式起重机 PLC 梯形图（1/3）

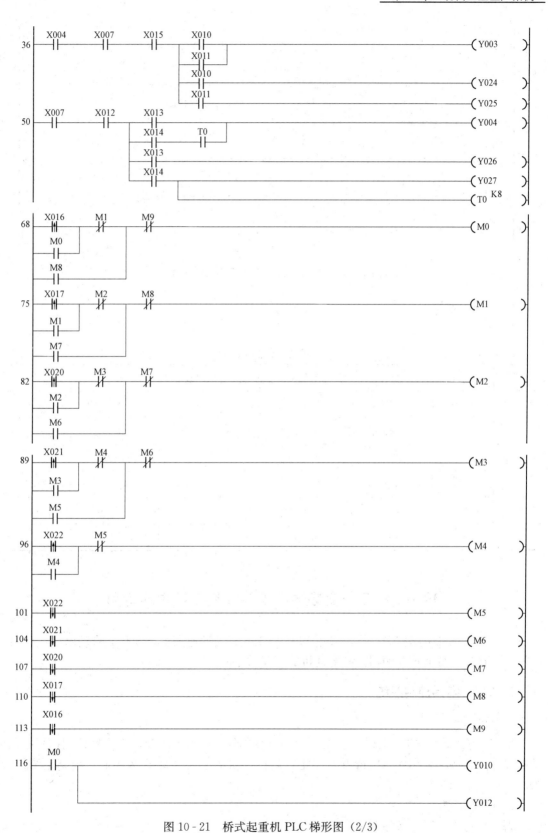

图 10-21 桥式起重机 PLC 梯形图（2/3）

图 10 - 21 桥式起重机 PLC 梯形图 （3/3）

4. 变频器参数

变频器参数见表 10 - 10。

表 10 - 10 变 频 器 参 数

序号	参数号	名称	参数值	序号	参数号	名称	参数值
1	Pr. 1	上限频率	50Hz	7	Pr. 7	加速时间	0.8s
2	Pr. 2	下限频率	0	8	Pr. 8	减速时间	
3	Pr. 3	基准频率	50Hz	9	Pr. 9	电子过电流保护	
4	Pr. 4	速度1	50Hz	10	Pr. 24	速度4	20Hz
5	Pr. 5	速度2	40Hz	11	Pr. 25	速度5	5Hz
6	Pr. 6	速度3	30Hz	12	Pr. 79	运行方式	2

10.8 PLC 与变频器在电梯控制系统中的应用

本案例以三层电梯控制为例，采用 PLC 控制变频器调速系统，变频器拖动牵引电动机，电梯的上行和下行通过变频器控制电动机的正反转来实现。

10.8.1 电梯控制系统

1. 硬件配置

采用三菱 FX2N - 48MRPLC 和 KH - E540 变频器、限位开关等。变频器采用远程控制，即变频器运行频率采用外接电位器 R 设定，运行方向由 PLC 的输出来控制。控制系统接线如图 10 - 22 所示。

2. 控制原理

每一楼层设有呼叫按钮和限位开关。

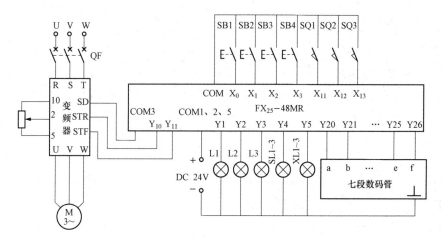

图 10-22 电梯控制系统接线图

电梯停在某层时，若高层呼叫，电梯上升；若底层呼叫，电梯下降。

呼叫后，指示灯常亮直至电梯到达该层时熄灭。

有多个楼层呼叫时，能自动根据呼叫楼层停靠，经过延时后，自动上升或下降，直到所有呼叫信号响应完毕。

电梯运行中，任何反方向呼叫无效，且指示灯不亮。

轿厢运行位置用七段数码管显示，上行和下行用上、下箭头指示。

10.8.2 电梯控制系统的编程

1. PLC 的 I/O 端子分配表

PLC 的 I/O 端子分配表见表 10-11。

表 10-11　　　　　　　　　PLC 的 I/O 端子分配表

I			O		
名称	代号	输入点	名称	代号	输出点
一层呼叫按钮	SB1	X0	呼叫指示灯		Y1、Y2、Y3
二层呼叫上	SB2	X1	上行指示灯		Y4
二层呼叫下	SB3	X2	下行指示灯		Y5
三层呼叫按钮	SB4	X3	变频器上行信号		Y10
一层限位开关	SQ1	X4	变频器下行信号		Y11
二层限位开关	SQ2	X5	七段数码管		Y20-Y26
三层限位开关	SQ3	X6			

2. PLC 的参考梯形图

电梯控制系统 PLC 参考梯形图如图 10-23 所示。

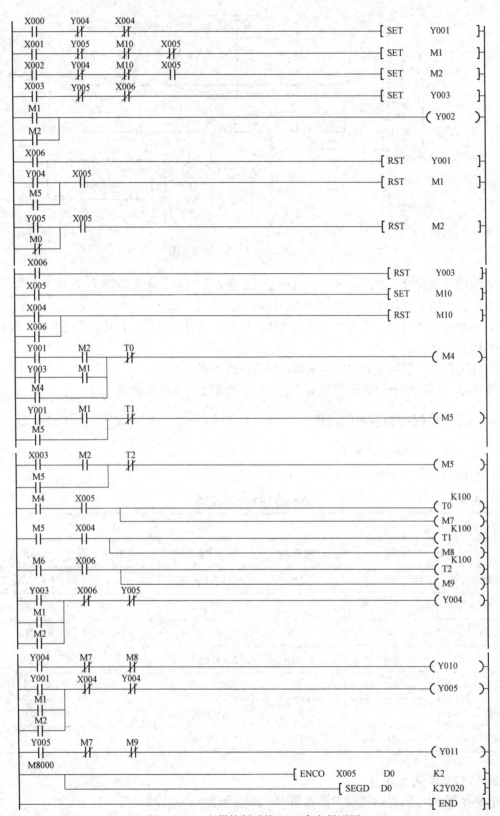

图 10-23　电梯控制系统 PLC 参考梯形图

3. 变频器参数设置

变频器参数设置见表 10-12。

表 10-12　　　　　　　　　　变频器参数设置

参数代码	功能	设定值
Pr. 1	上限频率	50Hz
Pr. 2	下限频率	3Hz
Pr. 7	加速时间	2s
Pr. 8	减速时间	3s
Pr. 9	电子过电流保护	电动机额定电流
Pr. 13	启动频率	0Hz
Pr. 79	操作模式	2

实际中，为了乘坐更加舒适，可以根据运行情况对相关参数进行调整。

10.9　T68 型镗床的 PLC 控制

10.9.1　T68 型镗床的主回路

T68 型镗床是一种精密的加工机床，主要用于加工精度要求较高的孔，以及孔与孔之间距离要求精确的工件。主要由床身、上溜板、下溜板、前后立柱、尾架和工作台等组成。

主轴电机 M1 是一台双速电机，用来驱动主轴旋转运动及进给运动。接触器 KM1、KM2 分别实现主轴的正反转，KM3 实现制动电阻 R 的切换，KM4 实现低速控制，KM5 实现高速控制。

快速进给电动机 M2 用来驱动主轴箱、工作台等部件的快速移动，由接触器 KM6、KM7 分别控制实现正反转。其主电路如图 10-24 所示。

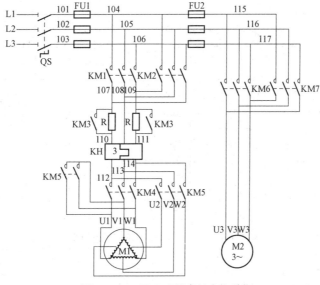

图 10-24　T68 型镗床的主电路

10.9.2　T68型镗床PLC的编程

1. PLC的I/O分配表

T68型镗床PLC的I/O分配表见表10-13。

表 10-13　　　　　　　　　　T68型镗床PLC的I/O分配表

输入信号			输出信号		
名称	代号	输入点	名称	代号	输出点
主轴停止	SB5	X0	主轴正转	KM1	Y0
主轴正转	SB1	X1	主轴反转	KM2	Y1
主轴反转	SB2	X2	制动电阻短接	KM3	Y2
主轴正转点动	SB3	X3	主轴低速	KM4	Y3
主轴反转点动	SB4	X4	主轴高速	KM5	Y4
主轴正转制动	Ks1	X5	进给正转	KM6	Y5
主轴反转制动	Ks2	X6	进给反转	KM7	Y6
主轴变速限位1	S1	X7			
主轴变速限位2	S2	X10			
进给变速限位1	S3	X11			
进给变速限位2	S4	X12			
主轴高速开关	S	X13			
进给正转	S5	X14			
进给反转	S6	X15			

2. PLC的接线图

T68型镗床PLC接线图如图10-25所示。

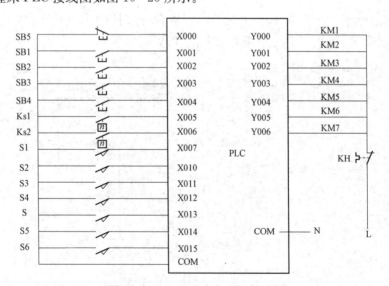

图 10-25　T68型镗床PLC接线图

3. PLC的参考梯形图

T68型镗床PLC参考梯形图如图10-26所示。

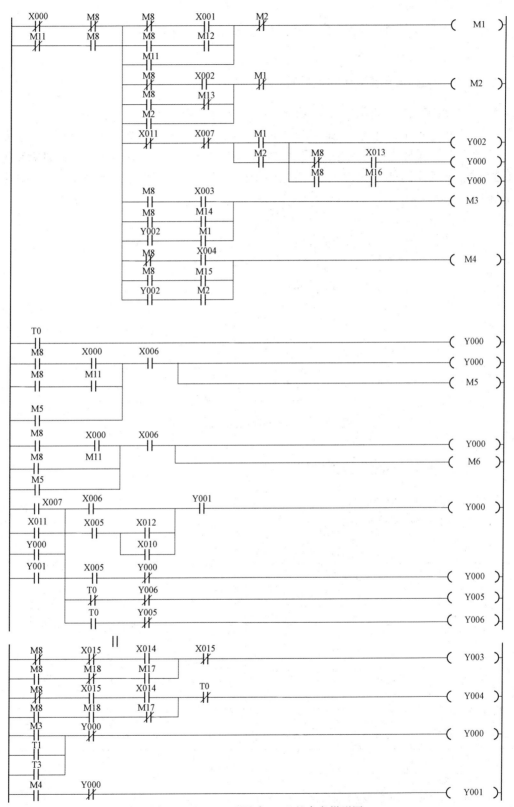

图 10-26　T68 型镗床 PLC 的参考梯形图

10.10 多工步转塔车床的 PLC 控制

10.10.1 多工步转塔车床的主回路

多工步转塔车床由三台电动机拖动，即主轴电动机 M1，工进电动机 M2 和快速进给电动机 M3。它由主轴箱、进给箱、前刀架、前刀架溜板箱、转塔刀架、转塔刀架溜板箱及床身组成。可完成外圆、内孔、端面、成型回转表面、车槽、倒角、内外螺纹、圆锥螺纹等多种工序的加工，适用于要求精度高、形状复杂的阶梯轴类、盘类和套类零件的加工。其主电路如图 10 - 27 所示。

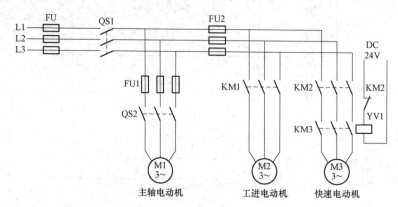

图 10 - 27 多工步转塔车床的主电路

10.10.2 多工步转塔车床的编程

1. PLC 的 I/O 分配表

PLC 的 I/O 分配表见表 10 - 14。

表 10 - 14   PLC 的 I/O 分配表

I			O		
名称	代号	输入点	名称	代号	输出点
刀具进给开始按钮	SB	X1	横向前进电磁阀	YV2	Y0
纵向快进到位开关	SQ1	X2	纵向前进接触器	KM1	Y1
纵向工进到位开关	SQ2	X3	纵向快速接触器	KM2	Y2
纵向快退到位开关	SQ3	X4	纵向后退接触器	KM3	Y3
纵向退给到位开关	SQ4	X5			

2. PLC 的接线图

多工步转塔车床 PLC 接线图如图 10 - 28 所示。

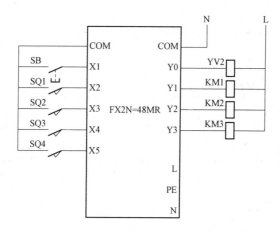

图 10-28　多工步转塔车床 PLC 接线图

3. PLC 的梯形图

多工步转塔车床 PLC 梯形图如图 10-29 所示。

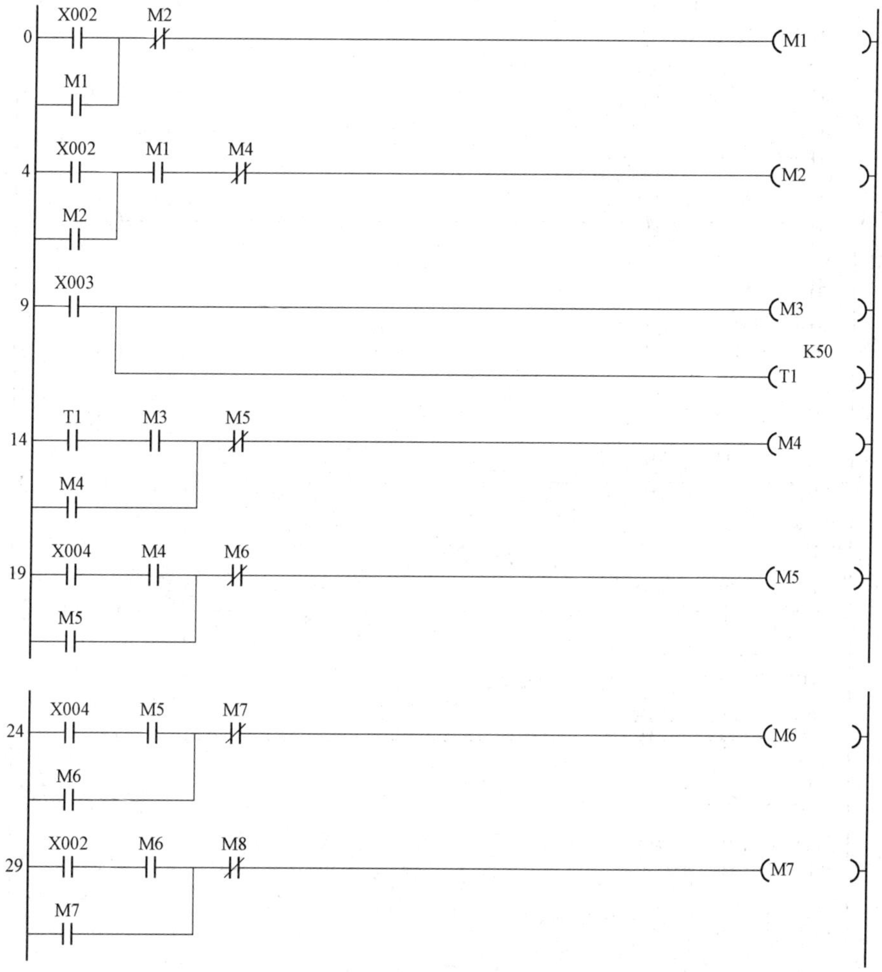

图 10-29　多工步转塔车床 PLC 梯形图（1/4）

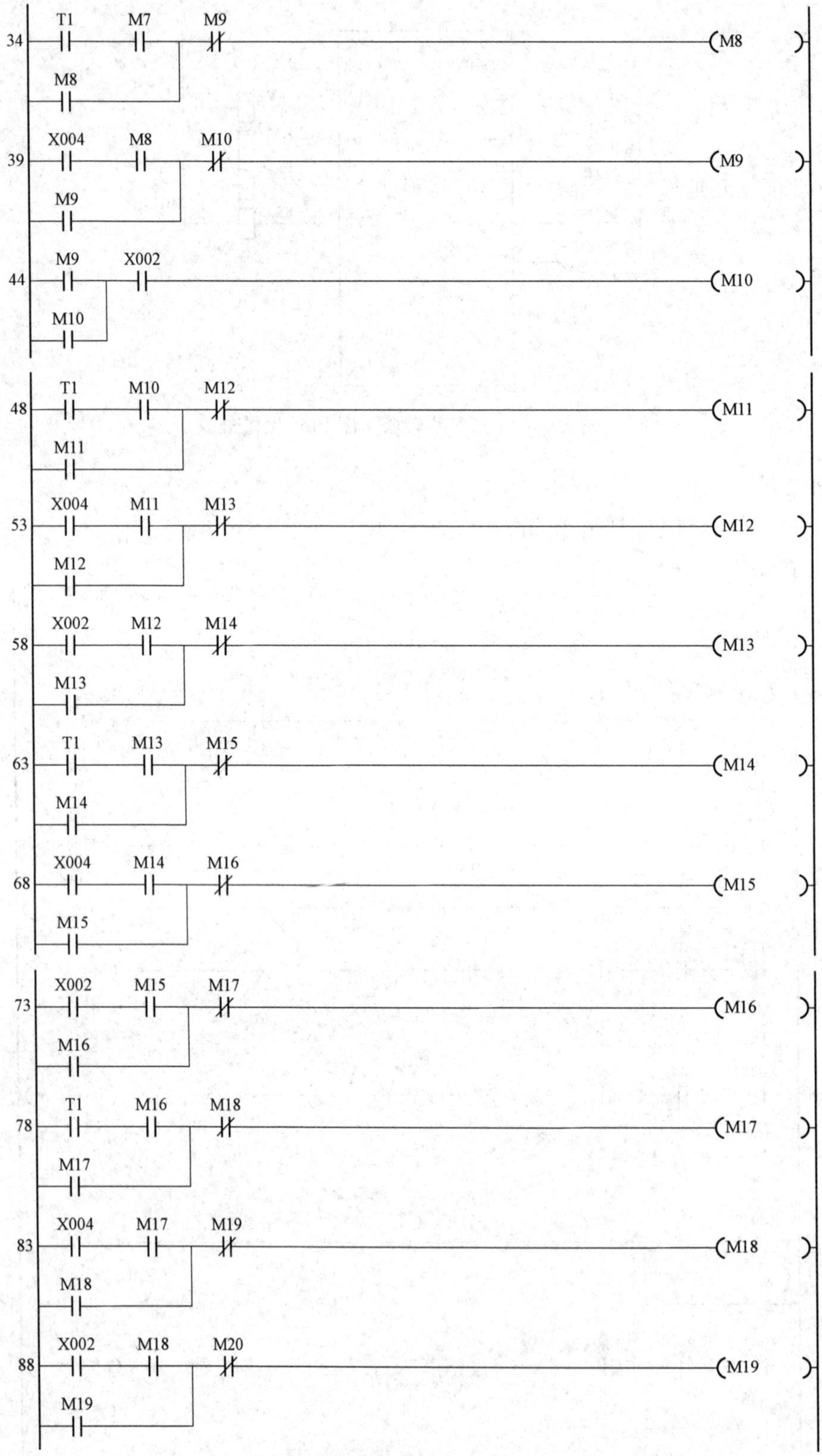

图 10-29　多工步转塔车床 PLC 梯形图（2/4）

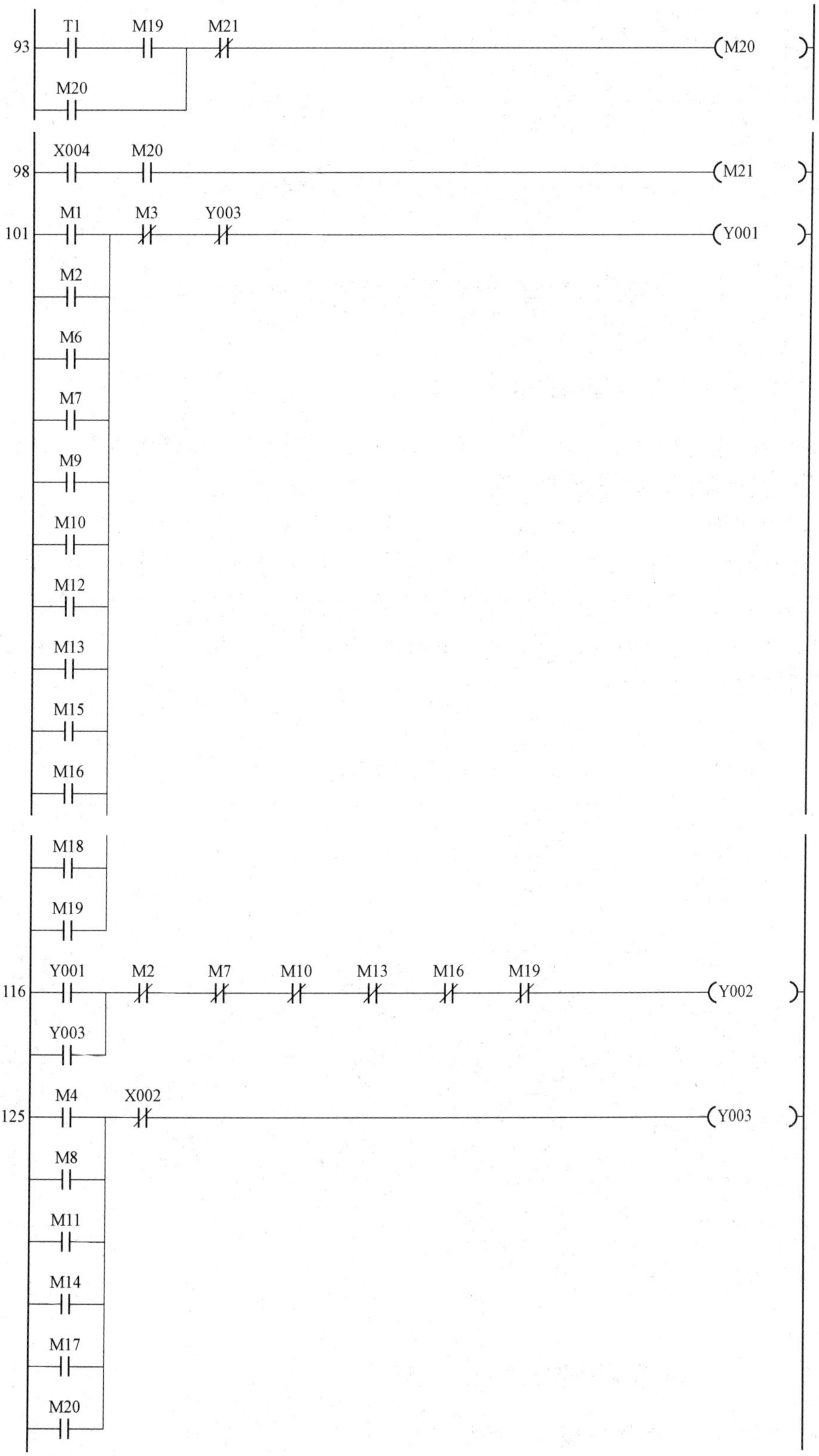

```
93   T1    M19   M21                                              (M20  )
     ├┤     ├┤     ┤├                                              
     M20
     ├┤

98   X004  M20                                                   (M21  )
     ├┤     ├┤

101  M1    M3    Y003                                            (Y001 )
     ├┤     ┤├    ┤├
     M2
     ├┤
     M6
     ├┤
     M7
     ├┤
     M9
     ├┤
     M10
     ├┤
     M12
     ├┤
     M13
     ├┤
     M15
     ├┤
     M16
     ├┤
     M18
     ├┤
     M19
     ├┤

116  Y001  M2    M7    M10   M13   M16   M19                     (Y002 )
     ├┤    ┤├    ┤├    ┤├    ┤├    ┤├    ┤├
     Y003
     ├┤

125  M4    X002                                                 (Y003 )
     ├┤    ┤├
     M8
     ├┤
     M11
     ├┤
     M14
     ├┤
     M17
     ├┤
     M20
     ├┤
```

图 10-29 多工步转塔车床 PLC 梯形图（3/4）

图 10-29 多工步转塔车床 PLC 梯形图（4/4）

10.11 M7475 型平面磨床 PLC 控制

10.11.1 M7475 型平面磨床的主回路

磨床是用砂轮的周边或端面对工件的表面进行磨削加工的一种精密机床。磨床的种类很多，根据用途不同可分为平面磨床、内圆磨床、外圆磨床、无心磨床等。

M7475 型平面磨床共有 6 台电动机，即砂轮电动机 M1，带动砂轮转动来完成磨削加工工件；工作台转动电动机 M2，实现了工作台高速和低速转动；工作台移动电动机 M3，实现了工作台点动进入和退出；砂轮升降电动机 M4，带动砂轮转动来完成磨削加工工件；冷却泵电动机 M5，驱动冷却泵工作；自动进给电动机 M6，实现磨削过程中自动进给功能。其主电路如图 10-30 所示。

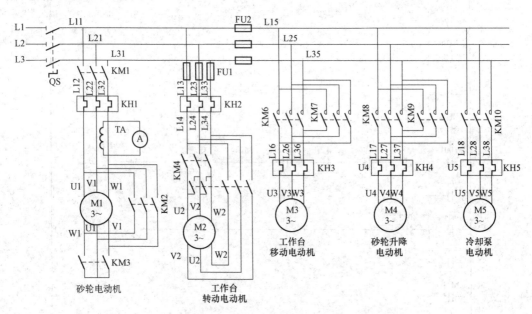

图 10-30 M7475 型平面磨床的主电路

10.11.2 M7475 型平面磨床的 PLC 编程

1. PLC 的 I/O 分配表、接线图和梯形图

PLC 的 I/O 分配表见表 10-15。

表 10 - 15　　　　　　　　　　　PLC 的 I/O 分配表

I			O		
名称	代号	输入点	名称	代号	输出点
热继电器	KH1~KH6	X0	电源指示灯	HL1	Y0
总启动按钮	SB1	X1	砂轮指示灯	HL2	Y1
砂轮电动机 M1 启动按钮	SB2	X2	电压继电器	KV	Y2
砂轮电动机 M1 停止按钮	SB3	X3	砂轮电动机 M1 接通接触器	KM1	Y3
工作台移动电动机 M3 退出点动按钮	SB4	X4	砂轮电动机 M1 三角形连接接触器	KM2	Y4
工作台移动电动机 M3 进入点动按钮	SB5	X5	砂轮电动机 M1 星形连接触器	KM3	Y5
砂轮升降电动机 M4（正转）上升点动按钮	SB6	X6	工作台转动电动机低速接触器	KM4	Y6
砂轮升降电动机 M4（反转）下降点动按钮	SB7	X7	工作台转动电动机高速接触器	KM5	Y7
自动进给停止按钮	SB8	X10	工作台移动电动机正转接触器退出	KM6	Y10
总停止按钮	SB9	X11	工作台移动电动机反转接触器进入	KM7	Y11
电动机 M2 高速转换开关高速	SA1 - 1	X12	砂轮升将电动机上升接触器	KM8	Y12
电动机 M2 低速转换开关低速	SA1 - 2	X13	砂轮升降电动机下降接触器	KM9	Y13
电磁吸盘充磁可调控制	SA4 - 1	X14	冷却泵电动机接触器	KM10	Y14
自动进给启动按钮	SB10	X15	自动进给电动机接触器	KM11	Y15
冷却泵电动机控制	SA3	X16	电磁吸盘控制接触器	KM12	Y16
砂轮升降电动机手动控制开关	SA2 - 1	X17	自动进给控制电磁铁	YA	Y17
自动进给控制	SA2 - 2	X20	中间继电器	K1	Y20
工作台退出限位行程开关	SQ1	X21	中间继电器	K2	Y21
工作台进入限位行程开关	SQ2	X22	中间继电器	K3	Y22
砂轮升降上限位行程开关	SQ3	X23			

续表

I			O		
名称	代号	输入点	名称	代号	输出点
自动进给限位行程开关	SQ4	X24			
电磁吸盘欠电流控制	KA	X25			

2. PLC 的接线图

M7475 型平面磨床 PLC 接线图如图 10-31 所示。

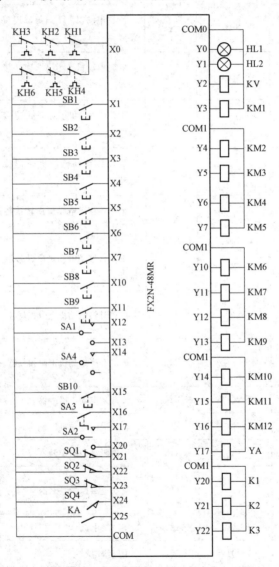

图 10-31 M7475 型平面磨床 PLC 接线图

3. PLC 的梯形图

M7475 型平面磨床 PLC 梯形图如图 10-32 所示。

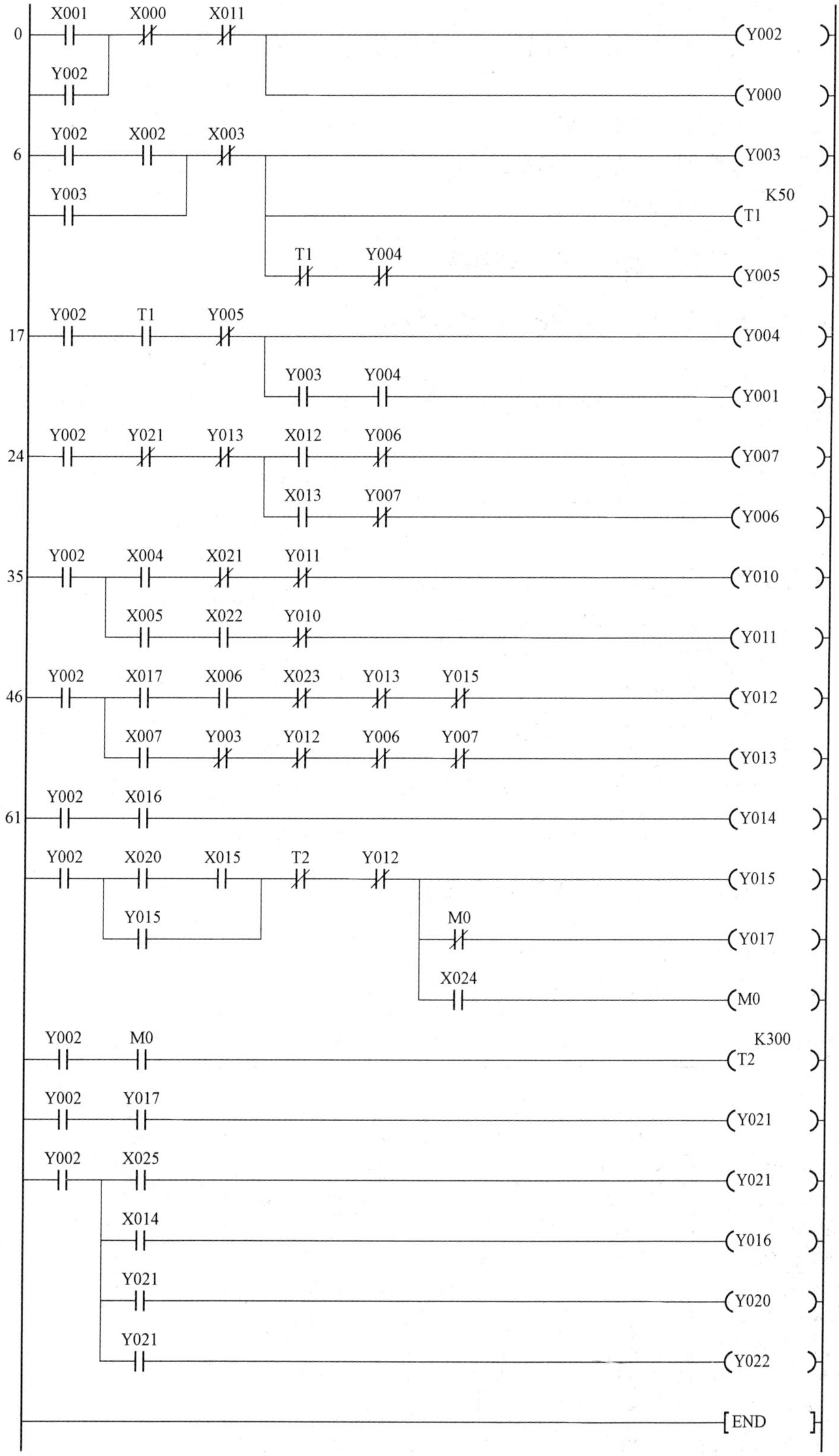

图 10-32　M7475 型平面磨床 PLC 梯形图

10.12 Y7131 型齿轮磨床的 PLC 控制

Y7131 型齿轮磨床由四台电动机拖动，即减速箱电动机 M1、主电动机 M2、油泵电动机 M3 和砂轮电动机 M4，其中主电动机 M2 为三速电动机，它可以根据工件加工的要求有"高""中""低"三挡的速度。

10.12.1 Y7131 型齿轮磨床的主电路

Y7131 型齿轮磨床的主电路如图 10-33 所示。

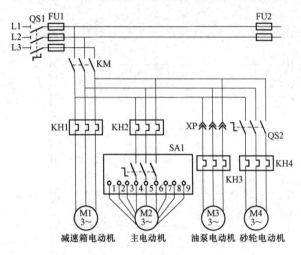

图 10-33 Y7131 型齿轮磨床的主电路

控制原理：闭合电源总开关 QS1，按下按钮 SB1 或 SB2，接触器 KM 线圈通电闭合并自锁，减速箱电动机 M1 启动运转，同时主电动机 M2 启动运转。闭合砂轮电动机 M4 电源开关 QS2，砂轮电动机 M4 启动运转。油泵电动机 M3 是由插座 XP 控制的。接触器 KM 未闭合减速电动机 M1 未启动运转时，其他电动机也不能运转。

从图 10-33 中可以看出，主电动机 M2、油泵电动机 M3、砂轮电动机 M4 都是手动控制的。所以用 PLC 控制时，均改为接触器控制。

10.12.2 Y7131 型齿轮磨床的 PLC 编程

1. PLC 的 I/O 分配表

PLC 的 I/O 分配表见表 10-16。

表 10-16 　　　　　　　　　　PLC 的 I/O 分配表

I			O		
名称	代号	输入点	名称	代号	输出点
热继电器	KH1-4	X0	减速箱电动机接触器	KM1	Y0
总启动按钮	SB1、SB2	X1	主电动机低速接触器	KM2	Y1
总停止按钮	SB3、SB4	X2	主电动机中速接触器	KM3	Y2
限位开关	SQ	X3	主电动机高速接触器	KM4	Y3
主电动机低速启动	SB5	X4	油泵电动机接触器	KM5	Y4
主电动机中速启动	SB6	X5	砂轮电动机接触器	KM6	Y5
主电动机高速启动	SB7	X6	照明灯	EL	Y6
主电动机停止按钮	SB8	X7			
油泵电动机启动按钮	SB9	X10			
油泵电动机停止按钮	SB10	X11			
砂轮电动机启动按钮	SB11	X12			
砂轮电动机停止按钮	SB12	X13			
照明开关	SA	X14			

2. PLC 的接线图

Y7131 型齿轮磨床 PLC 接线图如图 10 - 34 所示。

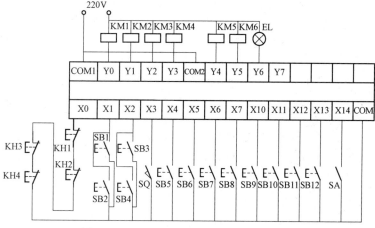

图 10 - 34 Y7131 型齿轮磨床 PLC 接线图

3. PLC 的梯形图

Y7131 型齿轮磨床 PLC 梯形图如图 10 - 35 所示。

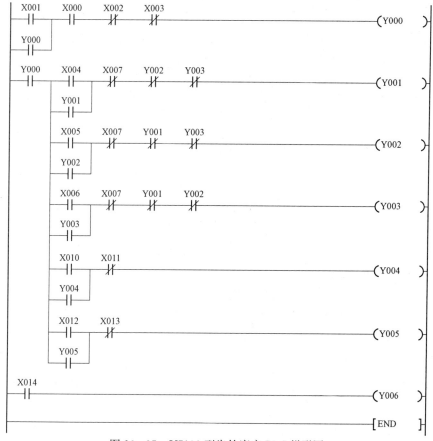

图 10 - 35 Y7131 型齿轮磨床 PLC 梯形图